人文・社会科学のための
カテゴリカル・データ解析入門

太郎丸 博 ❖ 著　TAROMARU Hiroshi

Categorical Data Analysis
for Socio-Human Sciences

ナカニシヤ出版

人文・社会科学のための
カテゴリカル・データ解析入門

太郎丸 博

はじめに

いて書いている．回帰分析の章を加えることにした．というのは，対数線形モデルや
ロジスティック回帰分析を理解するためには，事前にもう少し東縛が緩和されたモデ
ルを知っておいたほうがよいと感じたからだ．また，回帰分析だが社会学者が非常に
＜使われる手法でもあるので，はずせないと判断した．

パラメーターか中心 私は純粋統計学者ではないので，統計理論についてはあまり詳しくない．
もし統計学的な知識を，ヘス・其会科学のうち得られる能用であるかのか，という観点
から見ていたている．すなわち，統計学を理解することではなく，統計学を道
具として利用して，自分の問題に沿ってみることである．結果をより確実にして，統
計推定を単純に学ぶのではなく，ヘス・其会科学をれ専門に考ざす人たち，統
計を初歩から勉強しようとしている人たちである．

きっちりと式を理解して計算する 場型と説明しようと思えるからしれない．そう
だだない．普通，SPSSやSASのような統計パッケージを使えば最悪変数して，統
計書をわからなくても，データの分析ができるようになった．その仕
は，統計はどんどん使うな．統計を理解するだけを簡単するテキストも多い．例え
ば，「独立変数も従属変数も連続変数なら，回帰分析を使いなさい．独立変数が名義
尺度なら，ダミー変数に直して，あまりに項数が多い場合は主成分を先に生成
する」「独立変数も従属変数も連続変数なら，ページに，独立変数の説明変数に対する
大きさを示します」という式だ．確かに，勉強する場合「ここなのうな簡単だけでい
いのに，無意味な式が行列もでない，なりようて，上のような内容だけだけで
回帰の原理はわからない．こういう経験を受けていると，ロジスティック回帰を使っ
ている分のように対応する統計書を説明するのがの団感が分析の状況がうまく使って
なかなしができない，また，初学者は「計算の仕方がわかっている」ていているい，その
意味だけを理解したい，と考えてみると，意外のだけを問題点が多い．確
も，統計パッケージやプログラムの神秘を導かれないように思ってしまう．時
間かコストパフォーマンスの問題があるので，ブラックボックス的な活用度合は
多くない．できるだけすぐに，まにに統計書の意味を理解する
ために，自分で手をそこの統計書を計算してみるといいろと学んがらある．

統計パッケージの使い方もよい かって授業ではSPSSやExcelの使い方もしばしば
教えてきた．しかし，統計量を算える際にコンピューターを使うと，コンピュータを
使ってしまって，最先に扱う際業についていろいろわからなくなっていて，結果
の用いかたもう学びかない．また，近年は統計学者でなく，コンピュータを使い方が間われる
ような場合もある．統計書の意味を理解せずに，コンピュータの仕事だとばかりに任せてしまって，学業の成果の学業の数に残
りがちで，繁重では都合ので業用である．コンピューターも使わないた），この本でも最後に簡単に
回答，傾向にSPSSの使い方を紹介することにしている．この本でも最後に簡単に
SPSSとLEMの使い方を紹介している．

はじめに

ほんの2年ほど前まで、私が自分の研究データの本筋となることに思ってもみなかった。私の専門は経済史であり、いわゆる経済史データを分析しながら、私を講義する上での研究報告を書くことなど考えなかった。しかし、2004年から私は同志社大学と京都大学で社会経済史あるいは経済史の講義を担当している。私は講義を準備し、私がどのように講義を行ってきたかを整理することにもなった。

ところが講義のノートやテキストが使えなくなるように考え、ついテキストにいかにもくたびれたのが、運搬できるためのテキストを持ち歩くかどうかである。私の専門するテキストやデータのほとんどは運搬できるからなかっている。カリキュラム・データの分析方法を中心にすえて、データ、特にカリキュラム・データの分析方法を中心にしている学生が多いのではないだろうか。入門書ならしかし、テキストやデータそのものを見やすいのに無理もある。

そこで、自分自身で簡単なテキストを作り、学生たちに配布するようにした。「書かれたものではないだろうか」と演習者をがんばっているのだが、その講義は、A4判で100ページほどの容量を動めていくだけで、出版のほうにとなった。所の赤井重夫さんに相談したところ、いくつかの修整ができた本である。

カリキュラム・データの分析が、すでに述べたように、たいていの経済書の経済材料は、運搬経済を振るうかの手始めを中心にしている。平均値の検定、平均値の差の検定、分散分析、回帰分析、というにとおいくつである。しかし、社会が扱う経済の多くは運搬経済である。確かに順序のある経路経済から2項経路経済はそのほうが、運搬経済とみなすこともできる。しかし、多くに運搬経済をカテゴリーだけを運搬とみなして経路としたり、あくまで一般化としてしまうこととないから、運搬経済の情報を首尾よくなら導きやすい分だけの分かりやすいからに思え込む。また、初歩者には運搬経済の分かりやすい方がくっつきやすいように思える。運搬経済を使うのは、平均、分散、共分散、というに非連続な経路経済を表すためのロ

スの表を扱うはじめないかに、それに対しては、カリキュラム・データのクロス表のデータが表されていく。いくつか、その経路値の表形成は経路できた、カリキュラム・データ、クロス表を構成して対応させ、ほとんどのわけに、こうしたわけだ、ほとんどのわけに、カリキュラム・データのほとんどが通れているけにない。

i

網羅性を捨てる この本では、中央値も最頻値も決定係数もとりあげていない。基本的な統計知識をすべて網羅することは最初からあきらめている。むしろ、最終的に対数線形モデルとロジスティック回帰分析を理解し、使いこなせるようになるための最低限の知識に内容を限定するようにしている。

社会調査士標準カリキュラムに対応 社会調査士認定機構という組織が、所定の単位を修得した学生に対して社会調査士および専門社会調査士という資格を認定している。この本は、社会調査士認定に必要な授業科目のうち、「D. 社会調査に必要な統計学に関する科目」と「E. 量的データ解析の方法に関する科目」におおむね対応しているはずだ。

誤植や誤りのないように気をつけたつもりだが、まだ残っている可能性は否定できない。もしも誤りを発見してくださった方は taroh@hus.osaka-u.ac.jp までご一報いただけると幸いである。発見した誤植や誤りに関しては、随時ホームページに公開する予定なので、この本の名前を Google などで検索していただきたい。

最後に、謝辞を述べたい。これまで私のデータ分析の授業に積極的に参加してくれた学生の諸君にお礼を申し上げる。この本が多少なりとも役に立つものになっているとすれば、それはすべて彼らのおかげである。また、永吉希久子さんと井上大輔さんは、校正・索引つけ・数値のチェックを行ってくれた。彼らの助けがなければ、この本は誤植だらけだったかもしれない。原稿を辛抱強く待ってくださった、編集者の宍倉由高さんにもお礼を申し上げる。そして最後に、これまで暖かく息子を見守ってくれた父、安利、母、洋子に、この場をかりてお礼を申し上げる。

2005 年 3 月 14 日
太郎丸 博

目 次

はじめに ... i

第 1 章　度数分布表とクロス集計表の作成　1
1.1　定型データ ... 1
1.2　度数分布表 ... 3
1.3　クロス表を作る ... 4
1.4　練習問題 ... 6

第 2 章　クロス表と独立性の検定　8
2.1　クロス表の読み方 ... 8
2.2　独立変数と従属変数 ... 10
2.3　行パーセントと列パーセントの使い分け ... 11
2.4　統計的独立とは ... 13
2.5　ピアソンの適合度統計量 X^2 ... 15
2.6　サンプリングと検定 ... 16
2.7　独立性の検定 ... 18
2.8　最小期待度数 ... 19
2.9　有意水準と第 1 種、第 2 種の過誤 ... 19
2.10　練習問題 ... 21

第 3 章　確率変数と確率分布　23
3.1　分散と標準偏差 ... 23
3.2　標準得点 ... 25
3.3　確率変数 ... 26
3.4　正規分布 ... 29
3.5　t 分布 ... 30
3.6　カイ二乗分布 ... 34
3.7　最尤推定法 ... 37

3.8	練習問題	38

第4章　続・クロス表の分析　39
4.1	残差の分析	39
4.2	クロス表を分析する際の注意	43
4.3	2×2 表の扱い	45
4.4	練習問題	47

第5章　相関係数　49
5.1	ピアソンの積率相関係数	49
5.2	相関係数の検定	53
5.3	相関係数の区間推定	54
5.4	相関係数とカイ二乗検定をどう使い分けるか	55
5.5	順位相関係数	57
5.6	最大関連と完全関連	61
5.7	相関係数とガンマをどう使い分けるか	62
5.8	練習問題	63

第6章　多重クロス表の分析　64
6.1	疑似的な関係と媒介的な関係	64
6.2	疑似関係、疑似無関係、交互作用効果	67
6.3	オッズ比	69
6.4	グッドマンとクラスカルのタウァ	75
6.5	多重クロス表分析と検定	77
6.6	練習問題	80

第7章　3つ以上の変数の因果関係　81
7.1	疑似的な連関の検討	81
7.2	媒介的な連関の検討	84
7.3	尤度比統計量	86
7.4	2変数同時コントロール	89
7.5	期待度数の問題	94
7.6	練習問題	94

第8章　回帰分析　96
8.1	散布図	96
8.2	回帰直線の最小二乗推定	98

8.3	推定値の区間推定と検定	100
8.4	回帰分析と相関係数	107
8.5	はずれ値と非線形関係	107
8.6	重回帰分析	110
8.7	変数のコントロール	113
8.8	重回帰分析と多重クロス表分析	114
8.9	非線形回帰	115
8.10	多重共線性の問題	116
8.11	ダミー変数	117
8.12	練習問題	120

第9章 対数線形モデル 121

9.1	多重クロス表分析の問題	121
9.2	3重クロス表のカイ二乗検定	123
9.3	モデルの選択	131
9.4	対数線形モデルとは	134
9.5	3重クロス表の対数線形モデル	139
9.6	標準残差	143
9.7	対数線形モデルの手続き	144
9.8	4変数以上を使った階層的対数線形モデル	144
9.9	練習問題	146

第10章 対数線形モデルの発展と応用 148

10.1	繰り返し比例当てはめ法	148
10.2	セル/周辺度数が0のとき	152
10.3	先験的ゼロ	159
10.4	順序変数の連関	164
10.5	さらに複雑なモデル	167
10.6	練習問題	171

第11章 ロジスティック回帰分析 173

11.1	線形回帰からロジスティック回帰へ	173
11.2	ロジスティック回帰分析とオッズ比	179
11.3	モデルの当てはまりのよさ	184
11.4	ロジスティック回帰分析を行う際の注意	188
11.5	交互作用効果	188
11.6	多項ロジット・モデル	191

11.7	順序ロジット・モデル	192
11.8	ロジスティック回帰分析の使い分け	194
11.9	練習問題	195

付録A　SPSSとLEM　196

A.1	SPSSの起動とデータの入力	196
A.2	シンタックスの利用	204
A.3	クロス表の作成	207
A.4	新しい変数の作成と重要なシンタックス	210
A.5	LEMの使い方	214

付録B　問題の解答例　218

付録C　カイ二乗分布表とt分布表　232

付録D　記号の大雑把な意味の一覧　233

付録E　ギリシア文字の読み方　235

参考文献　236

索　引　239

第1章

度数分布表とクロス集計表の作成

1.1 定型データ

1.1.1 変数とケース

■例 自衛隊のイラク派遣に賛成するかどうかを50人の人にたずねたところ、表1.1のような結果が得られたとしよう。通常、調査や実験の結果は、表1.1のような表にまと

表1.1 自衛隊派遣意識調査の結果（架空）

	性別	年齢	賛否		性別	年齢	賛否
1	男	78	反対	26	男	40	反対
2	女	36	賛成	27	女	43	反対
3	女	77	反対	28	男	25	賛成
4	男	41	賛成	29	女	24	どちらともいえない
5	女	71	どちらともいえない	30	女	72	賛成
6	女	28	反対	31	女	44	反対
7	男	55	賛成	32	女	25	反対
8	男	46	賛成	33	女	43	反対
9	女	42	反対	34	女	74	反対
10	女	33	賛成	35	男	27	賛成
11	男	33	賛成	36	男	55	賛成
12	女	78	反対	37	男	53	賛成
13	女	25	賛成	38	女	32	反対
14	女	70	どちらともいえない	39	女	48	反対
15	男	48	反対	40	男	62	反対
16	女	62	反対	41	女	76	賛成
17	男	33	どちらともいえない	42	女	48	賛成
18	男	77	反対	43	女	51	賛成
19	男	21	反対	44	男	42	どちらともいえない
20	女	32	どちらともいえない	45	男	60	賛成
21	男	70	反対	46	女	52	反対
22	女	53	賛成	47	男	42	賛成
23	女	25	賛成	48	女	33	反対
24	女	58	どちらともいえない	49	女	60	どちらともいえない
25	男	40	賛成	50	女	21	賛成

めることができる。表 1.1 では、1 行が 1 人の個人に対応している。このデータにおける個人のようにデータを構成する最小の単位を**ケース**または**事例** (case) という。この例では、50 人の人に調査しているので、50 ケースのデータであると言える。もしも複数の企業の売り上げと営業利益を調べて表 1.1 のような表にまとめれば、個々の企業がケースであるし、複数の国の GDP と人口を調べて同じようにまとめれば、国がケースになる。

表 1.1 は、性別と年齢と自衛隊のイラク派遣への賛否をたずねた結果だが（最初の列は、個々のケースに背番号をつけただけ）、もしも収入をたずねれば、収入という列ができるし、生活満足度をたずねれば、生活満足度という列ができ、個々の行に、個々の人の答えた収入や満足の程度（「とても満足」とか「やや不満」といった答え）が入ることになる。この質問項目のように、人によってその値が異なるような特性を**変数** (variable) と呼ぶ。表 1.1 の場合、性別、年齢、賛否、という 3 つの質問項目は、すべて変数である。なぜなら、それらに対する答え（値）は人によって異なるから。変数は、**値** (value) を持つ。性別という変数は、「男」「女」という 2 種類の値をとる。年齢は（20 歳から 80 歳までの人を対象とした調査なので）20 以上 80 以下の値をとる。

変数には、**離散変数** (discrete variable) と、**連続変数** (continuous variable) の 2 つの種類がある[*1]。離散変数とはおおざっぱに言えば、変数の値が、「男」「女」のように数値をとらない変数のことである。表 1.1 の自衛隊派遣への賛否という変数も、離散変数である。離散変数は、ケースの種類、質を表すことが多い。離散変数のうち、値の間に順序づけできるものとできないものがある。例えば、出身地という変数があり、その値は「大阪」「京都」「兵庫」という値をとるとしよう。この出身地という変数の値の間に順序はない[*2]。しかし、さきほどのイラク派遣の賛否という変数の場合、「賛成」「どちらともいえない」「反対」の順で、順序を想定できる。順序づけ可能な変数を**順序変数**、順序づけ不可能な変数を**カテゴリカル変数**と言うこともある。

連続変数とは、おおざっぱに言えば、年齢のように、値が数値をとる変数である。厳密には、単に数値をとるだけではなく、いくらでも細かい数値をとりうるものでなければならない。例えば、年齢は、20 歳、21 歳のように 1 歳刻みで数えるのがふつうだが、さらに細かく、「20 歳と 11 ヶ月」とか「20 歳と 11 ヶ月と 10 時間 10 分 23 秒 02...」というように原理的にはいくらでも細かい値をとりうる。こうした変数を連続変数という。体重、自宅の床面積、送った年賀状の数[*3]は連続変数の例である。連続と離散の主な違いは、連続変数では、小数値も許容されるが、離散変数では許容されないということである。

[*1] 離散変数と連続変数とほぼ同義の用語に、量的変数、質的変数という言葉がある。しかし、「質的」という言葉がさまざまな意味で使われるため、まぎらわしいので離散変数と連続変数という用語をこの本では採用した。

[*2] しかし、出身都道府県の人口という変数を作れば、それは連続変数である。

[*3] 年賀状の数は整数しかとりえないので、厳密には連続変数ではない。しかし、連続変数とみなしてほとんど実害がないので、連続変数とみなされることが多い。年収や 1 日に書くメールの数も同じように扱われる。

1.2 度数分布表

　このように、複数のケースと変数、そして変数の値を持つようなデータを**定型データ**と呼ぶことにする。もちろん、定型でないデータもある。例えば、前衛芸術家のインタビュー結果や、新興宗教の儀式を収めたビデオや自殺したネット作家の日記は、貴重な資料＝データかもしれないが、そのままでは定型データとして扱えない。この本では、定型データのみを扱い、その中でも離散変数の分析法を中心に紹介していく。離散変数のみからなる定型データを、この本では**カテゴリカル・データ (categorical data)** と呼ぶことにする [*4]。

1.2 度数分布表

　表 1.1 から、自衛隊のイラク派遣について、賛成、どちらともいえない、反対、の人数と割合をまとめて表にしたのが表 1.2 である。表 1.2 のように、ある変数の値をとるケースの数とその割合を示した表を**度数分布表 (frequency distribution table)**、または単純集計表と呼ぶ。ある値をとるケースの数を**度数 (count)** または**頻度 (frequency)** と呼ぶ。例えば、賛成の度数は 21 で、21 人の人が自衛隊の派遣に賛成しているということである。また、個々の値の度数を、合計の度数で割ったものを相対度数と呼ぶことがある。例えば、賛成の相対度数は $21/50 = 0.42$ である。表には必ず通し番号を打ち、表のうえにタイトルをつけるのが、学界の慣習である。

表 1.2　自衛隊イラク派遣の賛否の割合

	度数	相対度数 (%)
賛成	21	42%
どちらともいえない	8	16%
反対	21	42%
合計	50	100%

　度数分布表は、離散変数の分布を見るのに最適である。**分布 (distribution)** とは、個々の値の度数（または相対度数）のパターンのことである。例えば、別の調査で同じように自衛隊をイラクに派遣することの賛否を調べると、賛成 40%、どちらともいえない 20%、反対 40% だったとしたら、2 つのデータは、同じような分布をしているといっていいだろう。

[*4] 定型データと非定型データという区別は、盛山 [38] の量的データ、質的データという区別とほぼ対応する。しかし、この本でカテゴリカル・データと呼んでいるようなデータを質的データ (qualitative data) と呼ぶ場合もあり、まぎらわしいので、定型データという用語を用いることにした。定型データ、非定型データという用語は、原 [15] の用語法を借用している。

1.2.1 連続変数の離散変数化

連続変数の値は、多岐にわたるので、そのまま度数分布表を作っても分布を理解するのは困難である。そこで、しばしば連続変数を元に離散変数を作り、その度数分布表を作るということがなされる。

■**問題** 表 1.1 のデータから表 1.3 の空欄を埋めて、年齢の度数分布表を作りなさい。

表 1.3　年齢の度数分布表

	度数	相対度数
20〜29 歳		
30〜39 歳		
40〜49 歳		
50〜59 歳		
60〜69 歳		
70〜80 歳		
合計		

連続変数の値を適当にグループ分けして、離散変数を作る場合、この新しく作られたグループを**階級**または**クラス (class)** と呼ぶ。階級の数は、多すぎても少なすぎてもいけない。また階級の区切りは自然な位置であるのが好ましく、階級分けは意外に難しい作業である。表 1.1 の場合、10 歳間隔で、6 つの階級を作った。階級の間隔は統一するのがふつうである。例えば、「20〜23 歳」「24〜25 歳」「26〜37 歳」というように、意味もなく間隔をばらばらにすると変数の分布を理解しにくくなる。

連続変数をいくつかのカテゴリに分け、度数分布表を作り、その度数分布表をさらに棒グラフにしたものは、**ヒストグラム (histogram)** と呼ばれる。例えば、図 1.1 は、表 1.2 から作ったヒストグラムである。

1.3 クロス表を作る

男女別の度数分布表を作りたいとしよう。男女別に自衛隊のイラクへの派遣の賛否の人数と割合をまとめたのが、表 1.4 である。

表 1.4 のように、2 つの離散変数を組み合わせて、その同時分布を表したものを**クロス表 (cross tabulation)** と呼ぶ。クロス表は**クロス集計表**、**分割表 (joint contingency table)** とも呼ばれる。

クロス表関連の用語をまとめておこう。

1.3 クロス表を作る

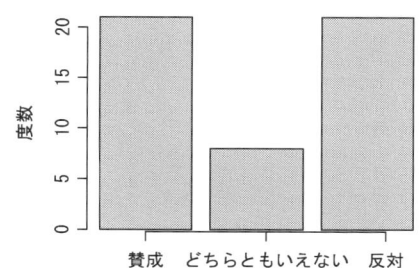

図 1.1　表 1.2 から作ったヒストグラム

表 1.4　性別と派遣賛否のクロス表

		自衛隊派遣への賛否			計
		賛成	どちらともいえない	反対	
性別	男	11	2	7	20
	女	10	6	14	30
	計	21	8	21	50

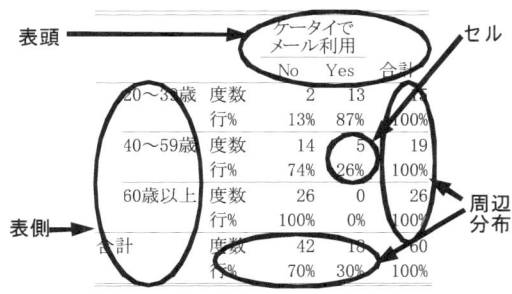

図 1.2　クロス表各部の名称

セル (cell)　行と列が交わってできる四角い枠（図 1.2 参照）。

表頭、表側　表の上の部分と左側の部分（図 1.2 参照）。

周辺度数 (marginal frequency/count)　クロス表の下と右側に表示される個々の変数の度数。

周辺分布 (marginal distribution)　クロス表を構成する個々の変数の分布（図 1.2 参照）。

行パーセント (row percent)　度数 ÷ (行の周辺度数)。

列パーセント (column percent)　度数 ÷ (列の周辺度数)。

表 1.4 から、行パーセントと列パーセントを計算すると、表 1.5 と表 1.6 のようにな

表 1.5 表 1.4 の行パーセント

	自衛隊派遣への賛否		
	賛成	どちらともいえない	反対
男	$11 \div 20 = 55\%$	$2 \div 20 = 10\%$	$7 \div 20 = 35\%$
女	$10 \div 30 = 33\%$	$6 \div 30 = 20\%$	$14 \div 30 = 47\%$
計	$21 \div 50 = 42\%$	$8 \div 50 = 16\%$	$21 \div 50 = 42\%$

表 1.6 表 1.4 の列パーセント

	自衛隊派遣への賛否			計
	賛成	どちらともいえない	反対	
男	$11 \div 21 = 52\%$	$2 \div 8 = 25\%$	$7 \div 21 = 33\%$	$20 \div 50 = 40\%$
女	$10 \div 21 = 48\%$	$6 \div 8 = 75\%$	$14 \div 21 = 67\%$	$30 \div 50 = 60\%$

る。2 つの表の 1 行 1 列目を見ると、行パーセントは、55% だが、列パーセントは、52% である。この場合、行パーセントは、1 行目（つまり男性）全体のうちで、賛成している人が何パーセントかを示しているのに対し、列パーセントは、1 列目（つまり賛成している人）全体のうちで、男性が何パーセントかを示している。

1.4 練習問題

1. 幾人かの大学生に下記のような項目を質問して、定型データを作ったとしよう。それぞれの項目は、離散変数か、それとも連続変数か。また、離散変数の場合、順序づけが可能かどうか述べよ。
   (a) 学部　(b) 通学時間　(c) 身長　(d) 居住都道府県　(e) 入学年度　(f) 月収
2. 表 1.7 は、60 人分の調査データである。この表から、「ケータイでメールを利用」と「年齢」という変数の度数分布表を作りなさい。
3. 1 ページの表 1.1 から、年齢と自衛隊派遣への賛否のクロス表を作り、行パーセントと列パーセントも計算しなさい。
4. 表 1.7 から、「性別」と「ケータイでのメール利用」のクロス表を作り、行パーセントと列パーセントも計算しなさい。

1.4 練習問題

表 1.7 性別年齢と、ケータイ・メールの利用

No	性別	年齢	ケータイで メールを利用	No	性別	年齢	ケータイで メールを利用
1	男	36	No	31	女	62	No
2	女	76	No	32	男	30	Yes
3	男	44	No	33	女	53	No
4	女	20	Yes	34	男	63	No
5	女	63	No	35	女	35	Yes
6	女	63	No	36	女	55	No
7	女	27	Yes	37	女	59	No
8	男	36	Yes	38	女	52	No
9	男	75	No	39	女	54	No
10	女	68	No	40	女	63	No
11	男	74	No	41	女	44	Yes
12	男	29	Yes	42	男	48	Yes
13	男	25	Yes	43	男	71	No
14	男	68	No	44	女	57	No
15	男	74	No	45	男	54	No
16	女	44	Yes	46	男	58	No
17	女	59	No	47	女	76	No
18	女	43	Yes	48	女	36	Yes
19	女	83	No	49	女	84	No
20	男	72	No	50	男	72	No
21	男	35	No	51	男	49	No
22	女	69	No	52	女	60	No
23	男	62	No	53	男	46	No
24	男	35	Yes	54	女	71	No
25	女	49	No	55	男	30	Yes
26	女	39	Yes	56	女	26	Yes
27	男	51	No	57	女	66	No
28	女	60	No	58	女	65	No
29	女	74	No	59	男	73	No
30	男	28	Yes	60	女	41	Yes

JIS2002年調査データ[30]の一部をランダム・サンプリングした。

第 2 章
クロス表と独立性の検定

2.1 クロス表の読み方

これまで習った平均値や度数分布表の読み方は簡単。例えば、ある調査の結果、主婦のパート収入の平均値が 30 万円だったら、なんとなく「そうか」と思える。度数分布表も見たとおりなので、それほど、「読む」技術は必要ない。しかし、クロス表の場合、「読む」技術が多少必要である。例えば、1995 年に、1986 年以降に結婚した 74 組の夫婦にそれぞれの学歴をたずねたところ、以下のようなクロス表が得られた。

表 2.1　妻と夫の学歴のクロス表

		妻の学歴			合計
		中学／高校	短大	4 年制大学	
夫の	中学／高校	36	5	2	43
学歴	短大／4 大	13	10	8	31
	合計	49	15	10	74

1995 年 SSM 調査データ [40] よりランダム・サンプリングしたもの

この表からどんなことがわかるだろうか。クロス表は、1 つの変数の特徴ではなく、2 つの変数の関係を見るために作られる。表 2.1 の場合は、妻の学歴と夫の学歴という 2 つの変数の関係を見ている。

2.1.1　2 つの変数の関係とは何か

表 2.1 の場合、妻と夫は、お互いに同じような学歴の相手と結婚する傾向が強いかもしれない。逆に、お互いの学歴とはまったく関係なく、結婚相手を選んでいるのかもしれない。あるいは、妻は自分より上の学歴の夫を選ぶ傾向があるのかもしれない。これら 3 つの説を、**仮説 (hypothesis)** として定式化してみよう。

2.1 クロス表の読み方

仮説 1 妻と夫は同じ程度の学歴である傾向が強い。
仮説 2 妻と夫の学歴は統計的に独立である。
仮説 3 夫の学歴のほうが妻よりも高い傾向がある。

統計的独立 (statistical independence) とは、クロス表において 2 つの変数の間にまったく関係のない状態のことである。厳密には数式で定義される（くわしくは 13 ページの 2.4 節を参照）。それでは、どの仮説が正しいのだろうか。表 2.1 を見ただけでは、わかりにくい。そこで、列パーセントを表 2.1 に書き加えて作ったのが、表 2.2 である。ふつうクロス表を適切に読むためには、行パーセントまたは列パーセントを計算することが必要である。ただし、行パーセントや列パーセントだけを書いて、度数を書かないのはあまり感心しない。後の章で述べるように、ランダムサンプリングして得た調査の場合、度数の多さが推定値の誤差の大きさを決める。したがって、ケース数が少なければ誤差が大きくなるし、多ければ誤差は小さくなる。ケース数は、推定値のもっともらしさを判断する際の重要な情報なのである。また、度数をきちんと書いていれば、読者は、それをもとにして自分自身で行パーセントや列パーセントのようなさまざまな統計量を計算することもできる。書き手は、紙幅に余裕があれば、度数も提示すべきだろう。

表 2.2 妻と夫の学歴のクロス表 (( ) 内は列パーセント)

		妻の学歴			合計
		中学／高校	短大	4 年制大学	
夫の学歴	中学／高校	36 (73%)	5 (33%)	2 (20%)	43 (58%)
	短大／4 大	13 (27%)	10 (67%)	8 (80%)	31 (42%)
	合計	49 (100%)	15 (100%)	10 (100%)	74 (100%)

表 2.2 を見ると、中学または高校卒の妻のうち 73% が夫も中学または高校卒であることがわかる。妻が 4 年制大学であるカップルの場合、80% が夫も短大または 4 年制大学卒である。夫の短大卒は非常に少ないので、ほとんどは 4 年制大学卒である。以上のような考察の結果、仮説 1 がもっとも正しいと思われる。また仮説 2 は逆に誤っていることになる。仮説 3 はどうであろうか。妻が短大卒の場合、夫は、33% が中学または高校卒、67% が短大または大学卒である。短大卒の夫がほとんどいないとすると、短大卒の妻の夫の半分以上は、4 年制大学卒である。つまり、夫の学歴のほうが妻の学歴よりも高い。仮説 3 は、仮説 1 ほど明瞭な傾向は見出せなかったけれども、まったくまちがっているとも言えない。

このように、クロス表の数値を解釈し、どの仮説が正しいかを考える、または、クロス表から新しい仮説を考えることを、クロス表を「読む」、と言っているのである。また、どんな仮説をたてても、あらかじめ考えておいた仮説がデータに完全に一致することはま

れである。仮説とデータのズレ具合をよく見ることも、クロス表を「読む」うえで重要である。

2変数の関係を考えるときに、基本的には2種類の仮説が考えられる。1つは、2変数は独立であるという仮説。もう1つは、2変数は独立ではないという仮説である。独立でない場合、2変数の間にどのような連関があるかもう少し具体的に仮説を考えたほうがよいだろう。例えば、性別と自衛隊イラク派遣の賛否の関係ならば、「男性のほうが賛成率が高い」とか「女性のほうが「わからない」の比率が高い」といった具合である。

まったく仮説を持たず、**探索的 (exploratory)** にクロス表を作ることも多い。その場合、周辺分布と各行または列のパーセントを比較する。例えば、表 2.2 の場合、いちばん右の列の (周辺度数の) 列パーセントと、各列の列パーセントを比較する。1行目のいちばん右の列の列パーセントは、58% である。つまり、72組全部のカップルのうち、夫が中学／高校卒のカップルは 58% ということである。ところが、妻が中学／高校卒のカップルの場合、夫が中学／高校卒の割合は、73% である。つまり、全カップルの割合 58% より 15 ポイント多い。逆に妻が大卒の場合、夫が中学／高校卒の割合は、20% で、38 ポイントも少ない。

2.2 独立変数と従属変数

表 2.3 雇用形態 × 年収のクロス表

雇用形態	本人年収		合計
	400 万円未満	400 万円以上	
正規雇用	128 (43%)	170 (57%)	298
非正規雇用	180 (97%)	5 (3%)	185
合計	308 (64%)	175 (36%)	483

2変数の間に因果関係が想定できる場合がある。例えば、表 2.3 は、雇用形態と、年収の関係をクロス表にしたものである。当然、正規雇用のほうが平均労働時間も長いし時給も高いと思われるので、高収入者が相対的に多い。この場合、雇用形態が原因となり、その結果として年収の高さが決まっていると想定できる。このように一方の変数が原因、他方の変数が結果として想定できる場合、2変数の間に**因果関係 (causal relation)** があるという。このとき原因となる変数を**独立変数 (independent variable)**、または、**説明変数 (explanatory variable)** と呼び、結果となる変数を**従属変数 (dependent variable)**、または、**被説明変数**、**応答変数 (response variable)** と呼ぶ。

ただし、この場合「決まっている」という言い方は正確ではない。なぜなら、正規雇用

でも 400 万円未満の年収の人は 128 人いるし、非正規雇用でも 400 万円以上の人は 5 人いる。つまり、雇用形態だけで年収が決まっているわけではない。そのほかの要因も働いている。社会調査のデータを分析する場合、1 つの独立変数だけで従属変数の値を完全に決定してしまうことはない。

もしも 2 変数間の因果序列（どちらが独立変数でどちらが従属変数か）で迷う場合は、2 変数の時間的な順序を考えるとよい。例えば、出生年とケータイ電話利用という 2 つの変数の間に、因果関係を想定したいとしよう。出生年は生まれた瞬間に決まり、その後変化することはない。ところが、ケータイ電話を利用するかどうかは、生まれた後、だいぶ年月がたったあとに決まるのだから、少なくとも、ケータイ電話の利用が、出生年に影響を及ぼすとは、ふつう考えられない[*1]。

また、2 変数間にどのような因果関係があるのか、じゅうぶんに納得のいく解釈ができるということも、因果関係を想定する場合には大事である。例えば、収入が高いほどインターネット利用率が高まる傾向が発見されたとしよう。このとき 2 変数の時間的な順序ははっきりしない。なぜなら、現在の収入と現在のインターネット利用率をたずねているからだ。このような場合に、あえて一方を独立変数、他方を従属変数として想定するならば、なぜそのような因果関係が成り立つのか、そのメカニズムを仮説として特定する必要がある。例えば、インターネットを利用できると、仕事や出世に有利になって、それが収入に反映されるといった仮説を考えるわけである。仮に因果関係がうまく想定できない場合、疑似的な関係（6 章を参照）の可能性もある。

2.3　行パーセントと列パーセントの使い分け

クロス表を作る場合、表 2.3 のように、独立変数を表側に、従属変数を表頭に配置するのが、日本の社会学界での慣習のようである。もちろん紙幅やレイアウトの都合で独立変数を表頭に持ってきてもかまわない。独立変数を表側に持ってきた場合、表 2.3 のように、度数のほかにも行パーセントを表記することが多い。この行パーセントを上から下に見ていき、その値の大きさを比べることで、2 つの変数の連関を検討するのである。表頭に独立変数を配置する場合、列パーセントを計算すべきである。独立変数と従属変数は必ずしも区別できない。表 2.2 のようなケースがそうである。

[*1] しかし、未来の出来事が、それ以前の出来事に影響を及ぼすと考えるような哲学もありうる。機能論的、あるいは目的論的因果論とでもいうべき哲学である。例えば、ある高校 3 年生が一生懸命勉強したのは、将来希望する大学に入学するためである、といった説明をする場合、将来の大学入学が過去に一生懸命勉強したことを決定したと考えるわけである。これは、私には詭弁としか思えない論理である。なぜなら、この例では、その高校 3 年生は、勉強を決意するときに「将来希望する大学に入学したい」と思ったから、一生懸命勉強したのであって、彼女がそのように思ったのは、勉強よりも前の時点、あるいはほぼ同じ時点である。将来、希望する大学に入学できなかったとしても、彼女が一生懸命勉強した事実も「将来希望する大学に入学したい」と思ったという事実にも変わりはない。

表 2.4 性別と派遣賛否のクロス表（上段は度数、下段は行％と列％）

性別	自衛隊派遣への賛否			計
	賛成	どちらともいえない	反対	
男	10 (行 53%, 列 48%)	2 (行 11%, 列 25%)	7 (行 37%, 列 33%)	19
女	11 (行 35%, 列 52%)	6 (行 19%, 列 75%)	14 (行 45%, 列 67%)	31
計	21	8	21	50

　行パーセントと列パーセントの使い分けは、初学者がまちがいやすい点なので注意が必要である。「性別」×「自衛隊イラク派遣の賛否」のクロス表を例に解説しよう。表 2.4 は、5 ページの表 1.4 の人数を少しだけ変えたものである。男女で比べると、どちらのほうが賛成率が高いだろうか。行パーセントで見ると、男 53％、女 35％で男のほうが賛成率が高い。ところが列パーセントで見ると、男 48％、女 52％で女のほうが賛成率が高い。結局、男女どちらの賛成率が高いのか。これは、何を知りたいのかにもよるが、表側に独立変数があるならば、ふつうは行パーセントを見るべきである。性別とイラク派遣賛否の間に因果関係を想定すると、性別が独立変数でイラク派遣賛否が従属変数になる。賛成率とは、女性、男性それぞれのうち何パーセントが賛成するかのことであるから、この場合は、行パーセントを比較するのが適切だろう。

　もしも調査に答えた人の数が、男女同数であったならば、このような食い違いからくる混乱は起きない。しかし、独立変数が均等に分布しているという保証はない。もっと極端な例を出そう。つい最近女子大から男女共学に変わった A 大学で同じ調査をしたところ、表 2.5 のような結果になったとしよう。これは表 2.4 の女性の人数だけを 3 倍したもの

表 2.5 性別と派遣賛否の架空のクロス表（上段は度数、下段は行％と列％）

性別	自衛隊派遣への賛否			計
	賛成	どちらともいえない	反対	
男	10 (行 53%, 列 23%)	2 (行 11%, 列 10%)	7 (行 37%, 列 14%)	19
女	33 (行 35%, 列 77%)	18 (行 19%, 列 90%)	42 (行 45%, 列 86%)	93
計	43	20	49	112

である。女性の数が圧倒的に多いので、どの列の列パーセントを見ても女性のほうが多い。しかし、行パーセントを見ると、表 2.4 とまったく変化がないことがわかるだろう。つまり、列パーセントは男女の分布に左右されるが、行パーセントは左右されないのである。調査に答えた男性がどれほど少なくとも、男性 19 人のうち 10 人が賛成しているのに対して、女性は 93 人のうちの 33 人だけである。行パーセントを比較して男性のほうが賛

成率が高いとみなすべきである。

2.4 統計的独立とは

統計的独立とは、クロス表において 2 つの変数の間にまったく関係がみられない状態である。しかし、厳密にはどのような状態だろうか。これを定義するためには、いくつかの記号を使うのが便利である。

- i 行 j 列目のセル度数を n_{ij}、
- i 行目の周辺度数を $n_{i\bullet}$、
- j 列目の周辺度数を $n_{\bullet j}$、
- 表全体のセル度数を N、

と表記する。例えば、表 2.5 の 1 行 3 列目のセル度数は、$n_{13} = 7$ である。あるいは、これは男で反対の人の数だから、$n_{男反対} = 7$ とも表記することにする [*2]。また、1 行目の周辺度数は、$n_{1\bullet} = n_{男\bullet} = 19$、3 列目の周辺度数は、$n_{\bullet 3} = n_{\bullet 反対} = 49$ となる。また $N = 112$ である。このように考えれば、表 2.5 は 2 行 3 列のクロス表であるし、10 ページの表 2.3 は 2 行 2 列のクロス表である。次に

- i 行 j 列目のセルの比率を $p_{ij} = n_{ij}/N$、
- i 行の比率を $p_{i\bullet} = n_{i\bullet}/N$、
- j 列の比率を $p_{\bullet j} = n_{\bullet j}/N$、

と表記する。例えば、表 2.5 の 2 行 1 列目のセルの比率は $p_{21} = n_{21}/N = 33/112 = 0.29$、2 行目のセルの比率は、$p_{2\bullet} = n_{2\bullet}/N = 93/112 = 0.83$、1 列目のセルの比率は $p_{\bullet 1} = n_{\bullet 1}/N = 43/112 = 0.38$ である。

すべてのセルに関して、

$$p_{ij} = p_{i\bullet} \times p_{\bullet j} \tag{2.1}$$

が成り立つとき、2 変数は**統計的に独立 (statistically independent)** である（あるいは単に「独立である」といってもよい）。(2.1) 式の両辺に N をかけて、

$$\begin{aligned} N \cdot p_{ij} &= N \cdot p_{i\bullet} \times p_{\bullet j} \\ n_{ij} &= n_{i\bullet} \times p_{\bullet j} \end{aligned} \tag{2.2}$$

(2.2) 式に $p_{\bullet j} = n_{\bullet j}/N$ を代入すると、

$$n_{ij} = \frac{n_{i\bullet} \times n_{\bullet j}}{N} \tag{2.3}$$

[*2] このような表記法は見たことがないが、わかりやすいのでこの本の中では用いることにする。

となる。(2.1) 式よりも (2.3) 式のほうが、計算の手間がかからないので、(2.3) 式がなりたつかどうかで、2 変数が独立かどうかを判断すればよい。例えば、表 2.5 で性別と自衛隊イラク派遣の賛否が独立かどうか見てみよう。表 2.5 の 1 行 3 列目のセル度数は、$n_{13} = 7$ であるが、

$$\frac{n_{1\bullet} \times n_{\bullet 3}}{N} = \frac{19 \times 49}{112} = 8.3 \tag{2.4}$$

である。したがって、

$$n_{13} \neq \frac{n_{1\bullet} \times n_{\bullet 3}}{N} \tag{2.5}$$

である。すべてのセルで、(2.3) 式が成り立たなければならないにもかかわらず、1 行 3 列目のセルで成り立たないので、表 2.5 において、性別と自衛隊派遣の賛否は独立ではない。ふつう社会調査のデータでは、完全に独立なクロス表に出くわすことはほとんどない。

表 2.6 完全に独立な架空のクロス表（（　）内は行パーセント）

		B=1	B=2	B=3	計
	A=1	2 (10%)	8 (40%)	10 (50%)	20
A	A=2	3 (10%)	12 (40%)	15 (50%)	30
	A=3	5 (10%)	20 (40%)	25 (50%)	50
計		10 (10%)	40 (40%)	50 (50%)	100

それでは、2 変数が完全に独立なクロス表を見てみよう。表 2.6 は、人工的に作った完全に独立なクロス表である。A と B という 2 つの変数がそれぞれ 1 から 3 までの値をとる 3 行 ×3 列のクロス表である。例えば、2 行 2 列目のセルは、$n_{22} = 12$ だが、

$$\frac{n_{2\bullet} \times n_{\bullet 2}}{N} = \frac{30 \times 40}{100} = 12 \tag{2.6}$$

で、

$$n_{22} = \frac{n_{2\bullet} \times n_{\bullet 2}}{N} \tag{2.7}$$

である。同様にその他のすべてのセルで、(2.3) 式が成り立っている。2 変数が独立の場合、すべての行の行パーセントが、表の一番下の行の周辺分布と一致する。つまり、A がどんな値をとっても B の分布には変わりがないということである。

■**問題** 表 2.6 から、列パーセントを計算せよ。

列パーセントを計算すると、すべての列の列パーセントが、表のいちばん右の列の周辺分布と一致するはずである。2 変数が独立とは、一方の変数の値が、他方の変数の分布に影響を及ぼさないということである。

2.5 ピアソンの適合度統計量 X^2

実際のクロス表は、統計的に独立な状態（これを便宜的に **独立状態** と呼んでおく）から大きく隔たっている場合もあるし、ほとんど独立の場合もある。そこで、この独立状態からのへだたり具合を数値として示せると便利である。そのような数値として、**ピアソンの適合度統計量 (Pearson's goodness of fit statistics)**、X^2 を紹介しよう [*3]。

まず新しい記号を導入しよう。2変数が独立のとき $n_{ij} = n_{i\bullet}n_{\bullet j}/N$ と書いたが、この式の右辺を $\hat{\mu}_{ij}$（「ミュー・ハット」と読む）と表記し、**期待度数 (expected frequency)** の推定値と呼ぶことにしよう [*4]。

$$\hat{\mu}_{ij} = n_{i\bullet}n_{\bullet j}/N \tag{2.8}$$

例えば、8ページの表 2.1 の1行2列目の期待度数の推定値は、$\hat{\mu}_{12} = 43 \times 15 \div 74 = 8.72$ である。同様にして残りの5つのセルに関してもそれぞれ期待度数の推定値を計算すると表 2.7 のようになる。

表 2.7　8ページの表 2.1 における独立状態の期待度数の推定値

		妻の学歴		
		中学／高校	短大	4年制大学
夫の	中学／高校	$43 \times 49 \div 74 = 28.47$	$43 \times 15 \div 74 = 8.72$	$43 \times 10 \div 74 = 5.81$
学歴	短大／4大	$31 \times 49 \div 74 = 20.53$	$31 \times 15 \div 74 = 6.28$	$31 \times 10 \div 74 = 4.19$

それでは、ピアソンの適合度統計量、X^2 を定義しよう。X^2 は、

$$X^2 = \sum_{\text{cells}} \frac{(n_{ij} - \hat{\mu}_{ij})^2}{\hat{\mu}_{ij}} \tag{2.9}$$

で定義される。ただし、$\sum_{\text{cells}}$ は、クロス表のすべてのセルに関して足し合わせるという意味の記号である。実際に計算してみよう。8ページの表 2.1 では、1行1列目のセル度数 n_{11} は 36、期待度数の推定値 $\hat{\mu}_{11}$ は 28.47。したがって、

$$\frac{(n_{11} - \hat{\mu}_{11})^2}{\hat{\mu}_{11}} = \frac{(36 - 28.47)^2}{28.47} = 1.99$$

である。これを、すべてのセルに関して計算したのが、表 2.8 である。表の値をすべて足

[*3] 統計量とは、パラメータ（母数）と対になった概念である。詳しくは3章を参照。ちなみにピアソンの適合度統計量をカイ二乗値あるいはカイ二乗統計量と呼ぶ場合もあるが、カイ二乗分布と混同しやすいので、ピアソンの適合度統計量を呼び名として採用した。

[*4] 期待度数とは何か、推定値とはどういう意味か、については 3.6 節を参照。

表 2.8　表 2.1 と表 2.7 から $\frac{(n_{ij}-\hat{\mu}_{ij})^2}{\hat{\mu}_{ij}}$ を計算

$\frac{(36-28.47)^2}{28.47} = 1.99$	$\frac{(5-8.72)^2}{8.72} = 1.58$	$\frac{(2-5.81)^2}{5.81} = 2.50$
$\frac{(13-20.53)^2}{20.53} = 2.76$	$\frac{(10-6.28)^2}{6.28} = 2.20$	$\frac{(8-4.19)^2}{4.19} = 3.47$

し合わせてやればピアソンの適合度統計量になる[*5]。

$$X^2 = 1.99 + 1.58 + 2.50 + 2.76 + 2.20 + 3.47 = 14.5 \tag{2.10}$$

期待度数の推定値と実際のセル度数の差を二乗しているのだからこの差が大きいほどピアソンの適合度統計量も大きくなるのがわかるだろう。つまり、実際の度数が統計的独立の状態から離れているほどピアソンの適合度統計量は大きくなる。もしも 2 変数が完全に独立ならば、$X^2 = 0$ になる。

2.6　サンプリングと検定

　9 ページの表 2.2 に関して、仮説 2 (妻と夫の学歴は統計的に独立) は、まちがいであるといった。確かに、表 2.2 で扱われている 74 組の夫婦に関しては、仮説 2 はまちがっている。しかし、調査の対象にならなかった若い夫婦は日本中に何百万組もいる。もしも仮に 1986 年から 1995 年の間に日本で結婚したすべての夫婦を調査したら、ちがった結果が出るかもしれない。しかし、現実には、すべての夫婦を調査するのは非常に難しい。そこで、**標本抽出 (sampling)** を行う。標本抽出とは、ほんらい調査したい対象の集合から、一部の対象だけを抜き出すことをいう。ほんらい調査したい対象の集合を**母集団 (population)**、抜き出した一部の対象を**標本**または**サンプル (sample)** という。母集団全体を調査するのではなく、標本抽出をして、標本だけを調査することを**標本調査 (sampling survey)** という。それに対して、母集団全体を調査することを**全数調査**ということがある。

　標本抽出にはさまざまな方法があるが、そのうち、母集団のすべての事例 (case) が同じ確率で標本に選ばれる場合、**無作為標本抽出またはランダム・サンプリング (random sampling)** という。例えば、母集団が日本の有権者で 1 億人いるとしよう。そのうちから、100 人だけ標本として抽出する。このとき、日本の有権者全員が $100/100000000 = 0.0001\%$ の確率で選ばれる場合、無作為標本抽出になる。逆に、河原町の阪急デパート前を歩いている人を手当たり次第に呼び止めて話を聞いても、無作為標

[*5] 以後の計算は、すべて R.2.0.1 [35] などの統計解析用ソフトウェアを利用している。手計算する場合、途中の数値を四捨五入すると、最終的な計算結果が微妙に変わってくることがあるので注意が必要である。例えば、表 2.1 の 1 行 1 列目の期待度数は 28.47 と表記しているが、X^2 を計算するときには、28.47297... を使って計算している。

第 2 章 クロス表と独立性の検定

とである。対立仮説 (alternative hypothesis) とは、この場合、2 変数は独立ではない、つまり 2 変数は関連しているという仮説である。遊にピアソンの適合度統計量 X^2 があまり大きくなければ、帰無仮説を棄却できない。

実際の調査では、母有因について 2 変数が独立かどうかは、あらかじめわからないことが多い。しかし、得られたサンプルで X^2 がじゅうぶんに大きければ、帰無仮説を棄却し、対立仮説を採択することができる。

これ以降 (この本の最後まで)、すべてのデータは母集団からランダム・サンプリングされて検出てきることを前提とする。この前提が成り立たなければ、これ以降の検査や推定者がサンプルの選択に関して導く議論は、すべて無務になりかねない。つまり、値のデータがどんなに多くあっても、その信頼性は低いことに注意すべきである。[7]

2.7 独立性の検定

それでは、ピアソンの適合度統計量 X^2 が大きければ、帰無仮説を棄却できるのか。この判断のために用いられるのが、カイ二乗分布 (chi-square distribution) という確率分布 (3章参照) である。カイ二乗分布を使えば、帰無仮説が正しい確率（正確には帰無仮説が正しい仮定のもとで、標本から計算された以上の X^2 が得られる確率）を計算できる。この確率を有意水準 (level of significance)、有意確率 (または単に α) と呼ぶ。[8] この α の計算は、数値ですが計算は難しい。そこで、代表的なカイ二乗分布のパーセント点 (232 ページ) を使うか、コンピュータを使って計算する。[9] カイ二乗分布を使った検定法は、カイ二乗検定 (chi-square test) という。

結論だけいうと、望ましい議論は、3 章を参照されたい。ある X^2 の値に対する有意確率は、クロス表の行と列の総体で決まる。行の数を r、列の数を c とすると、

[7] 値のデータが集まったから独立ではなくてもよい、というのではない。例えば、あるウェブ・サイトにアクセスしてきた人たちに対して、実験をする。その結果を統計的に検定にかけても、その結果は、他のサイトにアクセスしている人たち、あるいは実験に参加するよう選り出された人たちを代表しているだけにすぎなない。例えば、関連的な女性の中から無作為に選ばれた人が、欧米の能性情報の使用状況を調べている場合、新しい調査をおとなしている。また、アメリカのサンプリングとして、実験に参加することそのものが、その他の属性からして人に偏りやすいという研究結果もある。新しい統計的な検出結果について、その使用範囲を注意する必要がある。

[8] 有意確率を p 変数とするケースもあるが、この本では、この p は確率を比較的一般的に表すために用いている。このような統計量の母集団における、確率変数表分が示り込ませない。

[9] 例えば、Excel の関数 chidist（テンプリンの適合度統計量 X^2, 自由度) = α で計算できる。

2.6 サンプリングと検定

用出には足らない。なぜならば、使う座データ一枚を使っている人は、京都で働いているかもしれないし、北海道出身の御縄の対象者になる可能性は、ほとんどないからだ。結局、京都近辺の人だけが調査の対象となり、他の地域の人はほとんど対象にならない。これは無作為抽出ではない。具体的には、無作為抽出の統計基準の特徴から、母集団の特徴を厳密に推測することができる。最初の問題に戻れば、標本から何件かのデータから要素を分ける行うこと、母集団における要素と要素の完全の関係についてもわかることがある。

具体的には、まず **帰無仮説 (null hypothesis)** をたてる。この場合、帰無仮説とは、母集団において 2 要素の間に関係がない、統計的に独立であるという仮説のことである。先の例では、仮説 2 、「筆と文字の姿勢は統計的に独立である」が帰無仮説に対応する。この帰無仮説が正しいかどうかを調べることを **検定 (test)** という。この場合、2 つの要素が独立であるという帰無仮説を検定しているので、独立性の検定ともいう。

仮に母集団において 2 要素が独立であるとしよう。もしもそうならば母集団のすべてのデータに関してカイ 2 乗値を作った場合、従属でデリソンの差の統計量は 0 になる。この母集団から無作為抽出された標本においてピアソンの差の統計量 X^2 を計算すると、どのような値をとるだろうか。もちろん 0 に近い値をとるかもしれないし、もっと大きな値をとるかもしれない。X^2 が異なっいい値がどのか、ランダム・サンプリングの際の偶然によって決まる。

しかし、もしも母集団で 2 要素が独立であるならば、ランダムに選ばれた標本において、X^2 が異常に大きな値をとることはないだろう。逆に言えば、無作為抽出標本を用いたデータにおいて X^2 の値がたいぶん大きければ、母集団においても、帰無仮説は正しくないと判断できるということである。これを **帰無仮説の棄却 (rejection of null hypothesis)** という。帰無仮説が棄却できるということは、対立仮説が正しいということだ。

[*6] サンプリングの方法については、社会調査の教科書 [16, 29, 39] を参照せよ。

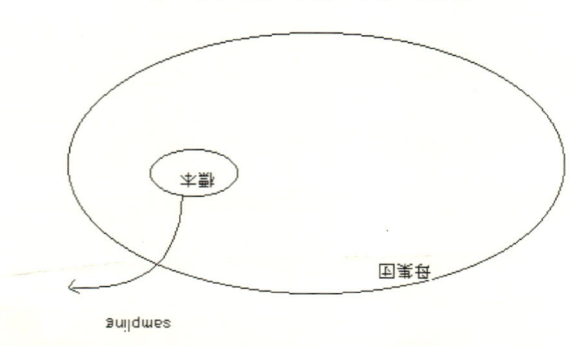

図 2.1 サンプリングのイメージ

17

$df = (r-1)(c-1)$ の大きさによって有意確率の大きさもかわってくる。この df を**自由度 (degree of freedom)** という。X^2 の大きさが同じならば、自由度が大きいほど、有意確率も大きくなる。夫婦の学歴の例（9 ページの表 2.2）を使って独立性の検定の手順を解説しよう。この表は、2 行 3 列なので、$df = (2-1)(3-1) = 2$ である。次にピアソンの適合度統計量 X^2 を計算する。この表の X^2 は 14.5 だった（16 ページの (2.10) 式を参照せよ）。そこで、付録 C の表の自由度が 2 の行を見る。例えば、自由度 2 で、有意水準が 0.050 のセルの値は、5.99 である。これは、「自由度 2 のカイ二乗分布は 0.050 未満の確率で、5.99 以上の値をとる」という意味である。この 5.99 は 5% 水準の**限界値 (critical value)** あるいは 5% 点と呼ばれる。夫婦学歴のクロス表の X^2 は 14.5 なので、5% 水準の限界値よりも大きい。仮に帰無仮説が正しいとすると、X^2 がこんなに大きい値をとる確率は、5% もないということだ。さらに自由度 2、有意水準 1% の限界値を見ると、9.21、有意水準 0.1% でも 13.82 である。それよりも X^2 が大きいということは、帰無仮説が正しいとすると、14.5 もの大きな値をとる確率は、0.1% もないということだ。したがって、帰無仮説はまちがっていると判断できる。つまり帰無仮説を棄却し、対立仮説を採択することになる。もちろん、実は帰無仮説が正しく、めったに起きないことが偶然起こって、$X^2 = 14.5$ になったという可能性はほんのわずかだがある。しかし、ふつうは帰無仮説を棄却してよい。

2.8 最小期待度数

カイ二乗分布を使った独立性の検定のためには、各セルの期待度数の推定値 $\hat{\mu}_{ij}$ が、最低でも 5 をこえなければならない。この最低の基準が 5 というのは、研究者によって主張が異なる。$\hat{\mu}_{ij}$ は 1 より大きくなければならないという基準もあるし、0.5 より大きければよいという基準もある（エヴェリット [8] を参照）。したがって、検定を行う際には、$\hat{\mu}_{ij}$ の最低値が、どのくらいの大きさかを確認する必要がある。もしも、多くのセルで $\hat{\mu}_{ij}$ が著しく小さい値をとるならば、この章で紹介した方法で独立性を検定することはあきらめるべきである。この問題は、9 章でもう一度とりあげるが、それまでは便宜的に

- 最小の期待度数の推定値 $\hat{\mu}_{ij}$ は 1 以上で、なおかつ
- 5 未満の $\hat{\mu}_{ij}$ をとるセル数は、全セルの 2 割以下、

という、やや保守的な基準に従うことにする。

2.9 有意水準と第 1 種、第 2 種の過誤

有意確率 α がどれぐらい小さければ、帰無仮説を棄却できるか？ α が大きな値をとっているのに、帰無仮説を棄却してしまうと、帰無仮説が本当は正しいのに、誤ってこれを

棄却してしまうことになるかもしれない。このように、正しい仮説を棄却してしまう誤りを**第 1 種の過誤 (type I error)** という。有意確率はこの第 1 種の過誤を犯す確率であるとも言える。例えば、2.7 節では、有意水準 0.1% の限界値を X^2 が上回っていることを理由に帰無仮説を棄却したが、第 1 種の過誤を犯している確率は、0.1% 未満だが存在するということだ。

しかし、逆に α が小さな値をとっているのに、帰無仮説を棄却しないと、本当は帰無仮説がまちがっている（つまり対立仮説のほうが正しい）のに、誤って帰無仮説を支持してしまうことになる。このようにまちがった仮説を支持してしまう誤りを**第 2 種の過誤 (type II error)** という。有意水準を厳しく（例えば、0.1% に）設定すれば、よほど大きな値を X^2 がとらないと、帰無仮説は棄却できないことになる。したがって第 1 種の過誤を犯す可能性は小さくなるが、第 2 種の過誤を犯す可能性は大きくなる。逆に有意水準を緩やかに（例えば、10% に）設定すれば、第 1 種の過誤の可能性は大きく、第 2 種の過誤の可能性は小さくなる。

社会学者の間では、有意水準が 1% または、5% 未満ならば、帰無仮説を棄却できると考えられている。逆に 1% または、5% 以上ならば、帰無仮説は棄却できないといわれている。この 1% とか 5% とかいう数値には、特に根拠はない。慣習的に決まっているだけである。ただ、どちらかといえば、第 1 種の過誤を避けるようにしているとは言えるだろう。

例えば、α が 2.5% の場合は、帰無仮説は、1% 水準では棄却できないが、5% 水準では棄却できる。帰無仮説を 1% 水準で棄却できるならば、5% 水準でも棄却できる。

最後に、クロス表の独立性の検定（1% 水準と 5% 水準での検定）の手続きをまとめておこう。

1. 期待度数の推定値 $\hat{\mu}$ をクロス表から計算し、独立性の検定が可能か判断する。表 2.2 の場合、表 2.7 よりいちばん小さい $\hat{\mu}$ が 4.19、それ以外は 5 以上である。5 未満の期待度数は 1/6 となり、0.2 よりも小さいので、検定してかまわない。
2. ピアソンの適合度統計量 X^2 をクロス表から作る。表 2.1 の場合、14.5。
3. 自由度を計算する。表 2.1 の場合、2。
4. カイ二乗分布表から、クロス表の自由度に対応する 1% 水準と 5% 水準の限界値を調べる。自由度 2 の場合、9.21 と 5.99 である。
5. ピアソンの適合度統計量 X^2 と 2 つの限界値の大きさを比べる。X^2 が 1% 水準の限界値よりも大きければ、1% 水準でも 5% 水準でも帰無仮説を棄却できる。X^2 が 5% 水準の限界値よりも大きく、1% 水準の限界値よりも小さければ、1% 水準では帰無仮説を棄却できないが、5% 水準では棄却できる。そしてもし、X^2 が 5% 水準の限界値よりも小さければ、帰無仮説は 5% 水準でも棄却できない。表 2.1 の場合は、1% 水準で棄却できる。

帰無仮説が棄却できる場合、**有意な (significant)** 連関がある、という。また、1% 水準で帰無仮説を棄却できる場合、1% 水準で有意、1% 水準では棄却できないが、5% 水準で棄却できる場合、5% 水準で有意、5% 水準でも棄却できない場合は、有意でない、または有意な連関がない、という。

2.10 練習問題

1. 20 歳から 69 歳までの男女にさまざまな項目についてたずねる調査を行った。以下に挙げる 2 変数の間にどのような関係があると予想できるか。考えられる仮説をそれぞれ 3 つ述べなさい。

    (a) 性別と生活満足度　(b) 年齢とインターネット利用の有無　(c) 収入と生活満足度　(d) 性別役割分業意識 と 権威主義的態度

2. 上の問題の 4 組の変数に関して、因果関係を想定できるか。因果関係を想定できるとすれば、どちらが独立変数で、どちらが従属変数か。

3. 表 2.9 を適切に「読む」ためには、行パーセントと列パーセントのどちらを計算するのが適切か。適切なほうを計算し、クロス表を読みなさい。

表 2.9　性別と満足度のクロス表（周辺度数は省略）

	生活満足度				
	満足	どちらかといえば満足	どちらともいえない	どちらかといえば不満	不満
男性	69	227	162	97	22
女性	114	306	135	97	23

JIS2002 年調査データ [30] より

4. 表 2.10 は、2000 年にアメリカの大学で哲学を教える哲学者たちを対象にした調査

表 2.10　宗派と博士論文のテーマ（Gross [12] より）

	分析哲学	大陸哲学	プラグマティズム	その他
プロテスタント	9	14	8	8
カトリック	4	27	14	7
ユダヤ	9	4	2	1
無神論	24	18	8	6
その他の宗教	10	14	5	7

結果の一部である。信仰する宗教と博士論文のテーマのタイプのクロス表である。

この調査の目的は、どのような人がプラグマティズムを専攻するかを調べることにあった。行パーセントと列パーセントのどちらを計算するのが適切か。適切なほうを計算し、クロス表を読みなさい。

5. 表 2.11 は、イギリスのいくつかの大学で、社会学者が大学をやめた理由である。行パーセントと列パーセントのどちらを計算するのが適切か。適切なほうを計算し、クロス表を読みなさい。

表 2.11　性別と社会学者が大学を辞めた理由（イギリス）

	男	女
病気・死亡	0	8
家庭の事情	1	9
転職、その他	42	42

Platt [34] の 196 ページの Table VIII をもとに作成。

6. 表 2.9、表 2.10、表 2.11 から、それぞれのピアソンの適合度統計量 X^2 を計算しなさい。

7. 表 2.9、表 2.10、表 2.11 に関して、独立性の検定が可能かどうか判断し、可能ならば検定しなさい。

8. 表 2.12 から、行パーセントまたは列パーセントを計算し、父の学歴と 15 歳時の持家の有無の間にどのような関係があるか、述べなさい。また、独立性の検定が可能かどうか判断し、可能ならば検定しなさい。

表 2.12　父の学歴と 15 歳時の持家の有無（架空）

	父学歴		
	無し	初等	中等・高等
持ち家あり	18	20	14
〃　なし	24	14	5

9. 表 2.13 に関して独立性の検定が可能かどうか判断し、可能ならば検定しなさい。

表 2.13　仮想のクロス表

12	14	18
10	13	16
16	15	4

第3章

確率変数と確率分布

検定を理解するための基礎知識として、確率変数と確率分布に関する知識が必要である。概説しよう。

3.1 分散と標準偏差

3.1.1 ばらつきの尺度の必要性

連続変数の分布を概観する場合、一番よい方法は、変数の値を適当なカテゴリに分けて離散変数化し、その分布を見ることである（1.2.1 項を参照）。しかし、その他にも、平均値を見るという方法もある。例えば、10 人の人々に年収をたずねた結果を簡単に要約して表す方法の 1 つは、10 人の年収の平均値を見るということである。しかし、それだけでは大事なことを見落としてしまうこともある。

■例　以下のような収入の分布を持つ 4 つのグループが存在したとする。どのグループも収入の平均は 700 万円だが、その分布はずいぶん異なる。A グループは、年収の値が、それほど平均値から離れていないが、C、D グループは平均値からかなりかけ離れた値をとっている。つまり、平均が 700 万円だからといって、そのグループのメンバーの多くが 700 万円前後の収入を得ているとは限らないのである。それゆえ、平均値を見ただけでは、その変数の分布を必ずしも適切に理解することはできない。平均値を補う数値が必要なのである。

　A グループ　500, 600, 600, 700, 700, 700, 700, 800, 800, 900
　B グループ　400, 500, 500, 500, 600, 700, 800, 900, 1000, 1100
　C グループ　200, 200, 200, 200, 200, 200, 200, 200, 200, 5200
　D グループ　100, 100, 100, 100, 100, 100, 100, 100, 3100, 3100

そこで、平均値を補うためにしばしば使われるのが、**分散 (variance)** と **標準偏差 (standard deviation)** である。変数 x の分散 S_x^2 は、下の式で定義される。ただし、$\bar{x}$

は x の平均値、N はケース数、$\sum$ はすべてのケースに関して足し合わせるという意味である。

$$S_x^2 = \frac{\sum (x - \bar{x})^2}{N} \tag{3.1}$$

つまり、具体的には、

1. まず、個々の変数の値から平均値を引く。この値を偏差と呼ぶ。
2. 偏差を二乗（平方）する。二乗するのは、すべて正の値にするためである。
3. 二乗したものをすべて足し合わす（偏差平方和）。
4. 偏差平方和を全ケース数で割る。これが分散である。

平均値と変数の値が近いほど分散は小さく、遠いほど分散は大きくなる。もしも x がすべて同じ値をとっている場合、分散は 0 になる。分散の元来の定義は、上のような式で表されるが、以下のような簡便な計算式があるので、手計算をする場合は、こちらを使ったほうが簡単である [*1]。

$$S_x^2 = \frac{\sum x^2}{N} - \bar{x}^2 \tag{3.2}$$

分散の平方根をとったものを標準偏差 S_x と呼ぶ。

$$S_x = \sqrt{S_x^2} = \sqrt{\frac{\sum x^2}{N} - \bar{x}^2} \tag{3.3}$$

■**例**　大学生 16 人を対象に通学時間を調査したところ、表 3.1 の 2 列目のようなデータが得られた。このデータから分散と標準偏差を計算してみよう。個々の変数の値の二乗と合計を計算したのが、表 3.1 の 3 列目である。これらを (3.2) 式、(3.3) 式に代入すると、

$$S_x^2 = \frac{\sum x^2}{N} - \bar{x}^2 = \frac{58550}{16} - 51.875^2 = 968.4$$
$$S_x = \sqrt{S_x^2} = \sqrt{968.4} = 31.1$$

である。

3.1.2　2 値変数の場合の平均値と標準偏差

10 人の人のうち、6 人が女性で 4 人が男性だったとすると、女性の比率は、6/10=0.6 である。性別という変数を、女性のとき 1、男性のとき 0 をとる変数だとすると、この変数の平均値は、$(1+1+1+1+1+1+0+0+0+0) \div 10 = 0.6$ である。つまり、女性

[*1] (3.2) 式と (3.1) 式が等しいことは、簡単に証明できる。統計学の教科書を参照せよ。

表 3.1 通学時間の分散、標準偏差、標準得点の計算（データは架空）

	通学時間 (x)	x^2	Z 得点
1	5	25	-1.5
2	10	100	-1.3
3	15	225	-1.2
4	30	900	-0.7
5	30	900	-0.7
6	30	900	-0.7
7	40	1600	-0.4
8	50	2500	-0.1
9	60	3600	0.3
10	60	3600	0.3
11	60	3600	0.3
12	60	3600	0.3
13	80	6400	0.9
14	90	8100	1.2
15	90	8100	1.2
16	120	14400	2.2
計	830	58550	0
平均値	51.875		0

の比率と同じ値になる。一般に、あるカテゴリに属するケースの割合は、そのカテゴリに属する場合 1、属さない場合 0 という 2 つの値をとる変数の平均値に等しい。このような変数を **2 値変数 (dichotomous variable)** と呼ぶ。2 値変数 x の平均値（割合）を p とすると、x の分散と標準偏差は、

$$S_x^2 = p(1-p), \quad S_x = \sqrt{p(1-p)} \tag{3.4}$$

という簡単な公式で計算できる。

3.2 標準得点

標準得点 (standard score) とは、変数の個々の値から、まず平均値を引き、さらに標準偏差で割った値のことである。**Z 得点 (Z score)** とも言う。変数 x の i 番目の値を x_i、x_i の標準得点を z_i とすると、

$$z_i = \frac{x_i - \bar{x}}{S_x} \tag{3.5}$$

である。例えば、通学時間の例では、1 番目の学生の Z 得点 z_1 は、$x_1 = 5$、平均 $\bar{x} = 51.875$、標準偏差 $S_x = 31.1$ だから、

$$z_1 = \frac{x_1 - \bar{x}}{S_x} = \frac{5 - 51.875}{31.1} = -1.5$$

である。同様にして、2 番目の学生の Z 得点は、

$$z_2 = \frac{x_2 - \bar{x}}{S_x} = \frac{10 - 51.875}{31.1} = -1.3$$

である。このようにして、すべてのケースの Z 得点を計算したのが、表 3.1 の 4 列目である。

標準得点の平均値は必ず 0、標準偏差は 1 になる。また、Z 得点に変換を行っても、分布の形は変わらない（図 3.1）。

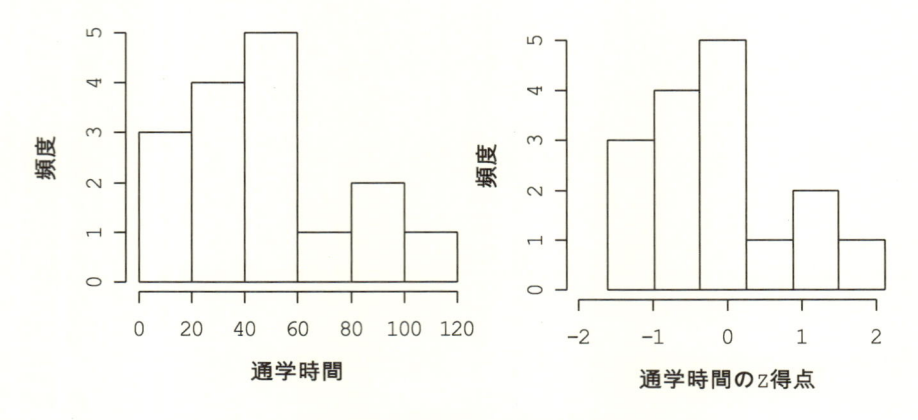

図 3.1　通学時間とその Z 得点のヒストグラム

■**問題**　3.1.1 項の例のグループ A からグループ D の収入の平均値と分散、標準偏差をもとめ、それぞれの標準得点をもとめなさい。

3.3　確率変数

正規分布をうまく使いこなすためには、確率変数という概念を簡単に理解しておくことが必要である。

■**例**　ここにやや歪んだコインがある。このコインを投げると、0.4 の確率で表が出て、0.6 の確率で裏が出る。ここで、コインの目を 1 つの変数であると考える。コインの目は、「表」か「裏」という値をとる。そしてそれぞれの値が一定の確率で生じる。このような変数を**確率変数 (random variable)** という。個々の値が出る確率の和をとると、必ず 1 になる。確率変数の値と確率のパターンを**確率分布 (probability distribution)** という。

他にも確率変数の例を挙げよう。サイコロの目も確率変数の例としてしばしば挙げられる。ここに理想的なサイコロがあるとしよう。1 から 6 までの目がそれぞれ 1/6 の確率で

出る。サイコロの目を x と表記すると、$x = 1, 2, 3, 4, 5 \ or \ 6$ である。そしてそれぞれの値が生じる確率は、それぞれ 1/6 である。このようなサイコロの目も確率変数である。

3.3.1 連続型の確率変数と密度関数

次にこれまでの例とは少し違った確率変数を例に挙げよう。コンピュータを使って、0 から 1 までの間の実数を同じ確率で、ランダムに発生させる。コンピュータが発生させる値 x は確率変数である。なぜなら、x も一定の確率で、0 から 1 までの間の値をとるから。ただし、この確率はこれまでのようには記述できない。例えば、この例では、$0 \leq x < 0.1$ の間の値をとる確率は、1/10 である。同じ確率で 0 から 1 までの間の値をとるのだから、そのちょうど 1/10 の範囲の値をとる確率は、1/10 である。しかし、$x = 0.10000000000\cdots$ という値をぴったりとる確率は、ほとんど 0 である。x は連続変数なので、いくらでも細かい値をとることができる。そのため x がぴったりとある値をとる確率は非常に小さい。

この例とコインやサイコロの例の違いは、コインやサイコロの目が離散型の確率変数であるのに対して、連続型の確率変数である点である。連続型の確率変数が複雑なのは、個々の値をとる確率を特定できない（あるいは特定しても意味がない）という点である。そこで、連続型の確率変数の場合、x の個々の値ではなく、x が特定の範囲をとる確率を定義してやる。このような x の範囲と確率を対応させる関数を**密度関数 (density function)** と呼ぶ。例えば、0 から 1 までの値を等しい確率でとる確率変数 x の密度関数は、

$$density(x) = 1 \qquad (0 \leq x \leq 1) \tag{3.6}$$

と定義できる。これをグラフに描くと、図 3.2 の左側のように、水平な直線になる。例えば、x が 0.4 から 0.7 までの間をとる確率は、図 3.2 の右側のグレーの領域の面積で示される。この場合、高さが 1、幅が 0.3 なので、$0.4 \leq x < 0.7$ の確率は、$1 \times 0.3 = 0.3$ である。つまり、密度関数のグラフから、$y = 0$ の線に垂線を下ろし、$y = 0$、2 つの垂線、密度関数 $dens(x)$ で囲まれた領域の面積が、確率を示す。

連続型の密度関数として、ベータ分布というものがある[*2]。これを図示したのが、図 3.3 である。ベータ分布は、0 から 1 までの間で分布する。グレーの領域の面積は 0.248 で、$0.6 \leq x < 0.8$ の確率を示す。これを手計算するのは難しい。

同様に、社会調査で、100 人の人をランダム・サンプリングして年収をたずねた結果も確率変数である。まず、1 番目の人の年収は確率変数である。サンプリングの際の偶然で、たまたま高収入の人に年収をたずねることになるかもしれないし、収入のない人にたずねることになるかもしれない。いずれにせよ、1 番目の人の年収は、0 以上の整数に一定の

[*2] 興味のある人は『統計学入門』[45] を参照。

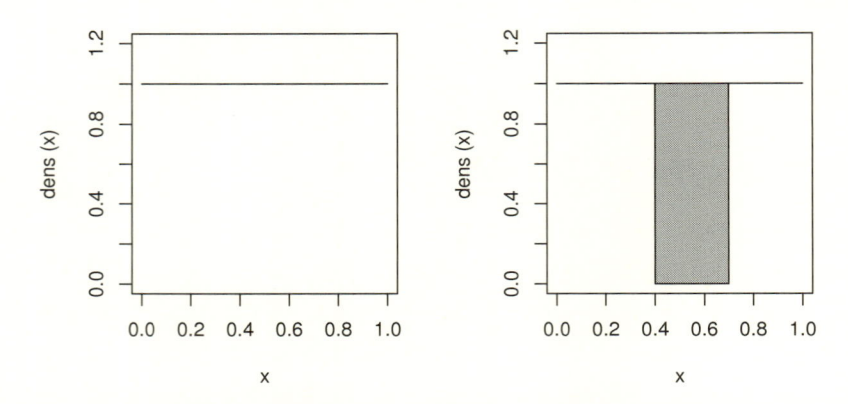

図 3.2 一様分布の密度関数（右のグレー領域の面積は 0.4〜0.7 の間の値をとる確率）

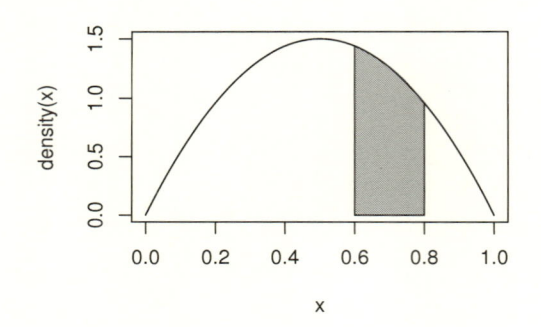

図 3.3 ベータ分布（$\alpha = 2,\ \beta = 2$）

確率でなるはずだから、これは確率変数である [*3]。2 番目の人の年収も同じように確率変数である。同様に 100 人の答えはそれぞれ確率変数である。また、100 人の人の年収の平均値も確率変数である。個々の人の年収が確率的にしかも**独立 (independent)** に変化するわけだから、100 人の年収の平均値も確率変数である。

確率が独立であるというのは、ある人の年収が、他の人の年収の確率分布に影響を及ぼさないということである。例えば、たまたま 1 番目の人の年収が 1 億円だったとしよう。そこで調査員が、バランスをとるために、2 番目の人は年収の低い人を選ぶならば、1 番目の人の年収と 2 番目の人の年収は独立ではない。1 番目の人の年収が、2 番目に選ばれる人の年収に影響を及ぼしているからである。調査の対象者が、まったく無作為に選ばれ

[*3] 「1 番目の人の年収が確率的である」というのは、やや誤解を招く表現かもしれないので、少し解説しよう。例えば、1 番目に選ばれた人が花子さんだったとしよう。花子さんの年収は、サンプリングが行われる前に決まっている。そういう意味では、花子さんの年収が確率的というわけではない。しかし、1 番目に選ばれるのは、花子さんかもしれないし、太郎さんかもしれないし、そのほかの人かもしれない。これらの人たちの年収はそれぞれ異なるので、サンプリングの際の偶然で、1 番目の人はたまたま収入の高い人かもしれないし、低い人かもしれない。それゆえ、1 番目の人の年収は確率変数なのである。

るとき、個々の対象者の答えも、その平均や割合も、すべて確率変数である。

3.4 正規分布

■**2001 年の高校 3 年生の身長** 2001 年の日本全国の高校 3 年生の女子の身長は、平均 158.0cm、標準偏差 5.32 であった。これは標本調査ではなく全数調査の結果である。この身長の分布を描くと、図 3.4 のような形になったとしよう（平均と標準偏差は本当の数値だが、分布の形はデタラメである）。この図は、正確には、確率密度関数である。つまり、高校 3 年生の女子の中から無作為に 1 人の人を選び出したときの身長は、確率変数である。これをを height と呼んでおく。この height の密度関数をグラフにしたのが、図 3.4 である。

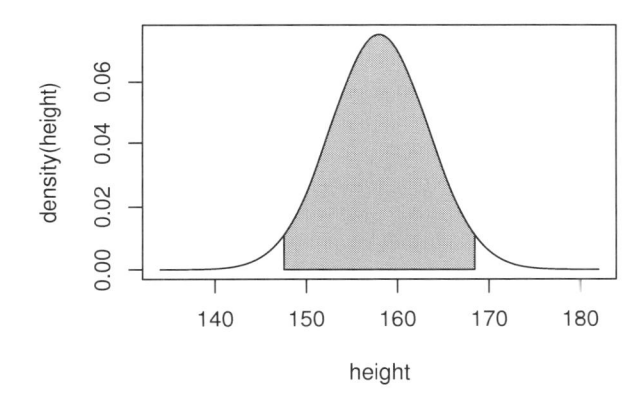

図 3.4 身長の密度関数（グレーの部分は 148cm から 168cm の間で、その面積は 0.95）

このように、平均値を中心にした左右対称のつりがね形をした確率分布を正規分布と呼ぶ。正規分布の確率密度は (3.7) 式のようなややこしい式で計算される[*4]が知る必要はない。

$$density(x) = \frac{e^{-(x-\mu)^2/2\sigma^2}}{\sqrt{2\pi}\sigma} \tag{3.7}$$

3.4.1 区間推定

ある変数が正規分布している場合、その値の 95% は、

$$\text{平均} \pm 1.96 \times \text{標準偏差} \tag{3.8}$$

[*4] μ は x の期待値、σ（シグマと読む）は x の標準偏差、π は円周率。e は自然対数の底（86 ページの 7.3.1 項を参照）。

の間の値をとる。この例題では、95% の高 3 女子が

$$158 \pm 1.96 \times 5.32 = 148～168 cm$$

の間の身長であるということである。図 3.4 のグレーの部分がこれに対応する。グレーの部分は、148～168cm にわたっており、面積は 0.95 である。同様にある変数が正規分布している場合、その値の 99% は、

$$平均 \pm 2.58 \times 標準偏差 \tag{3.9}$$

の間の値をとる。この例題では、99% の高 3 女子が

$$158 \pm 2.58 \times 5.32 = 144～172 cm$$

の間の身長であるということである。もちろん、これより身長の低い人も高い人もいるが、その割合は、合計しても 1% 未満ということである。

平均 0、標準偏差 1 の正規分布を特に**標準正規分布 (standard normal distribution)** という。

■**問題** 2004 年度のセンター試験の地理 A と地学 IA の成績は、表 3.2 のとおりであった。いずれの成績も正規分布していると仮定する。正規分布の性質を利用して、それぞれの受験者の 95% と 99% が何点以上何点以下の点数を取っているか計算しなさい。

表 3.2　2004 年度のセンター試験平均点と標準偏差

	平均	標準偏差
地理 A	59.97	14.80
地学 IA	57.86	15.41

3.5　t 分布

3.5.1　中心極限定理

■**例**　2004 年 4 月に日経新聞社が行った世論調査では、48% の人が小泉内閣を支持していた。回答者 1874 人のうち 48% が支持を表明していたことは明らかだが、母集団である全国の有権者の 48% が本当に小泉内閣を支持していると考えていいのだろうか。当然、サンプリングの際に生じる偶然によって、多少の誤差が生じている可能性がある。どの程度の誤差だろうか。

サンプリングによって生じる比率や平均値 $\bar{x}$ の誤差は、サンプルのサイズ N がじゅうぶんに大きければ、平均 0、標準偏差 $s_{\bar{x}}$ の正規分布をする。これは**中心極限定理 (central**

3.5 t 分布

limit theorem) という定理から導かれる。ただし、

$$s_{\bar{x}} = \frac{\sigma}{\sqrt{N}} \tag{3.10}$$

で、σ（シグマ）は母集団での変数 x の標準偏差である。サンプリングによって生じる誤差の大きさの標準偏差 $s_{\bar{x}}$ は特に**標準誤差 (standard error)** と呼ばれる。しかし母集団での x の標準偏差 σ などふつうわからない。そこで、サンプルから σ を推定する。σ の推定値を $\hat{\sigma}$（シグマ・ハット）とすると、

$$\hat{\sigma} = \sqrt{\frac{\sum (x - \bar{x})^2}{N - 1}} \tag{3.11}$$

である[*5]。ふつうの標準偏差の計算式とほとんど同じだが、分数の分母が $N - 1$ になっている。これを σ の代わりに使えば、標準誤差を計算することができ、そこから、誤差の大きさも推定できる[*6]。2 値変数の場合、25 ページの (3.4) 式をやや複雑にして、

$$\hat{\sigma} = \sqrt{\frac{N \cdot p(1-p)}{N-1}} \tag{3.12}$$

となる。ただ、ケース数 N が大きくなれば、N で割っても $N-1$ で割っても結果に大差はないので、ふつうの標準偏差と $\hat{\sigma}$ の計算の違いに、あまり神経質になる必要はない[*7]。

小泉内閣支持率の例では、

$$\hat{\sigma} = \sqrt{\frac{1874 \cdot 0.48 \cdot (1 - 0.48)}{1874 - 1}} = 0.500$$

$$s_{\bar{x}} = \frac{\sigma}{\sqrt{N}} = \frac{0.500}{\sqrt{1874}} = 0.012$$

したがって、母集団での支持率は、95% の確率で、以下の 2 つの値の間にある。

$$0.48 - 1.96 \times 0.012 = 0.456$$
$$0.48 + 1.96 \times 0.012 = 0.504$$

同様にして 99% の確率で、以下の 2 つの値の間にある。

$$0.48 - 2.58 \times 0.012 = 0.449$$
$$0.48 + 2.58 \times 0.012 = 0.511$$

[*5] 統計ソフトの中には、この $\hat{\sigma}$ を標準偏差と呼んでいるものもある。例えば、SPSS 12.0 や R 2.0.1 がそうである。

[*6] ちなみに分散の推定値は、$\hat{\sigma}^2 = \frac{\sum (x - \bar{x})^2}{N - 1}$ である。

[*7] 例えば、小泉内閣の支持率の例では、(3.12) 式のかわりに、(3.4) 式を使って計算しても、$\hat{\sigma} = 0.500$ が得られる。つまり、簡単な (3.4) 式を使ってもほぼ同じ結果が得られるということである。ただしケース数が少ないほど、ずれが大きくなるので、コンピュータが使えるならば、つねに (3.12) 式のほうを使うべきである。

上の区間を 95% **信頼区間 (confidence interval)**、下の区間を 99% 信頼区間、信頼区間の推定を **区間推定 (interval estimation)** という。また、1.96、2.58 は、それぞれ、標準正規分布における両側 5%、1% 水準のパーセント点、または限界値という。なぜなら、標準正規分布は平均が 0 で、標準偏差が 1 なので、(3.8) 式より、-1.96 から 1.96 までの間の値を 95% の確率でとる。逆に言えば、2.5% の確率で -1.96 未満の値を、2.5% の確率で 1.96 より大きな値をとる。両方合わせて、5% の確率で ± 1.96 よりも大きな絶対値をとるので、両側 5% 水準の限界値という。

■**問題** 朝日新聞が 2004 年の 12 月に実施した世論調査では、小泉内閣の支持率は 37% で、有効回答は 1868 件であった。正規分布を使って、支持率の 95%, 99% 信頼区間をそれぞれもとめよ。

3.5.2 t 分布を使った区間推定

しかし、もう 1 つ問題がある。サンプルがもしもじゅうぶんに大きければ、σ の推定値 $\hat{\sigma}$ は正確な値をとっているだろうが、サンプルが小さくなるにつれて、$\hat{\sigma}$ も大きな誤差を持つようになるはずである。この問題をクリアするために、正規分布ではなく、t **分布 (t distribution)** がしばしば用いられる。t 分布とは、標準誤差をサンプルから推定する場合に標準正規分布のかわりに用いられる分布で、標準正規分布とよく似た分布をする。t

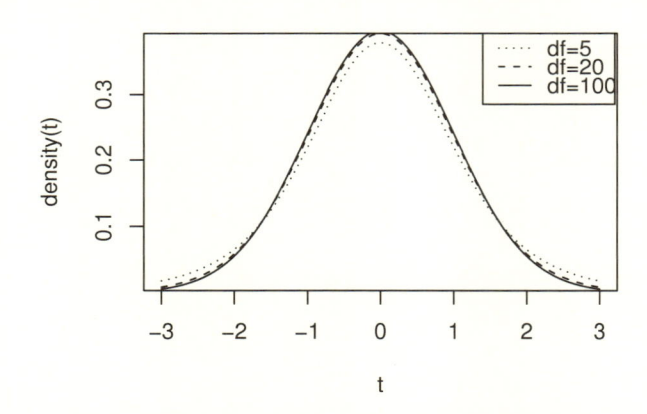

図 3.5 自由度が 5, 20, 100 の t 分布と正規分布（正規分布は自由度 100 の t 分布とぴったり重なって区別がつかない）

分布も **自由度 (degree of freedom)** を持ち（自由度については 3.6.1 項を参照）、自由度が大きくなるにつれて標準正規分布に近似する。t 分布の自由度は、

$$t \text{ 分布の自由度} = N - 1 \tag{3.13}$$

3.5　t 分布

で、計算できる。図 3.5 を見ると、自由度 5 の t 分布は標準正規分布よりも、山が低く裾野が広い形をしているが、自由度が 100 の t 分布は標準正規分布と重なって違いがわからない。自由度が 100 以上になれば、標準正規分布と同じと判断してかまわない。

小泉内閣の支持率の例に戻れば、ケース数が多いので、t 分布を使っても標準正規分布を使っても結果はほとんど同じである。しかし、ケース数が少ない場合に、t 分布を使うべきである。t 分布はケース数が多くても少なくても用いることができるので、サンプルの平均値から推定をする場合、ケース数の多少にかかわらず t 分布が用いられる。ただし、t 分布の限界値は、自由度の大きさによって変わるので、232 ページの付録 C の t 分布表を用いる。

t 分布を使った区間推定の方法を、例を挙げながら解説していこう。9 ページの表 2.2 では、ランダムサンプリングして得られた 74 組の夫婦のうち、妻が大卒の夫婦は、10 組であった。妻大卒の割合の 95% 信頼区間と 99% 信頼区間を求めてみよう。

1. 母集団の標準偏差の推定値を求める。この場合、

$$p = 10/74 = 0.135$$
$$\hat{\sigma} = \sqrt{\frac{74 \cdot 0.135 \cdot (1 - 0.135)}{74 - 1}} = 0.344$$

2. 標準誤差を求める。この場合

$$s_{\bar{x}} = \frac{\hat{\sigma}}{\sqrt{N}} = \frac{0.344}{\sqrt{74}} = 0.040 \tag{3.14}$$

3. 自由度を求める。この場合 $N - 1 = 74 - 1 = 73$。

4. t 分布表から自由度に該当する両側の 5% と 1% の限界値を求める。このように、該当する自由度 73 が t 分布表にない場合、73 より小さい数で 73 に一番近い自由度の限界値で代用する。この場合、自由度 60 が t 分布表の中で 73 よりも小さく 73 に最も近い。自由度 60 の両側 5% 水準の限界値が 2.00、両側 1% 水準の限界値が 2.66 である。

5. 自由度 $N-1$, 両側 α% 水準の t 分布の限界値を $t_{N-1,\alpha}$ とすると、一般的には、平均値 $\bar{x}$ の $100 - \alpha$ パーセント信頼区間の下限値と上限値は、

   下限値　$\bar{x} - t_{N-1,\alpha} \cdot s_{\bar{x}}$
   上限値　$\bar{x} + t_{N-1,\alpha} \cdot s_{\bar{x}}$

   である。この例の場合、95% 信頼区間の下限値と上限値はそれぞれ、

$$\bar{x} - t_{74-1,5\%} \cdot s_{\bar{x}} = 0.135 - 2.00 \cdot 0.040 = 0.056$$
$$\bar{x} + t_{74-1,5\%} \cdot s_{\bar{x}} = 0.135 + 2.00 \cdot 0.040 = 0.215$$

である。99% 信頼区間の下限値と上限値はそれぞれ、

$$\bar{x} - t_{74-1,\,1\%} \cdot s_{\bar{x}} = 0.135 - 2.66 \cdot 0.040 = 0.029$$
$$\bar{x} + t_{74-1,\,1\%} \cdot s_{\bar{x}} = 0.135 + 2.66 \cdot 0.040 = 0.241$$

である。

3.5.3 パラメータと統計量

標本から母集団について推測をする場合、いくつかのよく似た概念が出てくるので混乱しやすい。その1つがパラメータと統計量である。**パラメータ (parameter)** とは、母集団の特質で母集団全体から計算される数値であるのに対し、**統計量 (statistic)** とは、標本の特質で、標本から計算される数値である。パラメータは**母数**ともいう。例えば、小泉内閣支持率の標準偏差についてもパラメータと統計量がある。母集団全体で計算した場合の標準偏差は σ で表記したが、標本から計算した標準偏差は S_x で表記した。統計学ではしばしばパラメータはギリシア文字、統計量はアルファベットで表記するので、この本でもその慣例に従っている。ふつうパラメータを知ることはできないので、統計量からパラメータを推定することになる。推定値には、 $\hat{}$ というしるしをつける慣例である。そこで、σ の推定値は $\hat{\sigma}$ と表記する。

■**問題** 22ページの表 2.11 によると、イギリスのいくつかの大学を辞めた女性社会学者 59 人のうち、病気・死亡が理由だった人は、8 人であった。「病気・死亡」の比率を計算し、t 分布を使って 95%, 99% 信頼区間をそれぞれ求めなさい。

3.6 カイ二乗分布

標準正規分布する確率変数 z_1 を二乗したものを $\chi_1^2 = z_1^2$ と表記し、自由度1のカイ二乗分布に従う確率変数と呼ぶ。また、独立に標準正規分布する2つの確率変数 z_1、z_2 をそれぞれ二乗して足し合わせた確率変数は、$\chi_2^2 = z_1^2 + z_2^2$ と表記し、自由度2のカイ二乗分布に従う確率変数という。同様にして、v 個のそれぞれ独立に標準正規分布する確率変数 z_1, , z_2, , $\cdots z_v$ の二乗和を自由度 v のカイ二乗分布に従う確率変数といい、

$$\chi_v^2 = z_1^2 + z_2^2 + \cdots z_v^2 \tag{3.15}$$

と表記する。これが、クロス表の独立性の検定に用いられる確率分布である。自由度、1, 2, 4, 8 のカイ二乗分布の密度関数をグラフにしたのが図 3.6 である。

このカイ二乗分布がクロス表の独立性の検定に役立つのであった。母集団において2変数が独立であると仮定しよう。ランダム・サンプリングした標本から r 行 c 列のクロス表を作って計算したピアソンの適合度統計量 X^2 は、サンプリングの際の偶然によって大き

3.6 カイ二乗分布

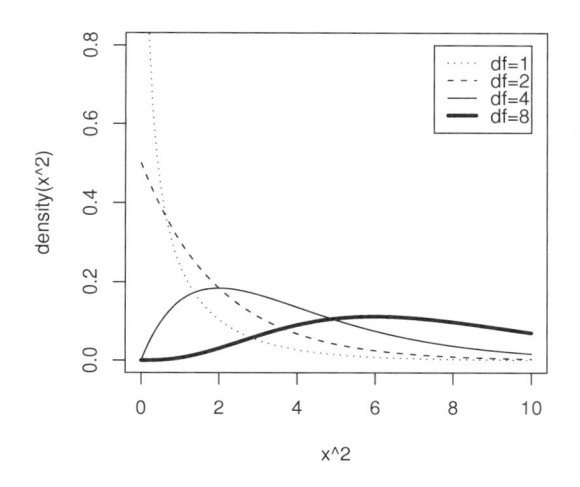

図 3.6 自由度 1,2,4,8 のカイ二乗分布

な値をとったり、0 に近い値をとったりするのであった。つまり X^2 は確率変数である。この X^2 は、自由度 $(r-1)(c-1)$ のカイ二乗分布に近似していることが知られている。

妻と夫の学歴のクロス表を例に解説しよう。母集団では、妻と夫の学歴は独立であるとしよう。母集団では、妻の 20% が 4 大卒、夫の 40% が短大・4 大卒であるとする。妻と夫の学歴は独立なので、妻が 4 大卒で夫も短大・4 大卒である夫婦（以下では「妻 4 夫 4」と略称）の比率は、母集団全体のうちの $0.2 \times 0.4 = 0.08$ である。この母集団からランダムにサンプルを 74 組選んで、クロス表を作った場合、妻 4 夫 4 の比率は、サンプリングの際の偶然によって 0.08 よりも大きくなったり小さくなったりする。もしもぴったり 8% が妻 4 夫 4 ならば、$74 \times 0.08 = 5.92$ 組が、サンプルにおいて妻 4 夫 4 であると期待できる。これを**期待度数 (expected frequency)** という。実際には、サンプリングの際の偶然によって、期待度数よりも大きかったり、小さかったりする度数が得られる。しかし、この実際の度数と期待度数の差は（期待度数がじゅうぶんに大きければ）平均 0 の正規分布をする。これは平均値や比率の区間推定のときと同じように、中心極限定理から導くことができる。i 行 j 列目のセル度数を n_{ij}、期待度数を μ_{ij} とすると、

$$z_{ij} = \frac{n_{ij} - \mu_{ij}}{\sqrt{\mu_{ij}}} \tag{3.16}$$

は、期待度数がじゅうぶんに大きければ標準正規分布することが知られている。この z_{ij} を**標準残差 (standardized residual)** と呼ぶ。これを二乗してすべてのセルに関して足し合わせると、

$$\sum_{\text{cells}} z_{ij}^2 = \sum_{\text{cells}} \left(\frac{n_{ij} - \mu_{ij}}{\sqrt{\mu_{ij}}} \right)^2 = \sum_{\text{cells}} \frac{(n_{ij} - \mu_{ij})^2}{\mu_{ij}} \tag{3.17}$$

となる。(3.17) 式は標準正規分布する z_{ij} の二乗和である。それゆえ、すべてのセルの期待度数がじゅうぶんに大きければ、(3.17) 式はカイ二乗分布する。

ところで、仮に帰無仮説が正しいとしても、期待度数 μ_{ij} を知ることは実際にはできない。夫婦の学歴の例で言えば、妻4夫4のセルの期待度数は、母集団での妻4夫4の比率 0.08 にケース数 74 をかけ合わせて計算したが、ふつう母集団での妻4夫4の比率を事前に知ることはできない。そこで、サンプルから、期待度数の推定値 $\hat{\mu}_{ij}$ を計算し[*8]、それを μ_{ij} の代わりに使うのである。(3.17) 式に $\mu = \hat{\mu}$ を代入すると、

$$\sum_{\text{cells}} \frac{(n_{ij} - \hat{\mu}_{ij})^2}{\hat{\mu}_{ij}} = X^2 \tag{3.18}$$

となり、ピアソンの適合度統計量 X^2 がみちびかれる。つまり、X^2 は、期待度数がじゅうぶん大きければ、カイ二乗分布するということである。

それでは、どの程度期待度数が大きければ、X^2 はカイ二乗分布するのか。その目安が、19 ページの 2.8 節で論じた最小期待度数である。しばらくは、「最低 1 以上で 5 未満のセルが全セル数の 20% 以下」を基準とし、この基準を満たしていれば、X^2 はカイ二乗分布に近似した確率分布をするとみなすことにする。

3.6.1 自由度

これまで、自由度という概念が t 分布にもカイ二乗分布にも出てきた。自由度とはなんだろうか。結論を言えば、

$$\text{自由度} = \text{独立に分布する確率変数の数} - \text{推定パラメータ数} \tag{3.19}$$

である。例えば、t 分布を使って収入の平均値の区間推定をする場合、自由度は $N-1$ であった。平均値を計算するもとになっている確率変数の数は、N 個である。なぜなら、N 人分の収入1つ1つが独立に分布する確率変数だから。そして区間推定の際には、$\bar{x}$ を用いて母集団の平均値を推定した。だから、推定パラメータ数が1で、自由度は $N-1$ である。

カイ二乗分布を使った独立性の検定の場合、自由度は、$(r-1)(c-1)$ であった。独立に分布する確率変数の数は、

$$\text{全セル数} - 1 = rc - 1 \tag{3.20}$$

である。なぜなら、個々のセル度数は確率変数で、独立に分布しているから[*9]。ただし全ケース数 N は、調査者が決定するので確率変数ではない。したがって、全セル数 -1 の

[*8] 計算は、15 ページの (2.8) 式を参照。
[*9] 完全に独立というわけではない。例えば、あるセルの度数が著しく多くなれば、N が固定されているので、その他のセル度数はそれほど大きな値をとれないのは自明である。

セル度数が決まれば、自動的に最後のセルの度数も決まるので、最後の 1 つのセルの度数は、確率変数とはみなせない。それゆえ 全セル数 − 1 が独立性の検定の際の確率変数の数となる。

推定パラメータの数は、$(r-1) + (c-1)$ である。すべてのセルに関してパラメータである期待度数を推定しているので $r \times c$ 個のパラメータを推定しているように思えるかもしれないが、そうではない。2 変数が独立である場合、個々のセルの比率がわからなくても、周辺度数の比率だけを推定すれば、それから期待度数の推定値を計算できる。例えば、夫婦の学歴の例では、妻が中・高卒の比率は、表 2.1 より、$49 \div 74 = 0.662$ と推定できるし、夫が中・高卒の比率は、$43 \div 74 = 0.581$ と推定できる。これらの推定値から、妻も夫も中・高卒の比率は、$0.662 \times 0.581 = 0.38$ と計算できる。ところで、夫が中・高卒の比率が 0.581 であるとわかれば、夫が短大・4 大卒の比率は $1 - 0.581 = 0.419$ であることがわかるので、夫短大・4 大卒に関しては周辺度数の比率を推定する必要がない。同様に妻についても、中・高卒と短大卒の比率を推定すれば、4 大卒の比率は推定する必要がない。結局、独立性の検定の場合、推定パラメータの数は、$(r-1) + (c-1) = r+c-2$ となる。それゆえ、独立性の検定の自由度は、

$$\text{自由度} = \text{独立に分布する確率変数の数} - \text{推定パラメータ数}$$
$$= (rc-1) - (r+c-2) = (r-1)(c-1)$$

となる。

3.7 最尤推定法

サンプルから、母集団におけるパラメータの値を予測する 1 つの方法が **最尤推定** (maximum likelihood estimate) である。例えば、あるマンモス大学の学生全員の中から 10 人ランダムサンプリングしたところ、6 人が女性で、4 人が男性であったとしよう。学生全体における男女比はどのくらいだろうか。この場合の統計量は $6/10 = 0.6$ というサンプルにおける女性比である。推定するパラメータは、女性の比率で π としておこう。π は 0.1 かもしれないし、0.6 かもしれないし、0.99 かもしれない。しかし、もしも $\pi = 0.1$ だとすると、10 人のうち 6 人が女性である確率は、0.0001 である。それに対して $\pi = 0.6$ だとすると、10 人のうち 6 人が女性である確率は、0.2508 である [*10]。直感的に考えても、$\pi = 0.1$ であるにもかかわらず 10 人のうち 6 人が女性であるというのは、めったにないことだと思われる。このように、あるパラメータに対して、得られた統計量が得られる確率を、そのパラメータの **尤度** (likelihood) という。例えば、このデータに関しては、$\pi = 0.1$ の尤度は 0.0001 であるし、$\pi = 0.6$ の尤度は 0.2508 である。この尤度の

[*10] この確率の計算は 2 項分布の知識があれば簡単にできる。2 項分布については、確率・統計の教科書ならば必ず載っているので、参照せよ。

最も高いパラメータの値が、いちばんもっともらしい（決して悪い意味ではない）推定値である。実際に、この女性比の例に関して、$\hat{\pi}$ と、その尤度をグラフにしたのが図 3.7 である。この図を見ると、尤度が最大になるのは、$\hat{\pi} = 0.6$ のあたりであることがわかる。

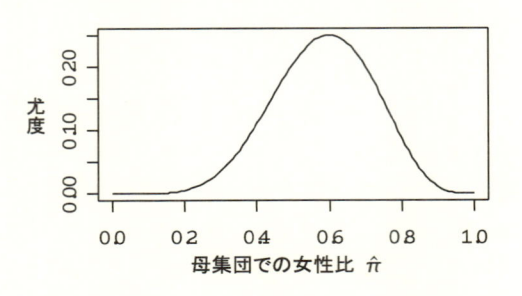

図 3.7 パラメータの推定値とその尤度

このように、尤度を最大にするようなパラメータ推定値を得ることを、最尤推定と呼ぶ。

最尤推定は、対数線形モデルやロジスティック回帰分析など、もっと複雑なモデルにおいても使われる重要な推定法である。モデルが複雑になると、最尤推定値を得るためには、繰り返し計算が用いられ、コンピュータなしでは計算は困難である。その計算の詳細については触れられないが、尤度が最大になるような値をパラメータの推定値として用いるという考え方は同じである。

3.8 練習問題

1. 社会統計学の授業を受講している学生の中から、10 人をランダム・サンプリングして、試験の点数を見たところ、次のような結果になった。平均値、標準偏差、標準得点を計算しなさい。

    85, 84, 71, 48, 16, 64, 94, 74, 69, 92

2. 日経新聞が 2004 年に行った世論調査で、2004 年の夏の総選挙で自民党に投票するつもりと答えた人は、1874 人中、33% であった。正規分布を使ってこの割合の 95% 信頼区間と、99% 信頼区間を求めなさい。

3. 2004 年 3 月の労働力調査の結果によると、非正規雇用者の平均労働時間は、29.2 時間であった。サンプル数と標準偏差の正確な値はわからないが、サンプル数が 300、母集団の標準偏差の推定値を 14 として、平均労働時間の 95% 信頼区間と、99% 信頼区間を t 分布を使って求めなさい。

4. 2001 年の社会生活基本調査によると、20～24 歳の人のうち、ボランティア活動を過去 1 年間にしたことにある人は、19.2% であった。サンプル数を 50 人と仮定して、95% と 99% の信頼区間を t 分布を使ってそれぞれ求めなさい。

第 4 章

続・クロス表の分析

この章では、クロス表分析の際に用いる統計量や注意すべきトピックについてさらに紹介していこう。

4.1 残差の分析

独立性の検定では、母集団においても 2 変数に何らかの連関があることを示すことはできるが、どのような連関があるのかまでは示せない。

ふたたび夫婦の学歴の例に戻ろう。9 ページの表 2.2 を独立性の検定にかけると 1 パーセント水準で有意である。しかし、われわれが確かめたい仮説は、「妻と夫の学歴には連関がある」といった控えめなものではなく、「妻と夫は同じ程度の学歴である傾向が強い」というものであった。この仮説は、ふつうの独立性の検定では確かめることができない。そこで、残差の分析と検定を行う。

残差 (residual) とは、度数と期待度数との差 $n_{ij} - \mu_{ij}$ のことである。期待度数よりも度数が大きければ、残差は正の値をとるし、度数のほうが小さければ、負の値をとる。しかし 34 ページの 3.6 節で論じたように、期待度数はふつうわからないので、かわりにその推定値 $\hat{\mu}_{ij} = n_{i\bullet} \cdot n_{\bullet j}/N$ を用いる。

したがって、われわれの仮説からは、表 2.2 の 1 行 1 列目のセル、2 行 2, 3 列目のセルの残差は正の値を、残りのセルの残差は負の値をとることが予測される。つまり夫婦同じくらいの学歴のセルで正の値、夫婦の学歴が異なるセルで負の値になることが予測される。表 2.2 と 15 ページの表 2.7 から残差を計算すると、すべて予測どおりの結果が出る。しかし、これだけでは、この分析結果を母集団にまで一般化できない。そこで、残差 $n_{ij} - \mu_{ij} = 0$ という帰無仮説をおき、これを検定する。

この検定には、**調整残差** (adjusted residual) という統計量を用いる。i 行 j 列のセ

ルの調整残差を d_{ij} とすると、

$$d_{ij} = \frac{n_{ij} - \hat{\mu}_{ij}}{\sqrt{\hat{\mu}_{ij}(1 - p_{i\bullet})(1 - p_{\bullet j})}} \tag{4.1}$$

である。この統計量は、期待度数がじゅうぶんに大きければ、残差＝0という帰無仮説のもとで、平均0標準偏差1の正規分布をする。したがって、調整残差の**絶対値**が、表4.1のような限界値をこえていれば、帰無仮説を棄却できる。片側検定と両側検定については、次の4.1.2項で解説する。

表 4.1 標準正規分布を使った検定の限界値

	1% 水準	5% 水準
両側検定	2.58	1.96
片側検定	2.33	1.64

標準残差（34ページ3.6節参照）も標準正規分布に近似するので、調整残差のかわりに用いることができるが、Haberman [13] によれば、調整残差のほうが標準正規分布に近い分布をするので、残差の検定では、調整残差の利用が推奨されている。

例えば、表2.2の1行1列目の調整残差は、

$$n_{11} = 36, \quad \hat{\mu}_{11} = 28.473,$$
$$p_{1\bullet} = n_{1\bullet}/N = 43/74 = 0.581, \quad p_{\bullet 1} = n_{\bullet 1}/N = 49/74 = 0.662$$
$$d_{11} = \frac{n_{11} - \hat{\mu}_{11}}{\sqrt{\hat{\mu}_{11}(1 - p_{1\bullet})(1 - p_{\bullet 1})}} = \frac{36 - 28.473}{\sqrt{28.473(1 - 0.581)(1 - 0.662)}} = 3.75$$

である。表2.2に関して調整残差をすべて計算したのが表4.2である。

表 4.2 妻と夫の学歴のクロス表（表 2.2）の調整残差

		妻の学歴		
		中学／高校	短大	4年制大学
夫の	中学／高校	3.75	−2.18	−2.63
学歴	短大／4大	−3.75	2.18	2.63

明確な仮説のもとに検定を行っているので、この場合は片側検定でじゅうぶんである。表4.2を見ると、すべてのセルが5%水準で有意であり、1列目と3列目は、1%水準でも有意である。つまり母集団に関しても「中学・高校卒の妻は中学・高校卒の夫と結婚する傾向があり、短大卒と4大卒の妻は短大／4大卒の夫を選ぶ傾向がある」と判断してよいであろう。

4.1 残差の分析

4.1.1 独立に分布する残差の数

ただし、この場合、6つの残差は、独立に確率分布していないことに注意が必要である。帰無仮説が正しくてもサンプリングの際の偶然で、残差は正規分布するのであった。しかし、例えば1行1列目の残差（調整残差ではない）がプラスの値をとれば、2行1列目の残差は必ずマイナスの値をとる。なぜなら、この2つの残差の和は

$$(n_{11} - \hat{\mu}_{11}) + (n_{21} - \hat{\mu}_{21}) = (n_{11} + n_{21}) - (\hat{\mu}_{11} + \hat{\mu}_{21}) = n_{\bullet 1} - n_{\bullet 1} = 0 \quad (4.2)$$

で、一定だから。この (4.2) 式は、サンプリングの際の偶然とは関係なく常になりたつので、1行1列目の残差と2行1列目の残差は独立に分布していない。同様にして、1行1列、1行2列、1行3列の残差を足し合わせても0になる。

$$\begin{aligned}
&(n_{11} - \hat{\mu}_{11}) + (n_{12} - \hat{\mu}_{12}) + (n_{13} - \hat{\mu}_{13}) \\
&= (n_{11} + n_{12} + n_{13}) - (\hat{\mu}_{11} + \hat{\mu}_{12} + \hat{\mu}_{13}) \\
&= n_{1\bullet} - n_{1\bullet} = 0
\end{aligned} \quad (4.3)$$

したがって、3列のうち2つは独立に分布しているとみなせるが、残りの1つはそうはみなせない。結局、2行3列のクロス表の場合、2つの残差だけが独立に分布しているとみなせる。なぜなら、例えば1行1列目と1行2列目の残差がサンプリングの際の偶然でたまたまある値をとったしよう。そうすると、(4.2) 式と (4.3) 式の制約から残りの残差は自動的に決定されてしまうため、独立に分布しているとは考えられないということである。一般に r 行 c 列のクロス表において独立に分布している残差の数は、$(r-1)(c-1)$ 個である。これは X^2 の自由度が $(r-1)(c-1)$ であるという意味でもある。したがって残差の検定をする場合、厳密には $(r-1)(c-1)$ 個のセルについてのみ、検定する意味があり、それ以上のセルについて検定をしても冗長である。

ただし、実際のデータ分析の場面ではすべてのセルの残差を同時に検定する必要はほとんどないので、この節で論じた問題について神経質になる必要はない。

4.1.2 両側検定と片側検定

正規分布や t 分布を使った検定には、**両側検定 (two-tailed test)** と **片側検定 (one-tailed test)** という、2種類の検定がある。これは対立仮説をどのように設定するかによって違ってくる。残差の検定の場合、対立仮説を 残差 $\neq 0$ とおくならば、両側検定をする。つまり、残差はプラスでもマイナスでもかまわない。とにかく、0でないという対立仮説をおく場合、両側検定をする。それに対して、残差がプラスかマイナスかを特定して対立仮説をたてる場合、片側検定をする。つまり対立仮説は、残差 > 0 または 残差 < 0

である。夫婦の学歴の例では、夫婦が同程度の学歴のセルでは残差がプラス、その他ではマイナスになると予測したが、このような場合は片側検定をするのがふつうである。

表 4.3 両側検定と片側検定

	帰無仮説	対立仮説	棄却域
両側検定	残差 $= 0$	残差 $\neq 0$	両側
片側検定	残差 $= 0$	残差 > 0 または 残差 < 0	片側

このように対立仮説をどうおくかで、棄却域の設定が異なる。**棄却域 (rejection region)** とは、帰無仮説を棄却すべき統計量の範囲のことである。例えば、残差の両側検定では、表 4.1 に示したように調整残差が 1.96 以上の絶対値を取っていれば、5% 水準で帰無仮説を棄却することになる。したがって、棄却域は、$d_{ij} < -1.96, 1.96 < d_{ij}$ である。これを図示したのが、図 4.1 の左側である。

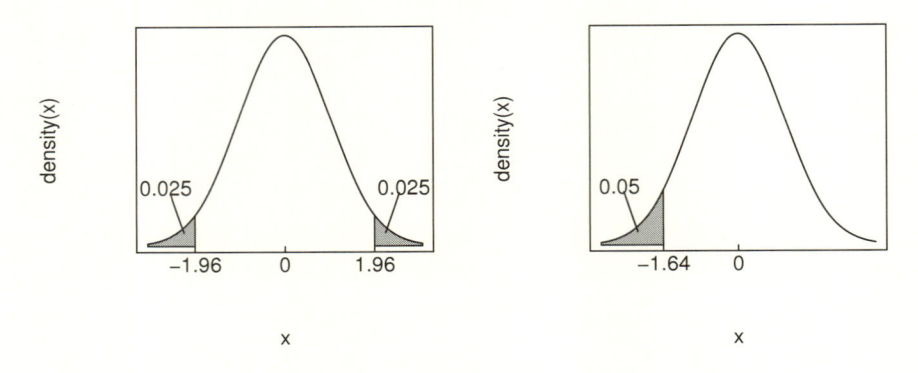

図 4.1 正規分布の両側と片側（対立仮説: 残差 < 0）の 5% 棄却域の違い（左が両側検定の棄却域、右が片側検定の棄却域）

両側 5% 水準で検定する場合、両側に 2.5% ずつ棄却域を設定し、合計が 5% になるようにする。つまり帰無仮説が正しい場合、サンプリングの際の偶然によって調整残差が -1.96 未満になる確率が 2.5%、1.96 より大きくなる確率が 2.5%、両方合わせて 5% の第 1 種の過誤を犯す確率があるということである。片側検定（対立仮説: 残差 < 0）の場合、棄却域を対立仮説を設定した側にだけ設定する。この場合、残差はマイナスになるという対立仮説なので、調整残差が -1.64 より小さな値をとった場合だけ、対立仮説を棄却する。逆に言えば、調整残差がどんなにプラスの大きな値をとっていても、帰無仮説は棄却できない。もしも対立仮説を 残差 > 0 としていれば、調整残差が 1.64 より大きな値をとった場合にだけ、帰無仮説を棄却する。以上を簡単にまとめたのが、表 4.3 である[1]。

---

[1] 対立仮説を 残差 > 0 とするならば、帰無仮説は 残差 ≤ 0 とするのが自然である。しかし、帰無仮説に

4.2 クロス表を分析する際の注意

それでは、片側検定と両側検定をどのように使い分けるべきか。まず、帰無仮説が正しいということが予想される場合、両側検定を行うべきである。調整残差がプラスであろうとマイナスであろうと、非常に大きな絶対値を取っていれば、それは帰無仮説の誤りを示すからである。また、探索的に分析する場合も両側検定を行うべきである。探索的な分析とは、事前に明確な仮説を持たずに分析を行うことである。残差がプラスかマイナスか予想がつかないわけだから、プラスでもマイナスでも大きな絶対値が出た場合は、帰無仮説を棄却したほうがよい。

片側検定すべきなのは、あらかじめ 残差 > 0 または 残差 < 0 という対立仮説が正しいと予測できる場合である。例えば、残差 > 0 という対立仮説が正しいという予測のもとに分析をしたのに、残差がマイナスならば絶対値がどんなに大きくても、対立仮説は採択できない。

■**問題** 宗派と哲学者の博士論文のテーマの関連を扱った 21 ページの表 2.10 から、無神論で分析哲学のセルと無神論でその他のセルの調整残差を計算せよ。また、探索的に分析している場合、片側検定と両側検定のどちらが適切か。適切なほうを用いて検定せよ。

■**問題** 性別と自衛隊派遣の賛否を扱った 5 ページの表 1.4 から、女性で反対のセルの調整残差を計算せよ。また、女性のほうが男性より反対しやすいという仮説を確かめようとしている場合、片側検定と両側検定のどちらが適切か。適切なほうを用いて検定せよ。

4.2 クロス表を分析する際の注意

4.2.1 ケース数の問題

独立性の検定の結果は、ケース数に依存する。ケース数にピアソンの適合度統計量 X^2 は比例するのである。例えば、表 2.2 のセル度数をすべて 3 分の 1 にしたのが、表 4.4 である。列パーセント の値は変わらないが、表 4.4 から X^2 を計算すると、$X^2 = 4.8$ で、5% 水準でも有意にはならない。つまり、ケース数が少ないために、結果は有意にならなかったのである。また、ケース数が少なくなると、期待度数もそれに比例して少なくなるので、カイ二乗検定そのものが使えなくなる恐れがある。ここから学ぶべき教訓は、検定をするためには、ある程度以上の数のデータを集めるべきだということである。

しかし、逆の問題もある。表 4.5 を見ていただきたい。表 4.5 を見ると、男女ともほとんどの人が学者・研究者を信頼すると答えており、その割合に大差はないと思われる。$X^2 = 0.192$ で、5% 水準でも有意ではない [*2]。しかし、ケース数を 25 倍に増やしたとし

　　　においては、残差の値を 1 点に特定しないと、調整残差の分布を特定できない。そこで便宜的に 残差 = 0 を帰無仮説とする。

[*2] イェーツの連続性の修正と呼ばれる計算法を用いているので、ふつうのピアソンの適合度統計量 X^2 よりも小さい値になっている。イェーツの連続性の修正については、次の節を参照。

表 4.4 表 2.2 のセル度数をすべて 3 分の 1 にした表

		妻の学歴		
		中学／高校	短大	4年制大学
夫の学歴	中学／高校	12.00 (73%)	1.67 (33%)	0.67 (20%)
	短大／4大	4.33 (27%)	3.33 (67%)	2.67 (80%)

よう。ピアソンの適合度統計量 X^2 は、$0.192 \times 25 = 4.8$ となり、5% 水準で有意である。

表 4.5 学者・研究者への信頼（保田 [52] の表 1 のケース数を減らして作成）

	信頼している	信頼していない
男性	96 (90%)	11 (10%)
女性	97 (92%)	8 (8%)

　この結果から学ぶべき教訓はなんだろうか。しばしば統計を使う研究者は「独立性の検定が有意＝連関有り」「独立性の検定が有意でない＝独立」と単純に考えがちである。しかし、連関があるといっても、大きな連関もあれば、ごく小さな連関もある。表 4.5 のケース数を 25 倍にしたデータが得られたとすれば、おそらく母集団でも、連関はあるのであろう。しかし、その連関はごくごく小さなものであると思われる。2% 程度の比率の違いは、大きな違いとは思えないのである。別の言い方をすれば、ピアソンの適合度統計量 X^2 は、2 変数の連関の強さを示すのではないということである。連関が弱くてもサンプルのサイズが大きければ、それに比例して X^2 も大きな値をとるのである。

4.2.2 カテゴリの統合の問題

　自分が支持していた仮説どおりの検定結果が出ないことはしばしばある。特に、ギリギリで有意な結果が出ない場合、何とかして帰無仮説を棄却する方法はないものかと思うのが人情である。ケース数を増やすのが 1 つの方法だが、分析結果が思いどおりにならないからといって事後的にケース数を増やすのは、誤った方法である。なぜなら、このような操作を許せば、研究者が恣意的に分析結果を左右できることになるからだ。もう 1 つの方法に、カテゴリを統合するという方法がある。これは場合によっては許される方法である。カイ二乗分布表を見ればわかるが、有意水準が同じなら、自由度が大きくなるほど限界値は大きくなる傾向があるので、うまくカテゴリを統合すれば、有意な結果が得られる。
　例えば、表 4.6 を独立性の検定にかけると、自由度が 3 でピアソンの適合度統計量 X^2 が 7.4 で、ギリギリ有意ではない。そこで、比較的人数の少ない「よく有り」と「時々有り」を同じカテゴリにまとめたのが、表 4.7 である。表 4.7 から X^2 を計算すると 7.4 で、

4.3　2×2 表の扱い

表 4.6　仮想のクロス表

	よく有り	時々有り	あまり無し	無し
日本人	11	14	12	25
在日朝鮮人	5	6	10	36

自由度が 2 である。自由度が小さいほうが限界値が小さいので、今度は 5% 水準で有意になる。

表 4.7　表 4.6 のカテゴリを統合したクロス表

	よく有り・時々有り	あまり無し	無し
日本人	25	12	25
在日韓国人	11	10	36

ただ、あまりアドホックにカテゴリを統合することを許してしまうと、データの事後的な操作で、恣意的に検定結果を左右できることになってしまう。カテゴリの統合は、統合してもじゅうぶんに意味が通るようなカテゴリどうしで行わなければならない。また、有意な結果を得るためだけにカテゴリの統合をすることは感心できない。

カテゴリの統合は、最小期待度数が小さすぎる場合にも利用できる。ただし、そのために重要な情報が失われてしまうこともあるので、注意すること。例えば、表 4.7 では、「よく有り」と答えた人と「時々有り」と答えた人の割合の違いがわからない。この 2 つの違いが重要な意味を持つ場合は、当然、カテゴリの統合はできない。

4.3　2×2 表の扱い

4.3.1　2×2 表の X^2 の計算

2 行 2 列のクロス表を 2×2 表と呼ぶ。2×2 表のセル度数を表 4.8 のように表記するとすると、以下の (4.4) 式のような簡便な公式を使って、ピアソンの適合度統計量 X^2 は計算できる。

$$X^2 = \frac{N(ad-bc)^2}{(a+b)(c+d)(a+c)(b+d)} \tag{4.4}$$

例えば、表 4.9 から X^2 を計算すると、

$$\begin{aligned}X^2 &= \frac{5238(518 \cdot 1902 - 2060 \cdot 758)^2}{2578 \cdot 2660 \cdot 1276 \cdot 3962} \\ &= 50.17\end{aligned}$$

表 4.8 2 × 2 表のセル度数の一般的な表記

	$y=1$	$y=0$	計
$x=1$	a	b	$a+b$
$x=0$	c	d	$c+d$
計	$a+c$	$b+d$	N

となる。

表 4.9 介護してもらう必要が生じたとき専門家やサービス機関に頼るか (大和 [51] の表 15-2 をもとに作成)

	頼りにする	しない	計
男	518	2060	2578
女	758	1902	2660
計	1276	3962	5238

■**問題** 表 4.10 から、(4.4) 式の公式を使って X^2 を計算せよ。

表 4.10 介護してもらう必要が生じたとき配偶者に頼るか (大和 [51] の表 15-2 をもとに人数を少なくして作成)

	頼りにする	しない	計
男	33	7	40
女	38	22	60
計	71	29	100

4.3.2 イェーツの連続性の修正

　ピアソンの適合度統計量 X^2 の確率分布はカイ二乗分布に近似するが、2 × 2 表、つまり、自由度 1 のときは、X^2 はカイ二乗分布よりも大きな平均と分散を持つため、カイ二乗分布からかなりかけ離れてしまう。したがって、2 × 2 表の場合、通常のピアソンの適合度統計量 X^2 を使って検定をすることは好ましくない。そこで、イェーツの連続性の修正を施し、カイ二乗分布に近い分布をする統計量を計算する。イェーツの修正の公式は、

以下の (4.5) 式のとおりである。

$$X_Y^2 = \sum_{\text{cells}} \frac{(|n_{ij} - \hat{\mu}_{ij}| - 0.5)^2}{\hat{\mu}_{ij}} \tag{4.5}$$

つまり、セル度数から期待度数を引いたあと、その差の大きさからさらに 0.5 を引いてから、二乗する。これが、イェーツの連続性の修正である。2×2 表用の簡便な公式を使う場合、

$$X_Y^2 = \frac{N(|ad - bc| - 0.5N)^2}{(a+b)(c+d)(a+c)(b+d)} \tag{4.6}$$

となる。計算してみよう。例えば、表 4.11 のデータが得られた場合、(4.6) 式より

$$X_Y^2 = \frac{N(|ad-bc| - 0.5N)^2}{(a+b)(c+d)(a+c)(b+d)} = \frac{76(|27 \cdot 19 - 9 \cdot 21| - 0.5 \cdot 76)^2}{36 \cdot 40 \cdot 48 \cdot 28} = 3.21$$

自由度は 1 で 5 %水準の限界値は、3.84 であるから、ギリギリ有意な結果は得られない。

表 4.11 20 歳代の男女別 非正規雇用率 (SSM 2003 年予備調査 [33] より)

	正規雇用	非正規雇用	計
男	27	9	36
女	21	19	40
計	48	28	76

イェーツの連続性の修正は、やや保守的すぎるという議論もあるようだ。「保守的」とは、ここでは第 1 種の過誤を犯す危険を避けようとする姿勢のことである。確かに、ケース数が少ない場合はやや保守的かもしれない。しかし、ここは保守的な姿勢をとっておくことにする。研究者は、多くの場合、2 変数が独立であることを示そうとするよりも、2 変数に連関があることを示そうとする場合が多い。その場合、保守的な基準を設定しても有意な結果が得られれば、説得力が増す。確かに、第 2 種の過誤を犯す可能性が高まるので、慎重に考える必要があるだろうが、ある程度ケース数が多ければ、イェーツの連続性の修正は、行ってもよいように思える。

■問題　46 ページの表 4.10 から、(4.6) 式を使ってイェーツの連続性をほどこした X_Y^2 を計算し、独立性の検定をしなさい。

4.4　練習問題

1. 表 4.12 は、高収入者は、自分で職探しをするのではなく、人から（それもあまり親密でない知人から）職を紹介されて転職することが多いことを示すための研究の

一部である。当然、人から紹介・依頼されて現職についた人のほうが、高収入であることが予測される。「人から紹介・依頼された」で「2.5 以上」のセルと「人から紹介・依頼された」で「1.5〜2.5」のセルの調整残差を計算せよ。また、この場合、両側検定と片側検定のどちらが適切か。適切なほうを用いて残差を検定せよ。

表 4.12 現職の見つけ方と現職から得る収入（グラノヴェッター [11] の 30 ページ表 9 より作成）

	現職収入（万ドル）				
	1 未満	1〜1.5	1.5〜2.5	2.5 以上	計
自分で探した	56	72	47	17	192
人から紹介・依頼された	18	16	30	13	77
計	74	88	77	30	269

2. 表 4.13 は、真如苑の霊能者に対して行った調査結果の一部である。2 行 1 列目と 2 行 3 列目のセルの調整残差を計算しなさい。これらを探索的に分析する場合、残差の検定は片側にすべきか、両側にすべきか。適切なほうを用いて、検定しなさい。

表 4.13 真如苑の霊能者調査の一部（川端・秋庭 [2] の 198 ページ表 3-22 をもとに作成）

	影響を受けた相手との関係				
入信年	家族・親戚	親しい人	あまり親しくない人	その他	計
1969 年以前	129	54	59	19	261
1970 年以降	93	107	114	37	351
計	222	161	173	56	612

3. 下の表 4.14 は、20〜35 歳について、男女別の非正規雇用の割合を示したクロス表である。表 4.14 をイェーツの連続性の修正を用いて独立性を検定しなさい。

表 4.14 20〜35 歳の男女別 非正規雇用率 (SSM2003 年予備調査 [33] より)

	正規雇用	非正規雇用	計
男	66	12	78
女	41	32	73
計	107	44	151

第 5 章

相関係数

5.1 ピアソンの積率相関係数

2 つの変数の関係を見ると、一方の変数の値が大きくなるほど、他方の変数も大きくなるような場合がある。クロス表の読み方のときに使った、妻と夫の学歴の関係がそうであった。一方の変数が他方の変数に完全に比例する場合がある。このような変数の間の関係を**線形の関係**と呼んだり、単に**相関**しているといったりする。このような相関の度合いを見るための指標が**ピアソンの積率相関係数 (Pearson's correlation coefficient)** である。相関係数にはさまざまな種類があるが、ふつう単に相関係数 (correlation coefficient) と言えば、ピアソンの積率相関係数のことである。x_i, y_i を変数 x, y の i 番目のケースの値、$\bar{x}$, $\bar{y}$ をそれぞれ変数 x, y の平均値であるとすると、変数 x と y の相関係数 R は下記のような式で計算される。

$$R = \frac{C_{xy}}{\sqrt{C_{xx} \cdot C_{yy}}} \tag{5.1}$$

$$C_{xx} = \sum_{i=1}^{N}(x_i - \bar{x})^2, \quad C_{yy} = \sum_{i=1}^{N}(y_i - \bar{y})^2, \quad C_{xy} = \sum_{i=1}^{N}(x_i - \bar{x})(y_i - \bar{y})$$

C_{xx}, C_{yy} は分散 (variance) に N をかけたもの、C_{xy} は**共分散 (covariance)** に N をかけたものである。つまり、変数 x と y の共分散を S_{xy} と表記すると、

$$S_{xy} = \frac{C_{xy}}{N} = \frac{\sum_{i=1}^{N}(x_i - \bar{x})(y_i - \bar{y})}{N} \tag{5.2}$$

となる。

5.1.1 共分散の計算

例えば、5人の人の身長と体重をはかったところ表 5.1 のようになったとしよう。このとき共分散は、次のステップをふんで計算していく。

表 5.1　5人の身長と体重から共分散を計算

ID	身長 (x)	体重 (y)	偏差 $x-\bar{x}$	偏差 $y-\bar{y}$	$(x-\bar{x})(y-\bar{y})$
1	152	48.0	−17	−13.8	234.6
2	160	53.0	−9	−8.8	79.2
3	168	65.0	−1	3.2	−3.2
4	175	68.0	6	6.2	37.2
5	190	75.0	21	13.2	277.2
計	845	309.0	0	0.0	625.0
平均	169	61.8			125.0

1. x と y の平均値を計算する。この例では、$\bar{x}=169$、$\bar{y}=61.8$ である。
2. 次に個々の x と y の値から、それぞれの平均値を引く。これは表 5.1 の 4、5 列目にあたる。これらを**偏差**ということがある。例えば、1人目の x の偏差は、$x_1-\bar{x}=152-169=-17$ である。
3. x と y の偏差を掛け合わせる。例えば 1 列目は、$-17 \times -13.8=234.6$ である。
4. 偏差の積の和をケース数で割る。この例の場合、$625 \div 5 = 125$ である。これが共分散である。

共分散は、変数の値のスケールに依存する。例えば、身長をセンチメートル単位ではなく、メートル単位で測ると、共分散は 100 分の 1 になってしまう。これでは相関の強さの指標としては不適当である。そこで、2 つの変数の標準偏差で割ることで、スケールに依存しないようにしたのが、相関係数である。

5.1.2 相関係数の特徴

相関係数 R は、表 5.2 または、表 5.3 のように、すべてのケースが、対角線上に並ぶ場合、最大値 1、または最小値 −1 をとる。つまり、2 変数が完全に正比例する場合 $R=1$、負の比例関係にある場合 $R=-1$ である。また、2 変数が独立ならば、相関係数は 0 をとる。

しかし、相関係数が 0 だからといって、2 変数が独立とは限らない。表 5.4 を見ると、x と y の間には、何か関係がありそうである。カイ二乗検定も 1 ％水準で有意である。しかし、相関係数は 0 である。x と y が線形の関係になっていないからだ。このように、2

5.1 ピアソンの積率相関係数

表 5.2 相関係数 $R = 1$ の仮想のクロス表

x 郵政は民営化 すべきか	y 小泉政権を支持するか?			
	1 支持せず	2 どちらかといえば 支持せず	3 どちらかといえば 支持する	4 支持する
1 そう思わない	18	0	0	0
2 どちらかといえば そう思わない	0	33	0	0
3 どちらかといえば そう思う	0	0	41	0
4 そう思う	0	0	0	27

表 5.3 相関係数 $R = -1$ の仮想のクロス表

x 自衛隊はイラクから 撤退すべきか	y 小泉政権を支持するか?			
	1 支持せず	2 どちらかといえば 支持せず	3 どちらかといえば 支持する	4 支持する
1 そう思わない	0	0	0	13
2 どちらかといえば そう思わない	0	0	34	0
3 どちらかといえば そう思う	0	46	0	0
4 そう思う	21	0	0	0

変数がプラスの比例関係に近いほど相関係数 R は 1 に近づき、マイナスの比例関係に近いほど -1 に近づき、線形の関係にない場合、0 付近の値をとる。

表 5.4 相関係数 $R = 0$ の仮想のクロス表

		y		
		1 支持しない	2 どちらともいえない	3 支持する
x	1 そう思わない	0	20	0
	2 そう思う	20	0	20

相関係数は、元来、連続変数どうしの関係を見るための指標であるが、順序のある離散変数どうしの関係にも適用できる。個々のカテゴリに適当な数値を与えて、相関係数を計算すればよい。表 5.4 では、「支持しない」に 1 を、「どちらともいえない」に 2 を、「支持する」に 3 を与えた。このように、連続する整数を与えるのがふつうである。手計算を簡単にすることを考えれば、-1、0、1 を与えたほうがいい。基本的には、絶対値が小さいほど計算は簡単であろう。一方の変数の数値を逆に与えると、相関係数の符号は逆転する。例えば、表 5.2 において、「支持せず」$=4$、「どちらかといえば支持せず」$=3$、「どちらかといえば支持する」$=2$、「支持する」$=1$、に変えると、相関係数は 1 から -1 に変わる。

クロス表から相関係数を計算する場合、以下の (5.3)〜(5.5) 式が比較的簡便である。

$$C_{xy} = \sum_{\text{cells}} n_{ij} x_i y_j - \left(\sum_{i=1}^{r} n_{i\bullet} x_i\right)\left(\sum_{j=1}^{c} n_{\bullet j} y_j\right) \div N \qquad (5.3)$$

$$C_{xx} = \sum_{i=1}^{r} n_{i\bullet} x_i^2 - \left(\sum_{i=1}^{r} n_{i\bullet} x_i\right)^2 \div N \qquad (5.4)$$

$$C_{yy} = \sum_{j=1}^{c} n_{\bullet j} y_j^2 - \left(\sum_{j=1}^{c} n_{\bullet j} y_j\right)^2 \div N \qquad (5.5)$$

表 5.5 のような計算表を作っていけば混乱しにくいだろう。例の夫婦学歴のクロス表（8 ページの表 2.1）から相関係数を計算してみよう。妻学歴 y_j には、「中学／高校」$= -1$、「短大」$= 0$、「大学」$= 1$ と値を与え、夫の学歴 x_i には、「中学／高校」$= 0$、「短大／大学」$= 1$ と値を与える。表 5.5 から、

表 5.5 相関係数の計算表（8 ページの表 2.1 から計算）

妻学歴の度数表					夫学歴の度数表				
y_j	y_j^2	$n_{\bullet j}$	$n_{\bullet j} y_j$	$n_{\bullet j} y_j^2$	x_i	x_i^2	$n_{i\bullet}$	$n_{i\bullet} x_i$	$n_{i\bullet} x_i^2$
-1	1	49	-49	49	0	0	43	0	0
0	0	15	0	0	1	1	31	31	31
1	1	10	10	10					
計		74	-39	59	計		74	31	31

$x_i y_j$	n_{ij}	$n_{ij} x_i y_j$
-1	13	-13
0	$36+5+2+10=53$	0
1	8	8
計	74	-5

$$C_{xy} = -5 - (31) \cdot (-39) \div 74 = -5 + 16.34 = 11.34$$
$$C_{xx} = 31 - (31)^2 \div 74 = 31 - 12.99 = 18.01$$
$$C_{yy} = 59 - (-39)^2 \div 74 = 59 - 20.55 = 38.45$$
$$R = \frac{C_{xy}}{\sqrt{C_{xx} \cdot C_{yy}}} = \frac{11.34}{\sqrt{18.01 \cdot 38.45}} = 0.43$$

と計算できる。相関係数は、-1 以上 1 以下の値を必ずとるので、絶対値が 1 より大きい値をとる場合、計算まちがいが必ずある。

■**問題** 5 ページの表 1.4 から、相関係数を計算しなさい。

5.1.3 2×2 表の相関係数の計算

2×2 表から相関係数を計算する場合、下記の公式を使って R を計算することができる [*1]。

$$R = \frac{ad - bc}{\sqrt{(a+b)(c+d)(a+c)(b+d)}} \tag{5.6}$$

例えば、46 ページの表 4.9 から上の公式を使って相関係数を計算すると、

$$R = \frac{518 \cdot 1902 - 2060 \cdot 758}{\sqrt{2578 \cdot 2660 \cdot 1276 \cdot 3962}} = -0.10$$

となる。

■**問題** 46 ページの表 4.10 から、相関係数を計算しなさい。

5.2 相関係数の検定

得られたサンプルから、相関係数は計算されるが、本当に知りたいのは、母集団における相関係数の大きさである。そこで、

帰無仮説: 母集団では 相関係数＝ 0

という仮説をたてて、帰無仮説を棄却できるかどうか調べる。サンプルから計算した相関係数は、サンプリングの際の偶然によって、母集団の相関係数から、ある程度ズレている可能性がある。このズレの大きさは、標本数がじゅうぶんに大きければ、平均 0、標準偏差（推定値）が

$$s_R = \sqrt{\frac{1 - R^2}{N - 2}} \tag{5.7}$$

の正規分布をする [*2]。このような統計量の標準偏差は、平均値の場合と同様に、標準誤差 (standard error) と呼ぶ。真の標準誤差ではなく、標準誤差の推定値を用いる場合、その分、誤差が大きくなる。このとき、正規分布ではなく、t 分布を用いる。相関係数を標準誤差の推定値で割った値を t とすると、

$$t = \frac{R}{s_R} = \frac{R\sqrt{N-2}}{\sqrt{1-R^2}} \tag{5.8}$$

[*1] 2×2 表から計算した相関係数を**ファイ係数** (ϕ) と呼ぶこともある。

[*2] 2 変数 x, y は母集団で同時正規分布（同時正規分布については [38], [45], [49] の教科書を参照）していなければ、この節で述べたことは成り立たない。しかし、標本数が大きければ、おおむね近似するであろうことを理由に、同時正規分布していなくても、相関係数の検定は行われている。少なくとも日本の社会学者はしばしばやっている。

は帰無仮説のもとで自由度 $N-2$ の t 分布をすることになる。そこで t 分布表（232 ページの付録 C）を使って検定すればよい。例えば、夫婦学歴のクロス表（表 2.1）から相関係数を計算すると、0.43 であった。$N=74$ だから

$$t = \frac{R\sqrt{N-2}}{\sqrt{1-R^2}} = \frac{0.43\sqrt{74-2}}{\sqrt{1-0.43^2}} = 4.0$$

である。自由度 $74-2=72$ の両側検定の限界値は、t 分布表より、2.66 だから、1% 水準の両側検定で有意である。

■**問題** 5 ページの表 1.4 から計算した相関係数を片側と両側で検定し、その結果を述べなさい。

5.3 相関係数の区間推定

検定でわかることは、母集団において相関係数が 0 かどうかということであった。仮に 0 よりも大きいことがわかっても、0.1 と 0.9 では大違いである。母集団の相関係数がどれぐらいの大きさを知りたい場合、区間推定という手法を用いる。前述のように、サンプルの相関係数と母集団の相関係数の間のズレの大きさはサンプリングの際の偶然で決まっているから、標本数がじゅうぶんに大きければ正規分布している。しかし、真の標準誤差がわからないので、t 分布を用いて推定を行う。したがって、95%, 99% 信頼区間の下限値と上限値は、表 5.6 のように計算できる。ただし自由度 $N-2$、有意水準 α の t 分布の限界値を $t_{N-2,\alpha}$ とする。

表 5.6　相関係数の区間推定の下限値と上限値

	下限値	上限値
95% 信頼区間	$R - t_{N-2,5\%} \times \sqrt{\frac{1-R^2}{N-2}}$	$R + t_{N-2,5\%} \times \sqrt{\frac{1-R^2}{N-2}}$
99% 信頼区間	$R - t_{N-2,1\%} \times \sqrt{\frac{1-R^2}{N-2}}$	$R + t_{N-2,1\%} \times \sqrt{\frac{1-R^2}{N-2}}$

表 5.6 から夫婦学歴の相関係数 0.43 の区間推定をすると、

	下限値	上限値
95% 信頼区間	$0.43 - 2.00 \times \sqrt{\frac{1-0.43^2}{74-2}} = 0.22$	$0.43 + 2.00 \times \sqrt{\frac{1-0.43^2}{74-2}} = 0.64$
99% 信頼区間	$0.43 - 2.66 \times \sqrt{\frac{1-0.43^2}{74-2}} = 0.15$	$0.43 + 2.66 \times \sqrt{\frac{1-0.43^2}{74-2}} = 0.71$

となる。

■**問題** 5 ページの表 1.4 から計算した相関係数の、95% 信頼区間と 99% 信頼区間をそれぞれもとめなさい。

5.4 相関係数とカイ二乗検定をどう使い分けるか

ピアソンの適合度統計量 X^2 と、ピアソンの積率相関係数 R の2つを使った検定をこれまで概説してきた。クロス表を検定にかける場合、この2つをどう使い分けたらいいだろうか。最初に行パーセントまたは列パーセントを見るのは当然だが、その後、カイ二乗検定すべきか、あるいは残差や相関係数を計算すべきか、さらにはそれらのうちいくつかを組み合わせて使うべきか。このような問題は、実際にコンピュータを使ってデータを分析し、その結果をレポートや論文にまとめる場合にも、重要である。

用いるべき検定手法・分析手法は、どのような仮説を事前に持っているかによって違ってくる。以下、場合分けして考えていこう。

5.4.1 順序のない離散変数を扱う場合

変数のうち一方が順序のない離散変数であれば、相関係数は使えない。したがってこの場合は、独立性の検定を用いる。ただし、2値変数は常に順序のある離散変数として扱うことが可能である。例えば、5ページの表1.4のように、「女性のほうが自衛隊のイラク派遣に反対しやすい」という関係は、線形の関係とみなしうる。しかし、離散変数の値に順序をつけられない場合もある。例えば、21ページの表2.10は、信じる宗教と哲学の博士論文のテーマの関係を扱っているが、宗教の種類も論文のテーマも順序はつけられない。このような場合は、相関係数は使いようがない。

5.4.2 まったく探索的に分析している場合

まったく探索的に分析している場合、つまり2変数の間にどのような関係があるか、何の仮説も見込みもない場合、まず独立性の検定をする（2×2表ならばイェーツの連続性の修正を必要に応じて使う）。線形の関係がありそうならば、相関係数を計算し、両側検定する。非線形の関係がありそうならば、調整済み残差を計算し、両側検定する。

仮説がない状態とは、迷路の中で進むべき方向がわからないようなものである。いろいろな検定方法を試してみる必要があるだろう。ただし、行パーセントまたは列パーセントをよく見て、2変数がどのように連関しているか、よく見てみる必要があることを重ねて注意しておく。

5.4.3 順序のある離散変数を仮説をもって分析する場合

■線形の関係を仮説として想定できる場合　2変数の間に線形の関係があると想定できる場合がしばしばある。それは常識的に線形関係が予想される場合もあるだろうし、既存の

理論や調査結果からそう予想される場合もあるだろう。そのような場合、相関係数を計算し、片側検定するのが適切である。

もしも母集団においても 2 変数の間に線形の関係があれば、相関係数だけでなく、カイ二乗検定をしても、やはり有意な結果が得られるはずである。ただし、カイ二乗検定は相関係数に比べて検定力が弱い。例えば、母集団において 2 変数の間に一定の相関 ($R = 0.35$) があったとしよう。しかし、サンプルサイズが小さく、さらにたまたまサンプルでの相関係数が 0.26 となってしまったとしよう。この場合、カイ二乗検定をしても、帰無仮説を棄却できないかもしれない。しかし、相関係数ならば、帰無仮説を棄却できる可能性が相対的に高い。

表 5.7 仮想のクロス表

		y 1	y 2	y 3	計
	1	15 (50%)	10 (33%)	5 (17%)	30 (100%)
x	2	8 (29%)	14 (50%)	6 (21%)	28 (100%)
	3	8 (27%)	9 (30%)	13 (43%)	30 (100%)

$X^2 = 9.02$, $ns.$ $R = .262$, 両側 5% 水準で有意

例えば、表 5.7 のようなクロス表が得られたとしよう。この表を見ると、線形の関係が見て取れるが、カイ二乗検定では、5% 水準でも有意ではない。しかし、相関係数ならば、両側検定なら 5% 水準で、片側検定なら 1% 水準で有意である。つまり、線形の関係があると想定できるならば、相関係数を計算して検定するほうが適切である。

■**非線形の関係を仮説として想定できる場合**　このようなことはあまりない。しかし、もしも非線形の関係が想定される場合は、まずカイ二乗検定をし、その後、残差の検定（片側）を行うべきだろう。社会学者の間では、カイ二乗検定をして、後は行パーセントや列パーセントを見て解釈をほどこすといった程度のことしかされないことが多い。しかし、もしも母集団でも非線形の関係があることを主張したいのであれば、残差の検定を併用すべきである[*3]。

5.4.4 2 × 2 表の場合

2 × 2 表の場合も原則は同じだが、2 × 2 表の場合、2 変数の関係は線形の関係以外にはありえない。したがって、イェーツの連続性の修正を施したカイ二乗値を計算すればよ

[*3] スマートな方法は、曲線で回帰分析を行う方法だろうが、日本の社会学者はなぜかあまり用いない。非線形回帰については、8 章を参照。

い[*4]。

■**問題** (a)10ページの表2.3と、(b) 22ページの表2.11を探索的に分析する場合、どのような方法で検定を行うべきか述べよ。

5.5 順位相関係数

5.5.1 相関係数と周辺度数の分布

相関係数は便利な統計量だが、場合によっては、おかしな結果になる。次のような仮想データを考えてほしい。表5.8は、男女別に民主党を支持するかどうかをたずねた結果である。選択肢は、YesとNoの2つである。男性は6割が支持、女性は、2割が支持して

表5.8 架空のクロス表（男女比5:5の場合）

	民主党支持		
	No	Yes	計
男	40%	60%	50人
女	80%	20%	50人
合計	60人	40人	100人

$$R = -0.41$$

いるのがわかる。相関係数は -0.41 である。表5.9もやはり、男性は6割、女性は2割が支持だが、相関係数は -0.32 である。2つの表の違いは、周辺度数である。表5.8では、

表5.9 架空のクロス表（男女比8:2の場合）

	民主党支持		
	No	Yes	計
男	40%	60%	80人
女	80%	20%	20人
合計	48人	52人	100人

$$R = -0.32$$

男女比が半々だったが、表5.9では、男性は女性の4倍になっている。このような違いが

[*4] 53ページの脚注*2でもふれたように、相関係数の検定は、2変数が母集団において同時正規分布しているという前提のもとに成り立つ。それにくらべるとカイ二乗検定は、そのような前提が成り立たなくても用いることができる。2値変数が正規分布しているということはありえないので、相関係数よりは、カイ二乗検定を用いたほうが適切だろう。

相関係数の大きさになって現れている。一概には言えないが、周辺度数が均等に分布している場合のほうが、相関係数の絶対値は大きくなりやすい。全員の人数を100人、男女の支持率をそれぞれ6割と2割に固定し、男女比だけを0から1まで変化させたのが図5.1である。これを見ると、まんなかあたりで、相関係数が最大になることがわかる。

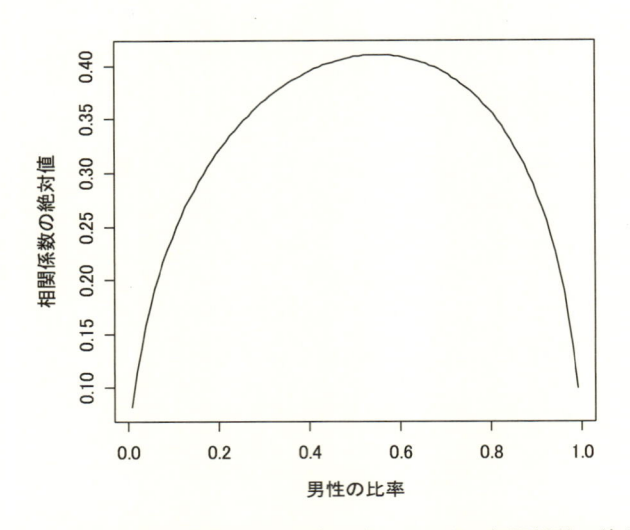

図5.1 表5.9の男性比だけを変化させたときの相関係数の絶対値

このような相関係数の性質をよく考慮に入れて分析を行う必要がある。例えば、次のようなケースに相関係数を使うとおかしなことになる。中卒の者のうち3年以内に最初の職を辞めてしまう人が7割、高卒の場合5割、大卒の場合3割といわれている。独立変数を学歴、従属変数を3年以内に初職を辞めたかどうかとして、1950年、1975、2000年の3つの時点のデータを用いて相関係数を計算したとする。この3時点で、先の7割、5割、3割という割合は変化しなかったとしよう。しかし、この間、中卒の人の比率は、急激に減少し、非常に少なくなった。このことが相関係数にどのような影響を与えるか、計算してみた。表5.10は、3つの時点、それぞれの学歴と離職のクロス表を横に並べたものである。これを見ると、相関係数にそれほど大きな変化はないが、やはり変化している。このデータをもとに学歴によって、初職を辞める確率の格差が変化したと考えるのは問題があるように思える。それぞれの学歴を持つ人々が初職を3年以内で辞める確率はまったく変化していないのだから。

以上のように、相関係数で見ると、おかしなことが起きることもある。この理由の一つは、ほんらい連続変数どうしの線形の関係を見るための係数を離散変数どうしの関係を見るために転用していることにある。

5.5 順位相関係数

表 5.10 高学歴化による相関係数への影響（架空）

	離職	継続	離職	継続	離職	継続
中卒	126 (70%)	54 (30%)	14 (70%)	6 (30%)	7 (70%)	3 (30%)
高卒	5 (50%)	5 (50%)	55 (50%)	55 (50%)	35 (50%)	35 (50%)
大卒	3 (30%)	7 (70%)	21 (30%)	49 (70%)	36 (30%)	84 (70%)
相関係数	0.20		0.25		0.24	

中・高・大卒が 3 年以内に初職を辞める確率を、0.7, 0.5, 0.3 に固定し、学歴の構成比を変化させた。

5.5.2 グッドマンとクラスカルのガンマ

前節で述べたように相関係数は万能ではない。周辺度数の影響を受けないような係数が必要になる場合もある。ここでは、**グッドマンとクラスカルの γ（ガンマ）(Goodman & Kruskal's gamma)** をとりあげよう。ガンマは、**順位相関係数 (rank correlation coefficient)** の一種といわれている。順位相関係数は、ピアソンの積率相関係数と違い、カテゴリに与える値に影響されない。2 つの変数の値に順番があれば計算できる。一方の変数の値が大きくなるほど他方も大きくなる場合、正の値を、逆の場合は、負の値をとり、2 変数が独立のとき 0 になり、最小値は -1、最大値は $+1$ であるという点では、ピアソンの積率相関係数と同じである。検定も可能だが、省略する。

表 5.11 2 つの授業の成績（架空）

社会学の成績	社会統計学の成績			
	優	良	可	不可
優	10	9	7	1
良	8	12	1	3
可	6	1	11	5
不可	0	2	4	9

表 5.11 を例にガンマの考え方を解説しよう。この表は社会学と社会統計学の授業を取った学生の成績をクロス表にしたものである。1 行 1 列目のセルに属する人（どちらも「優」）と 2 行 2 列目のセルに属する人（どちらも「良」）を比較すると、社会学でも社会統計学でも、1 行 1 列目の人のほうが、成績がよい。この場合、2 つの科目の成績の順位は一致している。しかし、1 行 3 列目のセルに属する人（「優」と「可」）と 2 行 2 列目のセルに属する人（どちらも「良」）の人を比較すると、社会学の成績は前者のほうがよいが、社会統計学の成績は後者のほうがよい。つまり 2 つの成績の順位は逆転している。同

順位を無視して、順序が一致している組み合わせの数 (P) と逆転している組み合わせの数 (Q) を数える。するとガンマは、

$$\gamma = \frac{P-Q}{P+Q} \tag{5.9}$$

で定義される。

P と Q をクロス表から数える方法を解説しよう。表 5.11 の 1 行 1 列目のセル（どちらも「優」）よりも**右**下に位置するセルに属する人たちは、合計で $12+1+3+1+11+5+2+4+9=48$ 人いるが、どちらの科目の成績も 1 行 1 列目の人よりも悪い。つまり順位が一致している。1 行 1 列目は 10 人なので、1 行 1 列目に関して順位が一致しているペアの数は $10 \times 48 = 480$ である。次に 1 行 2 列目に注目する。1 行 2 列目のセルに属する人よりも、両方の科目の成績が悪いのは、1 行 2 列目のセルよりも右下に位置するセルの人たちである。この人数は、$1+3+11+5+4+9=33$ 人である。1 行 2 列目の人数は、9 人なので、成績の順位が一致するペアは、$9 \times 33 = 297$ 人である。これを順次繰り返していけばよい。その結果をまとめたのが、表 5.12 の左側である。そしてこれらのペアの数をすべて足し合わせたものが P である。この例では、$P = 1716$ である。

表 5.12 ガンマの計算表

度数	順位が一致する相手数	順位一致ペア数	順位が一致しない相手数	順位不一致ペア数
10	48	$10 \times 48 = 480$	0	0
9	$1+3+11+5+4+9=33$	$9 \times 33 = 297$	$8+6+0=14$	$9 \times 14 = 126$
7	$3+5+9=17$	$7 \times 17 = 119$	$8+12+6+1+0+2=29$	$7 \times 29 = 203$
1	0	0	45	$1 \times 45 = 45$
8	$1+11+5+2+4+9=32$	$8 \times 32 = 256$	0	0
12	$11+5+4+9=29$	$12 \times 29 = 348$	$6+0=6$	$12 \times 6 = 72$
1	$5+9=14$	$1 \times 14 = 14$	$6+1+0+2=9$	$1 \times 9 = 9$
3	0	0	$6+1+11+0+2+4=24$	$3 \times 24 = 72$
6	$2+4+9=15$	$6 \times 15 = 90$	0	0
1	$4+9=13$	$1 \times 13 = 13$	0	0
11	9	$11 \times 9 = 99$	$0+2=2$	$11 \times 2 = 22$
5	0	0	$0+2+4=6$	$5 \times 6 = 30$
0	0	0	0	0
2	0	0	0	0
4	0	0	0	0
9	0	0	0	0
		1716		579

次に Q を数えよう。今度は、一番右上のセル（「優」「不可」）から出発する。表 5.11 の 1 番右上のセルは 1 行 4 列目になるが、これと比較したとき 2 つの成績の順位が一致しないセルは、1 行 4 列目のセルの**左**下のセルになる。これらのセルの度数の合計は、$8+12+1+6+1+11+0+2+4=45$ である。1 行 4 列目の度数は 1 なので、1 行 4 列目に関して 2 つの科目の成績の順位が一致しないペアの数は、$1 \times 45 = 45$ である。同

様にして順位の一致しないペアの数を数えた結果が、表 5.12 の右側である。これらを合計したものが Q である。この例では、$Q = 579$ である。したがって、ガンマは、

$$\gamma = \frac{P-Q}{P+Q} = \frac{1716 - 579}{1716 + 579} = 0.50 \tag{5.10}$$

である。

■**問題** 56 ページの表 5.7 から、グッドマンとクラスカルのガンマを計算しなさい。

5.5.3 2×2 表の場合

2×2 表の場合、ガンマの計算は下のような簡単な式で表される。2×2 表のセル度数を 46 ページの表 4.8 のように、a、b、c、d と表記すると、

$$\gamma = \frac{ad - bc}{ad + bc} \tag{5.11}$$

である。2×2 表の場合、ガンマのことを**ユールの Q(Yule's Q)** と呼ぶこともある。

最初の例に戻って、表 5.8 と表 5.9 のガンマを計算してみよう。表 5.8 の場合、まずセル度数を計算すると下のようになる。

	No	Yes
男	$50 \times 0.4 = 20$	$50 \times 0.6 = 30$
女	$50 \times 0.8 = 40$	$50 \times 0.2 = 10$

この度数をもとにガンマを計算すると、

$$\gamma = \frac{ad - bc}{ad + bc} = \frac{20 \cdot 10 - 30 \cdot 40}{20 \cdot 10 + 30 \cdot 40} = -0.71$$

である。表 5.9 の場合はどうだろうか。ガンマを計算すると、

$$\gamma = \frac{ad - bc}{ad + bc} = \frac{32 \cdot 4 - 48 \cdot 16}{32 \cdot 4 + 48 \cdot 16} = -0.71$$

で同じ値になる。表 5.8 と表 5.9 は男女の支持率はまったく同じだが、男女の人数比が違うのであった。このように、ガンマは、周辺度数の比率だけを変化させても、まったく影響を受けない。そして最大関連のとき $+1$ または -1 になる。最大関連については、次の節で説明しよう。

■**問題** 46 ページの表 4.9 から、グッドマンとクラスカルのガンマを計算しなさい。

5.6 最大関連と完全関連

完全関連とは、行数と列数の同じクロス表において、対角線上のセル以外は、すべて 0 であるような場合をいう。例えば、次のようなクロス表がそうである。

$$\begin{array}{ccc} 25 & 0 & 0 \\ 0 & 40 & 0 \\ 0 & 0 & 16 \end{array}$$

完全関連の場合、相関係数は 1 または -1 になる。ガンマも 1 または -1 になる。

最大関連とは、周辺度数が固定されている場合の最大の関連といった意味である。例えば、ある大学で、男女別の大学院進学率を調べたとき、大学院の定員が限定されているため、全体の 15% までしか進学できないとしよう。このとき表 5.13 のような結果が得られたとする。男女比も定員も固定されている (変化しない) と考えてよいので、マイナスの

表 5.13 仮想の大学での男女別大学院進学者数

	非進学	進学	合計
男	35	15	50
女	50	0	50
合計	85	15	100

$R = -0.41, \quad \gamma = -1$

方向でこれ以上の相関はありえない。しかし、相関係数は、-0.41 で -1 にはならない。これに対してガンマは -1 である。ようするに 2×2 表では、どこか 1 つ (以上) のセルが 0 である場合、最大関連である。もっと大きなクロス表において最大関連を定義するのは省略するが、基本的にはクロス表の 4 隅の対角対に 0 セルをできるだけ多くかためた状態が最大関連ということになるだろうか。

以上の議論をまとめると、相関係数は完全関連への近さを示す尺度であるのに対して、ガンマは最大関連への近さを示す尺度と言える。

5.7 相関係数とガンマをどう使い分けるか

抽象的に言えば、周辺度数の効果を除去したいときはガンマを、それ以外のときは相関係数を使う、というのが私のお勧めである。学歴と転職率の連関の大きさを比較する場合のように、高学歴化の影響を連関の大きさから除去したい場合は、ガンマを使うべきである。あるいは、次のようにも言える。表 5.13 のように、周辺度数があらかじめ固定してある場合はガンマを、それ以外の場合は相関係数を使うべきである。あらかじめ固定してあるとは、2 変数の分布がお互いに関係なく決まっているということである。ある大学の学生の男女比と大学院の定員は、別々に決まっていると考えるのが自然である。しかし、政治的な保守主義と性的な保守主義の間には、何か関係があるかもしれず、一方の分布が変化すれば、他方も変化するかもしれない。このような場合は、相関係数を使って両者の

関係を見るのが適当だろう。

また、次のように考えてもよい。相関係数は、2 変数が線形の関係にある度合いを測る場合に用いるが、ガンマは、2 変数の順序の一致度を見る場合に用いる。例えば、次のようなクロス表でもガンマは 1 である。

10	9	0	0
0	8	0	0
0	7	0	0
0	6	15	14

$R = 0.78$

こういう関係は線形とは言えない。しかし、何かしら連関があるのはまちがいなさそうである。こういうデータの特徴をガンマはつかめる。

5.8 練習問題

1. 48 ページの表 4.12、48 ページの表 4.14 から、相関係数を計算し、片側検定しなさい。
2. 22 ページの表 2.12 から相関係数を計算し、95% 信頼区間と 99% 信頼区間を求めなさい。
3. 表 5.14 は 1987 年に 60 歳以上だった人の 1987 年の所得と 1990 年の所得である。この表から相関係数を計算し、95% 信頼区間と 99% 信頼区間を求めなさい。

表 5.14 高齢者の所得変動（原田・杉澤・小林・Liang [17]、388 ページの表 1 をもとに作成）

1987 年	1990 年			計
	120 万円未満	120〜300 万円未満	300 万円以上	
120 万円未満	280	127	18	425
120〜300 万円未満	85	327	101	513
300 万円以上	23	72	192	287
計	388	526	311	1225

4. 次の (a)〜(c) のクロス表から、グッドマンとクラスカルのガンマを計算しなさい。

(a)
40	10
45	5

$R = -0.14$

(b)
10	20	0
0	40	0
0	30	5

$R = 0.49$

(c)
40	20	10
0	15	35

$R = 0.66$

第6章

多重クロス表の分析

これまでの章では、2 変数の関係を扱ってきた。これからの章では、3 つ以上の変数の間の関係を分析するための手法を解説していく。その中でも最も基本的で重要なのが、多重クロス表の分析である。

6.1 疑似的な関係と媒介的な関係

疑似関係 (spuriousness) の古典的な例を挙げよう。イギリスでは、コウノトリの多い地域では、出生率が高いという連関が発見された。この事実から、コウノトリが赤ちゃんを運んできていると言えるだろうか。もちろん言えない。実は、地方では、コウノトリが多く、出生率も高い。都心ではコウノトリが少なく、赤ちゃんも少ない。つまり、赤ちゃんの数に影響を及ぼしているのは、その地域の都市化の程度であり、コウノトリではない。この因果関係を図示したのが図 6.1 である。

2 変数の間に連関はあるが、その連関は第 3 変数によって引き起こされており、2 つの変数の間には因果関係はない場合、これを**疑似関係**と呼ぶ。

疑似関係とよく似た関係に媒介関係がある。媒介関係の仮想例として、原・海野 [16] は、性別と交通事故経験率の関係を挙げている。表 6.1 は架空のクロス表だが、これを見ると、男性のほうが、30 ポイント以上、事故の経験率が高い。この結果から、男性のほうが運転が乱暴だとか、運転が下手だと結論できるだろうか。もちろんそのような可能性は

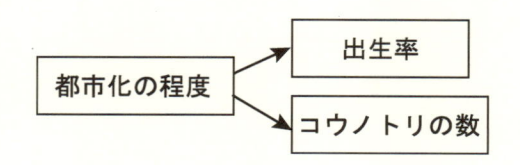

図 6.1 疑似関係の例 コウノトリと赤ちゃん

6.1 疑似的な関係と媒介的な関係

表 6.1 性別と事故の経験率のクロス表（架空）

	事故経験 あり	事故経験 なし	計
男	170 (38%)	275 (62%)	445
女	50 (6%)	749 (94%)	799
計	220 (18%)	1024 (82%)	1244

否定できないが、次のような仮説も考えられる。

仮説 6.1 男性のほうが女性よりも走行距離が長いために、事故を経験しやすい。

言い換えれば、女性でも走行距離が長ければ、事故経験率は高いし、男性でも走行距離が短ければ、事故経験率は低いことを、この仮説は想定している。この仮説 6.1 を確かめるために、走行距離が長い人と短い人にサンプルを分け、その上でそれぞれに関して性別と事故の経験のクロス表を作った（表 6.2）。表 6.2 は、いわば 2 つのクロス表を横にくっつけたようなものである。

表 6.2 走行距離別に見た男女の事故経験率（架空）

	走行距離長い人				走行距離短い人		
事故経験	あり	なし	計	事故経験	あり	なし	計
男	168 (46%)	195 (54%)	363	男	2 (2%)	80 (98%)	82
女	32 (46%)	37 (54%)	69	女	18 (2%)	712 (98%)	730
計	200 (46%)	232 (54%)	432	計	20 (2%)	792 (98%)	812

表 6.2 を見ると、走行距離が長い人は、女も男も 46% が事故を経験しているのに対して、短い人は女でも男でも 2% にすぎない。つまり、走行距離が長いほうが、事故経験率は高いが、走行距離別に見れば男女の事故経験率に違いはない。また、周辺度数を見ると、男性の 82% = 363/(363 + 82) が走行距離が長いのに対して、走行距離の長い女性は、9% = 69/(69 + 730) にすぎない。この結果を母集団にまで一般化できるかどうかは別として[*1]、少なくともこのサンプルに関しては、仮説 6.1 が正しかったことがわかる。

この場合の因果関係は、図 6.2 のように示すことができる。

[*1] サンプル数がかなり多いのでほぼ確実に一般化できるだろうが、いちおう検定や推定をするのが、一般化のための手続きである。そのためには、7.4.2 項や 9 章での方法を用いる必要がある。

```
性別 → 走行距離 → 事故の経験率
```

図 6.2　媒介関係の例 性別と事故の経験

6.1.1　第 3 変数のコントロールと多重クロス表

表 6.2 のように、3 つの変数を組み合わせて作ったクロス表を **3 重クロス表** (triple cross tabulation) という。表 6.2 は、走行距離別に男女の事故経験率を計算しているわけだが、この場合、走行距離は、**第 3 変数** (third variable) とか、**コントロール変数** (control variable) とか呼ばれる。また表 6.2 のように第 3 変数をコントロールした表を **1 次の表 (first-order table)**、それに対して表 6.1 のように第 3 変数をコントロールしていない表を **0 次の表 (zero-order table)** ということがある。表 6.2 は、性別と事故経験に関する 2 つの 1 次の表からなっていると言える。この場合コントロール変数である走行距離は、「長い」と「短い」の 2 つの値しかとらなかったので 1 次の表は 2 つだが、もしも走行距離という変数が「長い」「中ぐらい」「短い」という 3 つの値をとっていたら、1 次の表も 3 つできることになる。

疑似関係と媒介関係の違いは、コントロール変数と他の 2 つの変数との因果の向きである。図 6.3 のように、矢印が両方ともコントロール変数から出て、他の 2 つの変数に向かう場合、疑似関係である。なぜなら、2 変数の間には因果関係はないから。しかし、2 つの矢印のうち一方がコントロール変数に向かうならば、これは媒介関係である。なぜなら、2 変数の間には、コントロール変数を経由した因果関係があるから。因果の向きは、10 ページの 2.2 節で論じたように、変数間の時間的な順序を考慮しながら判断するしかない。因果の向きを決められない場合もある。

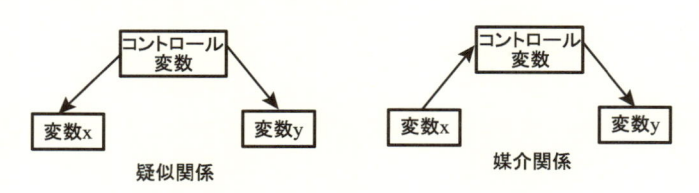

```
   コントロール              コントロール
     変数                      変数
    ↙   ↘                   ↖   ↘
 変数x   変数y              変数x   変数y
    疑似関係                   媒介関係
```

図 6.3　疑似関係と媒介関係

コントロール変数は 1 つだけでなく、2 つ以上用いることもできる。一般に、3 つ以上の変数を持つクロス表を**多重クロス表** (multiple cross tabulation) と呼ぶ。第 3 変数を導入することで、変数間の関係を詳細に分析することを、**エラボレーション** (elaboration) と呼ぶこともある。

6.1.2 多重クロス表分析の必要性

社会現象を分析する場合、3つ以上の要因が絡まりあっていることはしばしばある。そのため、2変数の関係だけを見ていては、わからないことも多い。その典型的なケースが、疑似関係と媒介関係なのである。このような多変数の関係を見るための、最も基本的な手法が多重クロス表分析なのである。

6.1.3 疑似関係・媒介関係が成立しない場合

走行距離でコントロールしても、事故経験率の男女差がなくならなければ、仮説 6.1 はまちがっていたことになる。例えば、走行距離でコントロールしたとき、表 6.3 のような 3 重クロス表が得られたとしよう。表 6.3 を見ると、走行距離が長いグループでも短いグループでも男性のほうが事故経験率が高いことがわかるだろう。確かに、表 6.2 と同じように、走行距離が長い人ほど事故経験率が高い。しかし、走行距離が同じならば、やはり男性のほうが事故を起こしやすいということである。この場合、性別と事故率は、走行距離を媒介とした関係にはなっていない。表 6.3 のような結果が得られたならば、仮説 6.1 はまちがっていたと判断すべきだろう。3 変数以上の連関は複雑であるので、この問題は、さらに 7 章や 9 章以降で検討することにする。

表 6.3 走行距離別に見た男女の事故経験率 2 (架空) 男女差がなくならない場合

	走行距離長い人				走行距離短い人		
事故経験	あり	なし	計		あり	なし	計
男	178 (76.1%)	56 (23.9%)	234	男	18 (8.5%)	193 (91.5%)	211
女	22 (11.1%)	176 (88.9%)	198	女	2 (0.3%)	599 (99.7%)	601
計	200 (46%)	232 (54%)	432	計	20 (2%)	792 (98%)	812

6.2 疑似関係、疑似無関係、交互作用効果

表 6.2 の例は、第 3 変数をコントロールすることで、2 変数の連関が消えてしまう場合であるが、逆に第 3 変数をコントロールすることで、連関が強まる場合もある。福岡・金 [10] をヒントにした仮想例を紹介しよう。

差別に関する理論では、被差別体験が民族的アイデンティティを強めるという説がある一方で、逆に弱めるという説もある。実際にクロス表を作ってみると、表 6.4 のように、ほとんど連関がない。どちらの説もまちがっていたということになるのだろうか。しか

表 6.4 被差別経験と民族的アイデンティティ（架空）

		民族的アイデンティティ		
		弱い	強い	計
被差別経験	少ない	55 (51%)	52 (49%)	107
	多い	140 (47%)	160 (53%)	300
	計	195 (48%)	212 (52%)	407

し、次のような仮説も考えられる。

仮説 6.2 民族的自尊心の強い人が差別を体験すると、民族的アイデンティティが強まるが、自尊心の弱い人が差別を体験すると、逆に民族的アイデンティティが弱まる。

表 6.5　自尊心 × 被差別経験 × アイデンティティのクロス表（架空）

民族的自尊心	被差別経験	民族的アイデンティティ		計
		弱い	強い	
強い	少ない	35 (61%)	22 (39%)	57
	多い	80 (40%)	120 (60%)	200
	計	115 (45%)	142 (55%)	257
	被差別経験	民族的アイデンティティ		計
		弱い	強い	
弱い	少ない	20 (40%)	30 (60%)	50
	多い	60 (60%)	40 (40%)	100
	計	80	70	150

　被差別体験と民族的アイデンティティの強さの関係を民族的自尊心でコントロールしたのが表 6.5 である。

　表 6.5 を見ると、自尊心の強い場合、被差別経験の多い人々の強アイデンティティ率は 60% であり、被差別経験の少ない人々より 21 ポイント高い。それに対して、自尊心の弱い場合、被差別経験の多い者の強アイデンティティ率は 40% であり、差別を経験していない人々より 20 ポイント低い。つまり、仮説 6.2 を支持するような結果が出ている。

　このように、2 変数間の関係を見ていただけでは、一見連関がないように見えるが、第 3 変数をコントロールすると連関が見つかる場合もある。これは**シンプソンのパラドックス (Simpson's Paradox)** と呼ばれる現象である。

　この例では、被差別体験が、アイデンティティの強さに及ぼす効果の向き（強さ）が、自

尊心の強さによって、異なっている。このような場合、**交互作用効果** (interaction effect) があるという。交互作用効果とは、1つの変数の値だけでは生じないが、複数の変数の組み合わせによって生じる効果のことである。

6.3 オッズ比

　男女の交通事故率や民族的アイデンティティの例は、わかりやすいように数値を作ったものである。現実のデータは必ずしもこれらのようにわかりやすいものではない。例えば、男女の交通事故率の差の例の数値を少し変えた表が表 6.6 である。この表を見ると、確かに男女差はあるのだが、最初の 0 次の表（表 6.1）や表 6.3 に比べると、男女差が小さいように思えないだろうか。ただ、差の大きさを比較するのは意外と難しい。例えば、表 6.6 の走行距離が長い場合の男女の事故経験率の差は、$49 - 32 = 17$ ポイントであり、走行距離が短い場合は、$5 - 2 = 3$ ポイントである。差をとれば、走行距離が長い場合のほうが男女差が大きいように思える。しかし、比率を計算すれば、走行距離が長い場合は $49/32 = 1.53$ 倍であるが、走行距離が短い場合は、男女の格差は、$5/2 = 2.5$ 倍である。比率を計算すると、走行距離が短い場合のほうが、男女の差が大きいように思える。

表 6.6　走行距離別男女の事故経験率（架空）男女差が小さくなる場合

事故経験	走行距離長い人				走行距離短い人		
	あり	なし	計		あり	なし	計
男	178 (49%)	185 (51%)	363	男	4 (5%)	78 (95%)	82
女	22 (32%)	47 (68%)	69	女	16 (2%)	714 (98%)	730
計	200 (46%)	232 (54%)	432	計	20 (2%)	792 (98%)	812

　このような場合、変数の連関の強さを示す指標があると便利である。相関係数も場合によっては使えるが、5.5 節で示したような問題がある。そこで、計算が簡単で、一般的にもよく使われる、**オッズ比 (odds ratio)** を紹介しよう。オッズ比 は、元来 2×2 表の連関の強さを示すための指標である。2×2 表のセル度数を 46 ページの表 4.8 のように、a, b, c, d と表記し、オッズ比を $\hat{\theta}$（シータ・ハット）と表記すると、

$$\hat{\theta} = \frac{ad}{bc} \tag{6.1}$$

である。例えば、表 6.6 の走行距離が長い場合の 1 次の表のオッズ比は、

$$\hat{\theta} = \frac{178 \cdot 47}{185 \cdot 22} = 2.06$$

である。オッズ比は、その計算法から、**交差積比 (cross product ratio)** ともいう。a と d の数が相対的に多いほどオッズ比は大きな値をとり、b と c の数が多いほど 0 に近い

値をとる。2 変数が独立の場合は、オッズ比 $\hat{\theta}$ は 1 になる。相関係数が正の値をとるような場合、オッズ比は 1 より大きな値を、負の相関があれば、オッズ比は 1 より小さな値をとる。a か d が 0 のとき、最小値 0 をとる。最大値は存在せず、無限大である。ただし、$b = 0$ または $c = 0$ のとき、分母が 0 になるため、オッズ比を計算できない [*2]。そのため、b と c に 1 (または 0.5) を足してから、オッズ比を計算する場合もある。つまり、

$$\hat{\theta}_c = \frac{ad}{(b+1)(c+1)} \tag{6.2}$$

という計算式を使ってオッズ比を計算することもある。

最初の問題に戻って、0 次の表 (表 6.1) と 2 つの 1 次の表 (表 6.6) では、連関の大きさが違っているか計算してみよう。表 6.6 の走行距離が長い場合のオッズ比は、2.06 であった。走行距離が短い場合のオッズ比は、

$$\hat{\theta} = \frac{4 \cdot 714}{78 \cdot 16} = 2.29$$

である。さらに表 6.1 のオッズ比を計算すると、$\hat{\theta} = 9.26$ であるから、表 6.1 と比べると、表 6.6 においては、性別と事故経験の連関は弱いといってよいだろう。つまり、表 6.6 の場合、性別と事故経験の連関は、走行距離を媒介した連関と、走行距離を媒介しない、直接的な連関の両方があると考えられる。図示すると、図 6.4 のようになる [*3]。

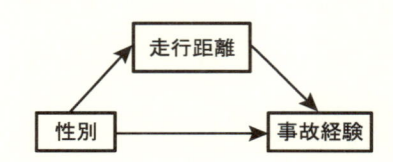

図 6.4 媒介的な連関と直接的な連関がある場合

オッズ (odds) とはある事象が起こる確率 (または比率) を、起こらない確率 (または比率) で割ったものである。例えば、表 6.6 の走行距離の長い男性が「事故経験あり」である確率を $\hat{\pi}_{男 \cdot あり}$ と表記すると、$\hat{\pi}_{男 \cdot あり} = 178/363 = 0.49$ と推定できる。同様にして男性が「事故経験なし」である確率は、$\hat{\pi}_{男 \cdot なし} = 185/363 = 0.51$ である。したがって男性の事故経験のオッズは

$$男性のオッズ = \frac{\hat{\pi}_{男 \cdot あり}}{\hat{\pi}_{男 \cdot なし}} = \frac{178/363}{185/363} = \frac{178}{185} = 0.96$$

[*2] また、サンプルから計算したオッズ比 $\hat{\theta}$ は、母集団から計算したオッズ比 θ の**最尤推定値 (maximum likelihood estimate)** となっている (ただし一方の周辺度数が固定されている場合) のだが、統計量としての $\hat{\theta}$ は正規分布せず、母集団のオッズ比 θ よりも大きな値になりやすい。$b+1$ と $c+1$ を使うのは、このような偏りを補正するためでもある。最尤推定値の概念については、3.7 節を参照。

[*3] 複数の変数間の因果関係を図示する方法には、いくつかのやり方が考えられる。この本の図示の仕方は、Agresti[1] を踏襲しており、Wickens [48] とは違うので注意。

6.3 オッズ比

である。つまり、男性が「事故経験あり」である確率は、「事故経験なし」である確率の 0.96 倍である。同様にして走行距離の長い女性の事故経験のオッズを計算すると、

$$\text{女性のオッズ} = \frac{\hat{\pi}_{\text{女・あり}}}{\hat{\pi}_{\text{女・なし}}} = \frac{22/69}{47/69} = \frac{22}{47} = 0.47$$

である。男性のオッズを女性のオッズで割ったものが、男女と事故経験のオッズ比になる。つまり、

$$\frac{\text{男性のオッズ}}{\text{女性のオッズ}} = \frac{\frac{178}{185}}{\frac{22}{47}} = \frac{178 \cdot 47}{185 \cdot 22} = \hat{\theta}$$

となる。もしも女性を1行目、男性を2行目に配置してクロス表を作ったとすれば、オッズ比は、現在のオッズ比の逆数 $1/\hat{\theta}$ になる。例えば、表 6.6 の走行距離の長い場合のオッズ比は 2.06 であったが、女性を 1 行目にすると、

$$\hat{\theta} = \frac{185 \cdot 22}{178 \cdot 47} = 0.49 = 1/2.06$$

となる。事故経験なしを 1 列目にしても、同じようにオッズ比の値は逆数をとる。

■**問題** 職業などをいっさいコントロールせずに男女の収入を比較すると、男性のほうが高収入者が多い。その理由として、男性は正規雇用が多く、女性は非正規雇用が多いということが考えられる。そこで、(a) 表 6.7 から、就業形態をコントロールした上での 400 万円以上の人の割合を男女別に計算しなさい。(b) 表 6.7 から、性別×収入の 0 次のクロス表を作り、400 万円以上の人の割合を男女別に計算しなさい。(c) 性別と収入の連関は、0 次のクロス表と 1 次のクロス表をくらべると、どちらのほうが強いか。オッズ比をそれぞれ計算して比較しなさい。その結果から、性別と収入の間の連関は就業形態を媒介した関係にあると言えるか。また、性別と収入の間には、直接的な連関があるか。

表 6.7 就業形態 × 性別 × 収入（2003 年 SSM 予備調査データ [33] より）

就業形態			現在本人収入		合計
			400 万円未満	400 万円以上	
正規雇用	性別	男	64	144	208
		女	64	26	90
	合計		128	170	298
非正規雇用	性別	男	44	4	48
		女	136	1	137
	合計		180	5	185

6.3.1 オッズ比の区間推定

オッズ比 $\hat{\theta}$ もサンプリングの際の偶然によって、母集団のオッズ比 θ よりも大きな値をとったり、小さな値をとったりする。しかし、オッズ比は平均値や相関係数のように正規分布しない。なぜなら、オッズ比は 2 変数が独立のとき 1 で最小値 0、最大値無限大のため、分布が左右対称になっていないのである。そのため、簡単には区間推定したりできない。しかし、オッズ比の自然対数 $\log \hat{\theta}$ は[*4]、ケース数がじゅうぶんに多く、一方の変数の周辺度数が固定されていれば、正規分布する。自然対数をとれば、$\hat{\theta} = 1$、つまり 2 変数が独立のとき、$\log \hat{\theta} = 0$ である。最大値はやはり無限大だが、最小値はマイナス無限大になり、分布も正規分布に近似する。$\log \hat{\theta}$ の標準誤差を $s_{\log \hat{\theta}}$ と表記すると、

$$s_{\log \hat{\theta}} = \sqrt{\sum_{\text{cells}} \frac{1}{n_{ij}}} \tag{6.3}$$

である。例えば、表 6.6 の走行距離が長い場合のオッズ比は、2.06 であった。このオッズ比の自然対数は、$\log 2.06 = 0.72$ である。標準誤差は、

$$s_{\log \hat{\theta}} = \sqrt{\frac{1}{178} + \frac{1}{185} + \frac{1}{22} + \frac{1}{47}} = 0.279$$

である。オッズ比の対数は正規分布するから、95% の信頼区間は、

$$0.72 \pm 1.96 \times 0.279 = 0.17 \sim 1.27$$

である。同様にして 99% の信頼区間は、

$$0.72 \pm 2.58 \times 0.279 = 0.00 \sim 1.44$$

である。このオッズ比の対数の信頼区間から、オッズ比の信頼区間も計算できる。オッズ比の対数の信頼区間の下限値を $\log \hat{\theta}_\text{下}$、上限値を $\log \hat{\theta}_\text{上}$ とすると、オッズ比の信頼区間は、

$$e^{\log \hat{\theta}_\text{下}} \leq \theta \leq e^{\log \hat{\theta}_\text{上}} \tag{6.4}$$

である。e は自然対数の底で、2.718 である。したがって、表 6.6 の走行距離が短い場合のオッズ比の 95% の信頼区間は、

$$2.718^{0.17} \leq \theta \leq 2.718^{1.27}$$
$$1.2 \leq \theta \leq 3.6$$

である。この信頼区間の中に、1 が含まれていなければ、帰無仮説を $\theta = 1$ とした場合の 5% 水準の両側検定で有意ということになる。

[*4] 自然対数については、7.3.1 項を参照。

6.3 オッズ比   73

■**問題** 71 ページの表 6.7 から、1 次の表と 0 次の表に関して、オッズ比の区間推定をしなさい。

6.3.2 $r \times c$ 表のオッズ比

これまで 3 重クロス表の例は、$2 \times 2 \times 2$ 表ばかりだったが、現実には、もっと大きな 3 重クロス表を扱うこともしばしばある。その場合、変数の連関の強さをどうやって調べたらいいだろうか。また、ふつうの 2 重クロス表を分析する際にも、2 変数の連関の強さを示す指標があると便利である。相関係数は、2 変数が順序のある離散変数であるか連続変数であれば使えるが、順序のない離散変数を扱うときには、使えない。

オッズ比は、2 行 2 列のクロス表の連関の強さを示す指標だが、もっと多くの行や列を持つクロス表の連関を見るためにも応用できる。表 6.8 は、韓国での 2000 年の選挙の際に行われた落選運動に対する 3 つの新聞社の論調である。ケースは個人ではなく記事である。記事の論調に関しては、順序をつけることができるかもしれないが、新聞社に順番をつけるのは難しい。このような場合に 2 変数の連関をオッズ比で記述するためには、表の諸部分から $(r-1) \times (c-1)$ 個のオッズ比を推定すればよい。

表 6.8　2000 年・韓国での落選運動に関する各社の論調と記事数（金 [22]186 ページ表 4 より作成）

	記事の論調			計
	否定的	立場不明	肯定的	
朝鮮日報	36(35%)	62(60%)	6 (6%)	104
中央日報	30(20%)	95(63%)	25(17%)	150
ハンギョレ	4 (2%)	160(67%)	76(32%)	240
計	70(14%)	317(64%)	107(22%)	494

まず、表 6.8 の左上の 4 つのセルを 2×2 表とみなす。つまり、

	否定的	立場不明
朝鮮日報	36	62
中央日報	30	95

である。このように、大きな表の一部を取り出してきた作った表を**部分表**と呼んでおく。この部分表からオッズ比を計算すると、

$$\hat{\theta}_{朝/中・否定/不明} = \frac{36 \times 95}{62 \times 30} = 1.84$$

である*5。否定的な記事と立場不明の記事のオッズを計算すると、朝鮮日報は $36/62 =
0.581$、中央日報は、$30/95 = 0.316$ で、朝鮮日報のほうがオッズが大きい。つまり、立場
不明と比較した場合の否定的な記事の比率は、朝鮮日報のほうが高いということである。
これが、この $\hat{\theta}_{朝/中 \cdot 否定/不明} = 1.84$ の意味である。同様に、右上の4つのセルからオッズ
比を推定すると、

	立場不明	肯定的
朝鮮日報	62	6
中央日報	95	25

$$\hat{\theta}_{朝/中 \cdot 不明/肯定} = \frac{62 \times 25}{6 \times 95} = 2.72$$

である。これは、肯定的な記事と比較した場合の立場不明の記事のオッズは、朝鮮日報の
ほうが中央日報よりも高いということである。同様にして、中央日報とハンギョレの間の
オッズ比を推定し、合計4つのオッズ比をまとめたのが、表 6.9 である。

表 6.9 表 6.8 から作った 4 つのオッズ比

	否定的/立場不明	立場不明/肯定的
朝鮮日報/中央日報	1.84	2.72
中央日報/ハンギョレ	12.63	1.80

　朝鮮日報が最も否定的で、ハンギョレが最も肯定的であることは、表 6.8 からもわかる
が、中央日報とハンギョレの間の否定的/立場不明のオッズ比が 12.63 で、著しく大きい
ことがよくわかる。

　ここで次のような疑問がわくかもしれない。朝鮮日報/ハンギョレ、否定的/肯定的、の
間のオッズ比も推定しなくていいのか? 答えはノーである。確かに、論理的には、9つの
オッズ比を計算できる。しかし、表の4つのオッズ比から、残りのオッズ比も計算できる
のである。例えば、朝鮮日報/中央日報・否定的/肯定的のオッズ比は、否定的と肯定的の
間にある2つのオッズ比を掛け合わせれば、計算できる。つまり、

$$\begin{aligned}
\hat{\theta}_{朝/中 \cdot 否定/肯定} &= \hat{\theta}_{朝/中 \cdot 否定/不明} \times \hat{\theta}_{朝/中 \cdot 不明/肯定} \\
&= \frac{n_{朝 \cdot 否定} \times n_{中 \cdot 不明}}{n_{朝 \cdot 不明} \times n_{中 \cdot 否定}} \times \frac{n_{朝 \cdot 不明} \times n_{中 \cdot 肯定}}{n_{朝 \cdot 肯定} \times n_{中 \cdot 不明}} \\
&= \frac{n_{朝 \cdot 否定} \times n_{中 \cdot 肯定}}{n_{朝 \cdot 肯定} \times n_{中 \cdot 否定}}
\end{aligned}$$

---

*5 このデータは全数調査の結果なので、母集団そのものである。したがって $\hat{\theta}$ ではなく θ とオッズ比を表記
したほうがいいかもしれないが、母集団からランダム・サンプリングされたデータとみなして議論する。

6.4 グッドマンとクラスカルのタウτ

である。したがって、$\hat{\theta}_{朝/中\cdot否定/肯定} = 1.84 \times 2.72 = 5.0$ である。これはオッズ比が縦に並んでいても横に並んでいても、同じである。例えば、

$$\hat{\theta}_{朝/ハ\cdot否定/不明} = \hat{\theta}_{朝/中\cdot否定/不明} \times \hat{\theta}_{中/ハ\cdot否定/不明}$$
$$= 1.84 \times 12.63$$
$$= 23.2$$

である。

サンプリングの際の偶然によって、オッズ比も大きな値をとったり小さな値をとったりする。$r \times c$ 表においては、たくさんのオッズ比を計算できるが、$(r-1) \times (c-1)$ 個のオッズ比が定まれば、残りのオッズ比も自動的に定まる。つまり、独立に分布しているオッズ比の数は $(r-1) \times (c-1)$ 個にすぎないということである。この例では、左上から出発して、4つのオッズ比を推定したが、論理的には、右下や右上、左下から4つ計算してもかまわない。ただ一般的には、左上から $(r-1) \times (c-1)$ 個のオッズ比を計算することが多いようである。

■**問題** 48ページの表 4.13 から、必要じゅうぶんなだけオッズ比を推定しなさい。

6.4 グッドマンとクラスカルのタウτ

オッズ比を使えば、順序のない離散変数の連関の大きさを示すことができる。しかし、セルの数が増えて表が大きくなれば、計算すべきオッズ比の数も増えてしまう。相関係数のように、1つの値で離散変数どうしの連関の強さを記述できないだろうか。独立変数と従属変数を区別できる場合、グッドマンとクラスカルの τ（タウ）が役に立つ。τ を計算するためには、離散変数のばらつきの尺度の1つ、**質的分散 (qualitative variance)** を理解しておくとわかりやすい [*6]。

6.4.1 離散変数のばらつきの尺度：質的分散

例えば、架空の新聞 A 紙と B 紙の記事の落選運動に対する論調は、表 6.10 のようになっていたとしよう。

A 紙は、ずいぶんと否定に偏っているのに対し、B 紙は3つの立場にほぼ均等にばらついている。このような離散変数のばらつきの度合いの指標が、質的分散である。r 個のカテゴリからなる離散変数 x の個々のカテゴリの比率を $p_1, p_2, \cdots, p_r$ とすると、この変

[*6] Wickens [48] は質的分散を2倍したものを集中度 (concentration) と呼んでいる。両者は互換性が高いうえに集中度のほうが計算は簡単だし、τ の計算にストレートに結びつくのだが、ばらつきの尺度を集中度と呼ぶのは、混乱を招くように思えるので、質的分散を用いることにした。質的分散については、Magidson [28] を参照。

表 6.10　仮想のクロス表

	否定的	立場不明	肯定的
A 紙	90 (90%)	6 (6%)	4 (4%)
B 紙	16 (32%)	17 (34%)	17 (34%)
計	106 (71%)	23 (15%)	21 (14%)

数の質的分散 $V(x)$ は、

$$V(x) = 0.5\left(1 - \sum_i^r p_i^2\right) \tag{6.5}$$

である。この式にしたがって、A 紙と B 紙に関して論調という変数の質的分散を計算すると、

　A 紙　$V(論調) = 0.5(1 - (0.9^2 + 0.06^2 + 0.04^2)) = 0.09$
　B 紙　$V(論調) = 0.5(1 - (0.32^2 + 0.34^2 + 0.34^2)) = 0.33$

である。ある 1 つのカテゴリにすべてのケースが分類される場合、質的分散は、最小値 0 をとる。最大値はカテゴリの数に依存するが、均等に分布している場合に最大値をとる。例えば、カテゴリが 3 つならば最大値は 0.34、5 カテゴリあれば最大値は 0.4、10 カテゴリあれば 0.45 である。

■**問題**　73 ページの表 6.8 から、3 紙の落選運動に関する論調の質的分散を計算しなさい。また、質的分散が最も小さいのはどの新聞社か。

6.4.2　誤差減少率

　変数を独立変数と従属変数に分けて考える場合、2 変数の連関の強さの尺度として**誤差減少率 (proportional reduction in error)** と呼ばれるいくつかの統計量がある。誤差減少率は略して PRE と呼ばれることも多い。従属変数 y の分布の情報だけから、従属変数の値を予測した場合の誤差を「誤差$_y$」、独立変数 x との連関の情報も加味した場合の誤差を「誤差$_{xy}$」とすると、PRE と呼ばれるような指標はどれも次のような形をとる。

$$PRE = \frac{誤差_y - 誤差_{xy}}{誤差_y} \tag{6.6}$$

　表 6.10 を例に考えてみよう。この場合、独立変数が新聞社で、従属変数が落選運動に関する論調である。従属変数の分布の情報だけから、ある記事が否定的か不明か肯定的かを予測しようとするとしよう。もちろん記事のタイトルや内容を読んではいけない。この場合なら、合計 150 の記事の中から無作為に 1 つの記事を選んだ場合、その記事の論調がどのようなものかを予測しようというわけである。記事の論調の分布を見ると、全体の

うち 71% が否定的なので、無作為に選んだ記事は、否定的である確率が高いが、もちろん、肯定的な記事や立場不明なものもある。この場合の誤差の大きさを、質的分散 $V(論調) = 0.5(1 - (0.71^2 + 0.15^2 + 0.14^2)) = 0.228$ で表す。

しかし、独立変数 x との連関の情報も加味すれば、誤差は縮小するのではないだろうか。この例では、もしもその記事が A 紙のものか B 紙のものかわかれば、誤差は小さくなるということである。もしも A 紙であれば、90% が否定的であるわけだし、B 紙であればわずかだがむしろ立場不明や肯定のほうが比率が高い。この場合の誤差の大きさを、A 紙と B 紙の質的分散をそれぞれのケース数で重みづけして、足し合わせたものと定義する。つまり、

$$誤差_{xy} = \frac{100}{100 + 50} \times 0.09 + \frac{50}{100 + 50} \times 0.33 = 0.173$$

である。したがって、この場合の誤差減少率は、

$$PRE = \frac{誤差_y - 誤差_{xy}}{誤差_y} = \frac{0.228 - 0.173}{0.228} = 0.25 \tag{6.7}$$

である。このように、質的分散を誤差の指標として使った誤差減少率を**グッドマンとクラスカルのタウ** τ (Goodman & Kruskal's tau) という。独立変数を表側（行）、従属変数を表頭（列）に配置した場合、$r \times c$ 表からグッドマンとクラスカルの τ を計算する公式は、従属変数 y の質的分散を $V(y)$、i 行目に限定した場合の y の質的分散を $V_i(y)$、i 行目の度数の比率を $p_{i\bullet}$ とすると

$$\tau = \frac{V(y) - \sum_i^r (p_{i\bullet} V_i(y))}{V(y)} \tag{6.8}$$

である。もちろん列側に独立変数がある場合、この公式はそのままでは当てはまらないので、行と列を転置して計算する必要がある。

τ を含めて誤差減少率は、もしも 誤差$_{xy} = 0$ ならば最大値 1 をとり、誤差$_{xy}$ = 誤差$_y$ ならば最小値 0 をとる。言い換えると、2 変数が独立のとき $\tau = 0$、各行の度数が 1 つの列に集中しその他のセル度数がすべて 0 ならば、$\tau = 1$ である。

■**問題** 73 ページの表 6.8 では、新聞社と論調の 2 つの変数のうち、どちらが独立変数か。また、グッドマンとクラスカルの τ を計算せよ。

6.5 多重クロス表分析と検定

多重クロス表分析の検定には、9 章の対数線形モデルや 11 章のロジスティック回帰分析を使うのが適当である。しかし、個々の 1 次のクロス表に関して、ふつうに独立性の検定や残差、相関係数の分析をするのも意味がある。例えば、68 ページの表 6.5 に関して

は、まず、民族的自尊心が強い場合は、イエーツの連続性の修正を施したカイ二乗値を計算すると、

$$X_Y^2 = \frac{(|35-25.5|-0.5)^2}{25.5} + \frac{(|22-31.5|-0.5)^2}{31.5}$$
$$+ \frac{(|80-89.5|-0.5)^2}{89.5} + \frac{(|120-110.5|-0.5)^2}{110.5}$$
$$= 7.38$$

である。この場合、自由度1で1%水準で有意である。民族的アイデンティティが弱い場合は、簡便な公式を使って、

$$X_Y^2 = \frac{150\,(|20\cdot40 - 30\cdot60| - 0.5\cdot150)^2}{50\cdot100\cdot80\cdot70} = 4.58$$

となり、自由度1で5%水準で有意である。

ただし、個々の1次の表を検定する際には、**全体としての第1種の過誤の大きさ**に配慮が必要である。例えば、今、性別と満足度の関係を検討しているとしよう。0次のクロス表を見たところ、有意な連関がなかったとする。そこで、居住している都道府県でコントロールして47個の1次のクロス表を作ったとしよう。このうちの1つ（例えば大阪府在住者のクロス表）では女性の満足度が男性よりも高く、独立性の検定で5%有意であった。さて、大阪だけでは性別と満足度の間に有意な連関があると単純に判断していいだろうか。答えはノーである。

仮に、帰無仮説が正しいとしよう。つまり、47都道府県すべてに関して、母集団では性別と満足度は完全に独立であるとする。このとき、1つの都道府県（例えば京都府）に関して、サンプリングの際の偶然によって、たまたま5%水準の限界値よりも大きなピアソンの適合度統計量 X^2 が得られる確率は、5%である。つまり第1種の過誤を犯す確率は、たかだか5%である。しかし、47都道府県のうちどれか1つ以上の都道府県で、5%水準で有意な結果が出る確率はもっと大きい。計算すると、$1-0.95^{47} = 0.91$ である。つまり、仮に帰無仮説が正しいとしても、47個もクロス表を作れば、どれか1つぐらいは有意な結果が出る確率は、91%もあるということである。一般に、有意水準を α、1次のクロス表の数を m とすれば、全体としての第1種の過誤を犯す確率は、

$$\text{全体としての第1種の過誤を犯す確率} = 1 - (1-\alpha)^m \tag{6.9}$$

である。例えば、3つの1次のクロス表を1%水準で検定すれば、全体としては、$1-(1-0.01)^3 = 0.03$ の確率で、誤って帰無仮説を棄却してしまうことになる。

1次のクロス表であれ0次のクロス表であれ、ヤミクモにクロス表をたくさん作れば、母集団ではまったく独立でも、サンプリングの際の偶然によって、いくつかのクロス表では有意な結果が出てしまうのである。したがって、探索的にたくさんのクロス表で独立性

6.5 多重クロス表分析と検定

の検定をした結果、いくつかのクロス表で有意な結果が出たとしても、それを根拠に帰無仮説を棄却するのは危険である。

大阪府だけで性別と満足度の間に有意な連関が発見された場合、確かに大阪府だけで性別と満足度の間に連関があるという可能性は否定できない。しかし、帰無仮説が正しいにもかかわらず、たまたま有意な連関が出たという疑いも濃厚である。

このような問題に対するもっとも効果的な対処法は、もう一度、調査するということである。帰無仮説が正しいにもかかわらず、1回目の調査ではたまたま有意な結果が出たとしても、2回目の調査でもまた同じことが起きる確率は非常に低い。2回目の調査でも、大阪では性別と満足度の間に有意な連関があれば、帰無仮説を棄却できるだろう[7]。しかし、きちんとランダム・サンプリングした質の高い調査をするのには、時間とお金がかかる。

もう1つの対処法は、大阪でだけ性別と満足度の間に連関があることを、既存の知識や理論に照らして、うまく解釈できるか検討してみることである。例えば、大阪では女性の社会的地位が他の地域に比べて高いということが知られていれば、大阪でだけ性別と満足度に連関があることにも説明がつく。そして社会的地位の高さが満足度を高めるのならば、女性の社会的地位の高いほかの都道府県でも、同じように女性の満足度が相対的に高いはずである。例えばもしも兵庫県でも女性の地位が高いならば、兵庫でも性別と満足度の間に連関があるはずである。兵庫で予想どおりの結果が出れば、大阪での連関も偶然ではない可能性が高まる。このようにデータをうまく解釈できる理論を作り、その理論から経験的な予測を行うことを**デリベーション (derivation)** という[8]。

ただし、1次のクロス表の数がそれほど多くなければ、全体としての第1種の過誤について神経質になる必要はない。例えば、民族的アイデンティティの例では、2つの1次のクロス表を検定したが、個々のクロス表を5%水準で検定する場合、全体としての危険率は、$1 - 0.95^2 = 0.098$ である。9.8%という数字が大きすぎるならば、個々のクロス表を1%水準で検定すればよい。その場合、全体としての危険率は、$1 - 0.99^2 = 0.020$ である。

この問題は対数線形モデルやロジスティック回帰分析を用いることで、うまく対処できるだろう。

■**練習問題** 71ページの表6.7を2つの1次の表とみなして、イエーツの連続性の補正をしてカイ二乗検定を行いなさい。

---

[7] 学術雑誌などでは、**新しい発見**をした研究でなければ評価されないために、既存の研究と同じデータを採集して、同じ分析をするような研究は軽んじられがちである。しかし、たかだか1回の調査結果からわかったことは、つねにサンプリングの際の偶然によって生じただけで、母集団には一般化できない可能性がある。繰り返し既存の分析結果を再検討する価値は、強調しておきたい。

[8] デリベーションについては、高坂 [25] が秀逸なので、ぜひ参照されたい。

6.6 練習問題

1. 内婚とは似通った社会的出身をもつものどうしの婚姻を意味する。しかし、内婚の程度は社会的コンテキストによって異なっている。ここで、表 6.11 のようなデータが得られたとしよう。行パーセントまたは列パーセントを計算し、出身地が内婚に及ぼす影響を述べなさい。

表 6.11 夫婦の宗派と出身地（ボーンシュテット, ノーキ [3] の 302 ページの表より作成）

			夫の宗派	
			カトリック	プロテスタント
都市	妻の	プロテスタント	30	60
出身	宗派	カトリック	30	20
農村	妻の	プロテスタント	10	80
出身	宗派	カトリック	20	5

2. 表 6.12 は、米国で 1992 年から 1994 年にかけて行われた調査の結果である。(a) 列パーセントを計算し、(b) 2 つの 1 次の表に関して、それぞれ必要十分な数だけオッズ比を計算しなさい。(c) 以上の結果から、白人は黒人やラテンよりも高い職位につく傾向が強いと言えるか。論じなさい。(d) 黒人とラテンの間に格差はあるか。論じなさい。

表 6.12 男女エスニシティ別職位（Elliott and Smith [6] 372 ページ表 2 より作成）

職位	男性			女性		
	白人	黒人	ラテン	白人	黒人	ラテン
上級管理職	104	46	54	68	47	20
下級管理職	84	82	75	83	136	51
一般労働者	325	326	398	415	702	464

3. 表 6.12 から計算した女性の 1 次の表のオッズ比を帰無仮説 $\theta = 1$ として検定しなさい。ただしエスニシティの比率は固定されているものとみなす。

4. 表 6.12 から男女の 1 次の表に関して、それぞれグッドマンとクラスカルの τ を計算しなさい。

第7章

3つ以上の変数の因果関係

3つ以上の変数の因果関係をよく考え、それに対応したクロス表を作るのが、調査データの分析では肝要である。6章で述べたように、多重クロス表を作る主な理由は、媒介関係や疑似関係があるかどうかを確認することである。このときに、問題関心にあった多重クロス表を作り、それを適切に解釈することが必要である。唯一の妥当な方法があるわけではないが、典型的な例を挙げて考えよう。

7.1 疑似的な連関の検討

今、出身家庭の経済的豊かさと子供の大学進学率の間に連関があるかどうかを知りたいとしよう。当然、

仮説 7.1 経済的に豊かであるほど子供の大学進学率は高まる。

という仮説が考えられる。大学に通うためには、学費や生活費などお金がかかるし、その間は働くことができない。そのため経済的に余裕がなければ大学には進学することは難しい。このような仮説を**経済仮説**と呼ぶことにしよう。

経済仮説のように、分析全体を通してその正しさを確かめようとする仮説を**中心仮説**と呼ぶことにしよう（このような用語が一般的にあるわけではない）。中心仮説は、単に2つの変数に連関があるというだけではなく、なぜ、どのように連関が生じるのか、具体的にそのメカニズムを特定したものである。この中心仮説の正しさを以下では考えていく。表7.1 は、1995 年に 20〜69 歳の男女に親の経済的豊かさ[*1]と本人の最終学歴をたずねた結果である。

[*1] 14 個の資産項目のうち本人が 15 歳のとき家にあったものの数（持家、自家風呂、ラジオ、テレビ、冷蔵庫、自転車、自動車、ピアノ、電話、応接セット、文学全集・図鑑、株券または債権、美術品・骨董品、別荘）

表 7.1　出身家庭資産量と本人大学進学率のクロス表（1995 年 SSM 調査 [40] より）

		本人大学進学		合計
		非進学	進学	
出身	4 以下	721 (91.4%)	68 (8.6%)	789 (100%)
家庭	5〜8	863 (80.7%)	207 (19.3%)	1070 (100%)
資産	9〜14	414 (52.8%)	370 (47.2%)	784 (100%)
合計		1998 (75.6%)	645 (24.4%)	2643 (100%)

$$X^2 = 342.1, \quad G^2 = 338.5$$

表 7.1 を見ると、資産が多いほど大学進学率が高い。このことから、経済仮説が正しいと考えていいだろうか。もちろんこの表だけからでは、そうは言えない。疑似的な関係や媒介関係の有無を検討する必要があるからである。第 1 に、出生コーホートの影響を除去する必要がある。若いコーホートほど豊かな傾向があり、若いコーホートほど大学数と定員が増えて進学が容易になっているので、経済的な豊かさが進学率を高めていない可能性もある。

ここで棄却しようとしている仮説（つまり帰無仮説）は、図 7.1 の左側のように表される。もしも出生コーホートでコントロールしたとき、カイ二乗検定が有意にならなけれ

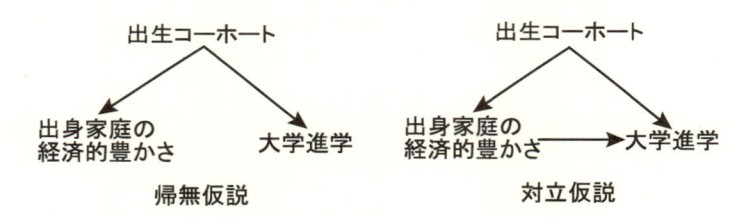

図 7.1　疑似的な関係（帰無仮説：左）とコントロール後も残る連関（対立仮説：右）

ば、経済仮説は誤りであったと判断すべきである。それに対する対立仮説は、図 7.1 の右側のように表される。出生コーホートでコントロールしても、出身家庭の資産量と大学進学の間に有意な連関があれば、この分析結果は、出生コーホートの影響を除去しても、2 変数の間に連関があることを示しており、経済仮説を支持している。

ここで注意しなければならないのは、仮に対立仮説が正しくても、経済仮説が正しいと証明できたというわけではないということである。出生コーホートのほかにも、疑似的な連関を生み出しそうな第 3 変数は他にもある。例えば父や母の学歴、職業がそうである。これらの変数をすべてコントロールしても、出身家庭の資産量と大学進学の間に有意な連関があった場合、はじめて経済仮説はかなり説得力を持ってくる。ここで検討して

7.1 疑似的な連関の検討

いるのは、2 変数の連関は、出生コーホートによる疑似的な連関かどうかという点だけである。

それでは、本人の出生年でコントロールした表を見てみよう。表 7.2 を見ると、3 つの出生コーホート[*2]において 1% 水準で有意な連関が見られる。したがって、2 変数の連関は、出生コーホートによって生じた疑似的な連関ではなかった（つまり対立仮説が正しかった）ということである。表 7.2 の 1926～1941 年のコーホートの 1 次のクロス表に見出せる連関は、コーホートによって生じたものではない。なぜなら、この 1 次のクロス表に属する人々は、すべて同じコーホートに属しているのであり、したがってコーホートの違いが、資産や進学率の違いを生んでいるのではない。

表 7.2　出生年 × 出身家庭資産 × 本人大学進学率の 3 重クロス表（1995 年 SSM 調査 [40] より）

本人出生年		本人大学進学		合計
		非進学	進学	
1926～41 年	4 以下	527 (91.7%)	48 (8.3%)	575 (100%)
出身家庭	5～8	224 (86.2%)	36 (13.8%)	260 (100%)
資産	9～14	30 (60.0%)	20 (40.0%)	50 (100%)
	合計	781 (88.2%)	104 (11.8%)	885 (100%)
	$X^2 = 46.0^{**}, G^2 = 34.0^{**}$			
1942～58 年	4 以下	187 (91.7%)	17 (8.3%)	204 (100%)
出身家庭	5～8	462 (82.1%)	101 (17.9%)	563 (100%)
資産	9～14	167 (54.0%)	142 (46.0%)	309 (100%)
	合計	816 (75.8%)	260 (24.2%)	1076 (100%)
	$X^2 = 119.9^{**}, G^2 = 116.8^{**}$			
1959 年～75 年	4 以下	7 (70.0%)	3 (30.0%)	10 (100%)
出身家庭	5～8	177 (71.7%)	70 (28.3%)	247 (100%)
資産	9～14	217 (51.1%)	208 (48.9%)	425 (100%)
	合計	401 (58.8%)	281 (41.2%)	682 (100%)
	$X^2 = 27.9^{**}, G^2 = 28.5^{**}$			

** 1% 水準で有意

ここで行った多重クロス表分析の手続きについておさらいしてみよう。

1. 分析の焦点になる 2 つの変数を決め、その間の関係について中心仮説をたてる。いま扱っている例では、出身家庭の資産量と大学進学の有無が焦点となる 2 つの変数である。この 2 つの変数の間に中心仮説で想定したような因果関係があるのかどうかが分析の焦点になる。
2. 分析の焦点となる 2 変数の 0 次のクロス表を作り、連関の有無をカイ二乗検定など

[*2] 本来ならもっと細かく分けたい（10 歳刻みにするのがふつう）が、紙幅の都合で 3 つに分けた。

を用いてチェックする。ここで連関がなければ、ふつうそこで帰無仮説が採択されて分析は終わりだが、疑似的な無連関（本当は因果的な連関があるのに第 3 変数の影響で、その連関が 0 次のクロス表に現れていない）の可能性もあるので、そのような場合は、さらに検討が必要になる。連関があっても、やはり第 3 変数によって疑似的に生じた連関である可能性があれば、さらに検討が必要である。

3. 2 変数の両方を因果的に規定していそうな変数をさがし、第 3 変数としてコントロールする。もしもそのような第 3 変数がなければ、焦点となる 2 変数の間になんらかの因果関係があることは、ほぼ確かだ。この例の場合は、出生コーホートが第 3 変数として用いられた。
4. 第 3 変数の値によって分けられた複数の 1 次のクロス表に関して、カイ二乗検定などを用いて連関の有無を検討する。すべての 1 次のクロス表で有意な連関があれば、第 3 変数による疑似的な連関であるという帰無仮説は棄却され、対立仮説が採択される。

当たり前のことだが、クロス表は、連関の有無は教えてくれるが、因果の向きは教えてくれない。また、どのような第 3 変数を検討すべきかは、一概には言えない。ふつう年齢や性別がコントロールされることが多いが、それ以外にも必要なものがあるかもしれない。適切な第 3 変数を知るためには、研究している分野や問題についての深い知識が要求されるし、探索的な分析も必要であろう。

7.2 媒介的な連関の検討

経済仮説は、豊かでないと大学に通うためのさまざまな費用がまかなえないというメカニズムを想定する仮説であった。しかし、別のメカニズムも想定できる。お金があれば、塾や家庭教師を利用できるし、静かで快適な個室で勉強することもできる。そのため、成績がよくなり、成績がよいから、大学に合格して進学しているのかもしれない。ここでのメカニズムは、図 7.2 の左側のように表せる。図 7.1 との違いは、第 3 変数と出身家庭の

図 7.2 媒介関係（帰無仮説：左）と間接効果と直接効果がある関係（対立仮説：右）

資産量の間の因果の向きである。これが今から検討する帰無仮説である。これに対して、対立仮説は、成績でコントロールしても、2 変数の連関は存在するという仮説である。こ

(a) X を、学歴と職業の2つの変数の関連性を検討しているような、0 次のロの1次である。有意な関連が発見された。次に、第3変数として、収入を投入して、学歴と職業の間に、未だに直接的な連関があるかを検討したい。

(b) X を、職業とインターネット利用率の2つの変数の関連性を検討しているような、0 次のロの1次である。有意な関連が発見された。次に、第3変数として、収入を投入して、職業とインターネットの間に、未だに直接的な連関があるかを検討したい。

(c) X を、学歴と職業の2つの変数の関連性を検討しているような、0 次のロの1次である。有意な関連が発見された。次に、第3変数として、収入を投入して、学歴と職業の間に、未だに直接的な連関があるかを検討したい。

2. 働く女性の増加が子どもたちの学力水準にどのような影響を与えているのかといった、性別と学力との間に第3変数を考えたような関係。

3. 学歴と政治的保守主義との有の相関が、年齢を共通原因とする疑似的関係である。こと仮に、この疑似的関係がどのような因果的経路によって起こるかを説明せよ。

7.3 尤度比統計量

この章では、すべての章で X^2 よりも G^2 という統計量を利用してきた。これは尤度比統計量 (likelihood ratio statistic) である。G^2 も尤度統計量は、ピアソンの度数統計量 X^2 と同じ役割を果たすカイ二乗分布である。X^2 が分かりやすい二項推定に用いることができる。同、9 章で学ぶ対数線形モデルの検定にしばしば用いられるので、ここで導入しておく。尤度比統計量の値は、

$$G^2 = 2 \sum_{\text{cells}} n_{ij} \log_e \frac{n_{ij}}{\hat{\mu}_{ij}} \tag{7.1}$$

で計算される。e は自然対数の底と呼ばれる無理数で $2.71828459...$である。

7.3.1 対数の計算のおさらい

例えば、$2^3 = 8$ である。これを逆に考え、2 を何乗すれば、8 になるかが答えは3である。2 を x 乗したものを 8 になるとすれば、$x = \log_2 8 = 3$ である。これが対数である。

一般に、

$$a^x = y \iff x = \log_a y \tag{7.2}$$

7.2 統計的な運関の検出

より、図7.2の右側で表される。健が的な関係を検討する場合、帰無仮説が正しくないとしても、2変数の間に因果的な関係があることには、変わりはない。ただし、ここで問題となっているのは、その因果的なメカニズムであり、どのような機構で健者が非健者に影響を及ぼすといいうことである。もしも帰無仮説が正しければ、経済的健者として健者を積者から区別しているいは働いていないことになる。

※以外中高3年生のその後の健議の自己評価を3番3変数としてコントロールしたのが、表7.3である。 繁雑さを省らないので、χ値検定を見略し、グパーセントだけが果現している。表7.3を見ると、3つの旅において1%水準で有意な関連が育出り、帰無仮説は棄却される。

表7.3 喫煙家庭要と本人な喫煙者と中3時度議員己評価(1995年SSM調査[40]より)

	中3時度議員己評価	合計		
		非健者	健者	
下・ゃゃ下	4以下	99.2%	0.8%	119人
	用者家族5~8	96.4%	3.6%	197人
	雑8~14	82.2%	17.8%	90人
	合計	94.1%	5.9%	406人
	$X^2 = 30.3^{**}, G^2 = 26.0^{**}$	382人	24人	100%
中人算	4以下	92.2%	7.8%	232人
	用者家族5~8	85.8%	14.2%	436人
	雑8~14	62.9%	37.1%	340人
	合計	79.6%	20.4%	1008人
	$X^2 = 91.1^{**}, G^2 = 89.4^{**}$	802人	206人	100%
上・ゃゃ上	4以下	73.6%	26.4%	129人
	用者家族5~8	59.8%	40.2%	306人
	雑8~14	32.1%	67.9%	318人
	合計	50.5%	49.5%	753人
	$X^2 = 81.4^{**}, G^2 = 83.6^{**}$	380人	373人	100%

**水準で有意

■問題

1. 以下のような状況それぞれについて、次の3つの間に答えなさい。(ア) 3種プロセスを作ると想定し、コンロールする変数にするどうか。(イ) 検討しようとする2変数と、3変数の間に光印を用いて図示しなさい。(ウ) 検討しています2間関係は、疑似的関係か、それとも経済的な関係か。

※3 中等3年生のその後の健議は「あなたの中学校3年生のその時のクラスでいうたばこをすっていた人がありますと、次のうちかどうほとんどその人を選んでください。1人のうち、2人のうち、3人の中のあなた、4人のうち、5人のうち、5人の」。

7.3 尤度比統計量

である。ここで a を底、y を真数、x を指数と呼ぶ。一般に、以下のような公式が成り立つ。

$$a^0 = 1, \quad \log_a 1 = 0 \tag{7.3}$$

$$a^1 = a, \quad \log_a a = 1 \tag{7.4}$$

$$\log_a(y \times z) = \log_a y + \log_a z \tag{7.5}$$

$$\log_a y^b = b \log_a x \tag{7.6}$$

$$\frac{\log_a x}{\log_a z} = \log_z x \tag{7.7}$$

$$\log_z x = \frac{1}{\log_x z} \tag{7.8}$$

$$a^{(x+y)} = a^x \times a^y \tag{7.9}$$

$$(a \cdot b)^x = a^x \cdot b^x \tag{7.10}$$

$$(a^x)^y = a^{xy} \tag{7.11}$$

指数は負の値をとってもよい。一般に x を正の整数とすると、

$$a^{-x} = \frac{1}{a^x} \tag{7.12}$$

である。例えば、$2^{-3} = \frac{1}{2^3} = \frac{1}{8}$ である。また、指数は整数でなくてもよい。例えば、

$$a^{1/2} = \sqrt{a} \tag{7.13}$$

である。例えば、$3^{1/2} = \sqrt{3} = 1.7320508\cdots$ である。また、$a^{1/3}$ は a の **3 乗根**と呼ばれ、3 乗すると a になる数値である。例えば、$2^{1/3} = 1.259921\cdots$ である。実際に $1.259921^3 = 2.000\cdots$ になるかどうか確認してみるとよい。同様にして、4 乗根、5 乗根、などなどについても計算できる。指数は分数でなく少数で表記してもよい。例えば、$a^{1/2} = a^{0.5}$, $a^{1/5} = a^{0.2}$ である。

対数や指数の計算はしばしば手計算では不可能である。尤度比統計量の計算で e を底とした対数を計算したが、このような対数を**自然対数 (natural logarithm)** という。自然対数は、底を省略して $\log x$ と表記されたり、$\ln x$ と表記されたりする。自然対数は対数線形モデルやロジスティック回帰分析で用いられるので、おぼえておくと役に立つ。また、自然対数を使って、次のような操作がしばしばなされるので、おぼえておくと便利である。

$$\log y = x \iff y = e^x \tag{7.14}$$

例えば、$\log y = x + 1$ ならば $y = e^{x+1}$ であるし、$e^z = y + 2$ ならば $z = \log(y+2)$ である。e^x は $\exp(x)$ とも表記することがある。例えば、

$$\exp(3) = e^3 = 2.718^3 = 20.09 \tag{7.15}$$

である。このような関係は、底が e でなくても一般に成り立つが、この本の扱う範囲では、e 以外の底が用いられることはない。

x と $\log x$ の関係をグラフに表したのが、図 7.3 である。すでに述べたように、$x = 1$ のとき $\log x$ は 0 になる。$0 < x < 1$ のとき、$\log x$ は、マイナスの値をとる。$x > 1$ のとき $\log x$ はプラスの値をとる。

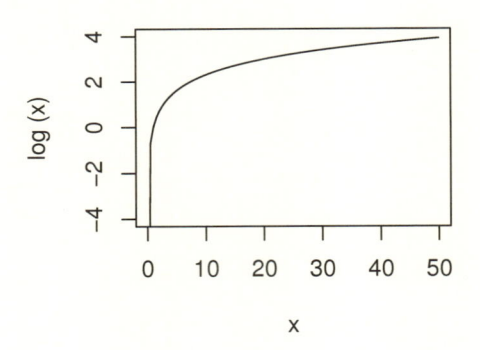

図 7.3 対数のグラフ

■**問題** 次の対数と指数を計算しなさい。
(a) $\log_2 16$, (b) $\log_3 9$, (c) $\log_5 1$, (d) $\log_2 \frac{1}{2}$, (e) $\log_2 \frac{1}{4}$, (f) $\log_3 \frac{1}{27}$, (g) $\log_2 \sqrt{2}$, (h) $\log 0.1$, (i) $\log 0.01$, (j) $\log 9$, (k) $\log 10.245$, (l) $\log 101$, (m) e^2 (n) e^{-1}, (o) 3^{-3}, (p) $5^{0.5}$, (q) $16^{0.25}$, (r) $64^{1/3}$ (s) $e^{2.1}$

7.3.2 尤度比統計量の計算

尤度比統計量の計算はややこしく見えるが、実際の計算は意外と簡単である。(7.1) 式は、以下のように書き直せる。

$$G^2 = 2 \sum_{\text{cells}} n_{ij} \log_e \frac{n_{ij}}{\hat{\mu}_{ij}}$$

$$= 2 \Big(\sum_{\text{cells}} n_{ij} \log n_{ij} - \sum_{i=1}^{r} n_{i\cdot} \log n_{i\cdot} - \sum_{j=1}^{c} n_{\cdot j} \log n_{\cdot j} + N \log N \Big) \tag{7.16}$$

表 7.2 の最初の 1 次のクロス表の尤度比統計量を計算してみよう。まず、すべてのセル度数と周辺度数の自然対数を求め、もとの真数との積をとり、積を取ったものを足し合わせる。これを計算して表にしたのが、表 7.4 である。したがって、尤度比統計量は、

$$G^2 = 2(4991.8 - 5295.1 - 5684.9 + 6005.2) = 34.0$$

表 7.4　尤度比統計量の計算表

セル度数			行周辺度数		
度数	対数	度数×対数	度数	対数	度数×対数
527	6.3	3302.8	575	6.4	3653.8
224	5.4	1212.2	260	5.6	1445.8
30	3.4	102.0	50	3.9	195.6
48	3.9	185.8			
36	3.6	129.0			
20	3.0	59.9			
計		4991.8			5295.1
列周辺度数			総度数		
度数	対数	度数×対数	度数	対数	度数×対数
781	6.7	5201.9	885	6.8	6005.2
104	4.6	483.0			
		5684.9			

自由度は 2 だから、1% 水準で有意である。手計算の場合、2 倍するのをよく忘れるので注意。期待度数を計算する手間がないので、計算の手間は、ふつうのピアソンの適合度統計量 X^2 と大差ない。

■**問題**　表 7.2 の 2、3 番目の 1 次のクロス表の尤度比統計量を求めなさい。

7.4　2 変数同時コントロール

　第 3 変数の候補が複数ある場合、それらを同時にコントロールするのが望ましい。現在扱っている例では、出生コーホートと成績を同時にコントロールするということになる。これは、じゅうぶんにケース数がなければ難しい。しかし、可能ならばやってみるべきである。なぜなら、表 7.2 で 1 次のクロス表に見出せた連関は、成績を媒介として生じているのかもしれないし、表 7.3 で見出した連関はコーホートによって疑似的に生じたものかもしれないからである。ここで検討している帰無仮説を図示すると、図 7.4 の左側のようになる。この図は、資産と大学進学の間には、直接的な連関がなく、それ以外の変数の間には、何らかの連関があることを仮定したものである。これに対して、対立仮説は、図 7.4 の右側のようになる。これは、すべての変数の間に直接的な連関があることを仮定している。4 重クロス表を作り、すべての 2 次のクロス表で有意な連関が見られなければ、帰無仮説が支持され、有意な連関が見られれば、対立仮説が支持される。

　ただし、紙幅が足りないので、4 重クロス表に関して次のような省略を行う。今行っている分析の従属変数は、大学進学の有無であるが、これは 2 値変数である。2 値変数は、一方のカテゴリに属する人の割合がわかれば、他方に属する人の割合もわかる。したがっ

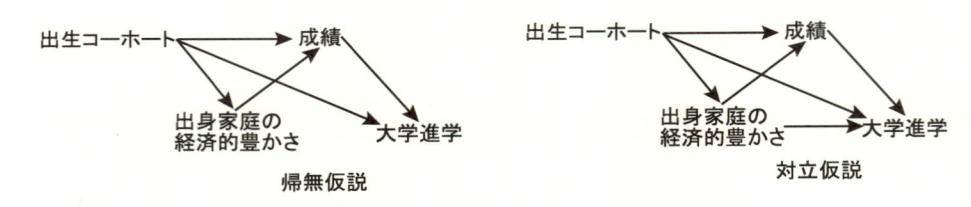

図 7.4 2 変数をコントロールした場合の帰無仮説（左）と対立仮説（右）

て一方のカテゴリに属する人の割合だけ書けば、他方は省略してもかまわない。例えば、表 7.1 は、表 7.5 のように省略して表記しても情報量としてはまったく変わらない。資産量が 4 以下の人は、合計で 789 人おり、そのうち 8.6% が大学に進学していることがわかる。したがって 91.4% は進学しなかったということもわかる。また、789 人のうちの 8.6% は、$789 \times 0.086 = 67.9$ 人であるとわかる。人数が小数をとることはありえないので、この場合、68 人が正しい。このようなことが起きるのは、進学率を四捨五入しているからである。

以上のような表記法を用いて作った 4 重クロス表が、表 7.6 である。

表 7.5 出身家庭資産量と本人大学進学率（省略版）

		本人大学進学率	合計
出身	4 以下	8.6%	789 人
家庭	5〜8	19.3%	1070 人
	9〜15	47.2%	784 人
	合計	24.4%	2643 人

$X^2 = 342.1, G^2 = 338.5$

表 7.6 は、2 つの変数によってコントロールされているので、個々の出身家庭資産 × 大学進学の表を **2 次の表** (second order table) と呼ぶことにしよう。9 つの 2 次の表を見ると、すべての 2 次の表で有意な連関があるわけではないことがわかる。最初のコーホートの成績の低いグループは、大学進学者がゼロであるために、クロス表にならない。カイ二乗検定もできない。残りの 8 つの 2 次の表のうち、4 つで有意な連関が見られる。どの 2 次の表も、資産が多い場合、進学率が上がる傾向があるが、有意でないものも 4 つある。また、最小期待度数が 1 未満のセルも 3 つあり、すべての検定結果が信用できるわけではない。しかし、半分のクロス表で有意な結果が出たことを考えれば、帰無仮説は、棄却されたと考えてよさそうである。したがって対立仮説が支持されるが、資産の大学進学に及ぼす効果は、それほど単純でないことがわかる。一番最近のコーホートを見ると、低成績グループでは、資産の多さが進学率を上げているような傾向は見られない。

7.4 2変数同時コントロール

表 7.6 出生年 × 成績 × 資産 × 進学率（1995 年 SSM 調査 [40] より）

出生年	中3時成績	資産	進学率	合計
1926 ～41年	下・やや下	4以下	0.0	70人
		5～8	0.0	19人
		合計	0.0	89人
	真ん中	4以下	7.3	137人
		5～8	9.4	85人
		9～14	14.3	14人
	$G^2 = .86$	合計	8.5	236人
	上・やや上	4以下	31.1	74人
		5～8	29.5	61人
		9～14	52.4	21人
	$G^2 = 3.8$	合計	33.3	156人
1942 ～58年	下・やや下	4以下	0.0	45人
		5～8	2.7	110人
		9～14	16.7	24人
	$G^2 = 9.9^{**}$	合計	3.9	179人
	真ん中	4以下	8.6	93人
		5～8	10.9	239人
		9～14	33.1	136人
	$G^2 = 33.3^{**}$	合計	16.9	468人
	上・やや上	4以下	17.6	51人
		5～8	36.8	185人
		9～14	65.7	140人
	$G^2 = 46.5^{**}$	合計	44.9	376人
1959 ～75年	下・やや下	4以下	25.0	4人
		5～8	5.9	68人
		9～14	18.2	66人
	$G^2 = 5.5$	合計	12.3	138人
	真ん中	4以下	0.0	2人
		5～8	25.0	112人
		9～14	41.6	190人
	$G^2 = 10.4^{**}$	合計	35.2	304人
	上・やや上	4以下	50.0	4人
		5～8	61.7	60人
		9～14	72.0	157人
	$G^2 = 2.7$	合計	68.8	221人

7.4.1 矢印での図示の方法

　因果関係を矢印で図示するのは、議論を整理するうえで有益かもしれない。しかし、扱う変数が多岐にわたると、因果の向きを特定できないこともある。特にコントロール変数が複数ある場合、コントロール変数間の因果関係は、しばしばわれわれの関心の埒外にある。その場合、何らかの連関があることだけを仮定し、因果の向きを特定しなくても構わない。その場合は、弧を描く両側向きの矢印で変数の間を結ぶのが慣習である。例えば、暴力的な TV 番組の視聴時間が、子供の暴力的な傾向に及ぼす影響を研究していたとしよう。コントロール変数として、親と学校の暴力についての教育姿勢を投入したとしよう。親の教育姿勢と学校の教育姿勢の間には連関があるかもしれないが、それは今、われわれの関心の焦点ではない。その場合、帰無仮説における 4 変数の因果関係は図 7.5 のように図示すべきだろう。

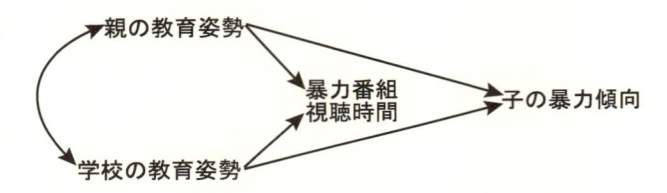

図 7.5　コントロール変数間の因果関係を特定しない場合の図示の例

　一般的にいって、コントロール変数の間には、機械的に連関を仮定することが多い。もちろん絶対にそうしなければいけないというわけではないが、連関を仮定しなかった場合の害が場合によっては著しく大きいのに対して、連関を仮定した場合の害は、あってもごく小さなものである。このことについても対数線形モデルの章（9 章）で、ふれよう。

　それから、因果関係を図示する場合、左から右に向かって矢印を引くことが多い。ただしこれは絶対的な規則ではなく、紙幅やわかりやすさを総合的に勘案して図示すればよい。

■**問題**　以下のような状況それぞれについて、次の 3 つの問に答えなさい。（ア）4 重クロス表を作る場合、コントロール変数にすべき変数はどれか。（イ）検討しようとする帰無仮説と対立仮説を、4 変数の間を矢印で結んで図示しなさい。ただし因果の向きを特定できない場合は、両側向きの矢印 ↔ で結ぶこと。（ウ）検討している関係は、媒介的関係か、それとも疑似的な関係か。

1. 今、学歴と満足感の 2 つの変数の因果関係を検討しているとしよう。0 次のクロス表では、有意な連関が発見された。次に、第 3 変数として、年齢と性別を投入して、学歴と満足感の間に、本当に直接的な連関があるか検討したい。

2. 今、職業とインターネットの利用度の 2 つの変数の因果関係を検討しているとしよう。0 次のクロス表では、有意な連関が発見された。次に、第 3 変数として、収入と性別を投入して、職業とインターネット利用の間に、本当に直接的な連関があるか検討したい。

3. 今、性別と満足感の 2 つの変数の因果関係を検討しているとしよう。0 次のクロス表では、有意な連関が発見された。次に、第 3 変数として、収入と余暇時間を投入して、性別と満足感の間に、本当に直接的な連関があるか検討したい。

7.4.2 条件付き独立の検定

表 7.6 のように、個々の 2 次の表で、検定結果が異なる場合、その解釈は微妙である。まずその複雑な現実を受け止め、クロス表を詳細に検討することが必要だが、結局、帰無仮説を棄却すべきかどうか、ある程度、客観的な基準が必要である。そこで、帰無仮説を以下のように定式化しよう。

帰無仮説: 2 次の表（または 1 次の表）はすべて母集団では独立である。

このような仮説を**条件付き独立 (conditional independence)** という。第 3 変数でコントロールしたという条件のもとでは、2 つの変数は独立であるということである。したがって、これを帰無仮説として検定すればいい。もしも帰無仮説が正しければ、すべての 2 次の表の尤度比統計量の和 $\sum G^2$ もカイ二乗分布する。自由度は、それぞれの尤度比統計量 G^2 の自由度の和である。表 7.6 の場合、尤度比統計量の和は、

$$\sum G^2 = .86 + 3.8 + 9.9 + 33.3 + 46.5 + 5.5 + 10.4 + 2.7 = 112.96$$

である。自由度は、$2 \times 8 = 16$ である。自由度 16 の 1% 水準の限界値は、32.0 であるから、やはり帰無仮説は棄却できる。したがって資産と大学進学の間には、コーホートと成績によって引き起こされたのではない、何らかの直接的な連関があるといってよい。

$\sum G^2$ のかわりに $\sum X^2$ を使ってもよい。結果はほぼ同じである。

ただし、条件付き独立が棄却されたからといって、すべての 2 次の表（または 1 次の表）で連関があるということにはならない。帰無仮説はあくまで「**すべての 2 次の表が独立**」であるから、どれか 1 つの 2 次の表で連関があれば、条件付き独立は棄却されることもある。また、条件付き独立が棄却されなかったとしても、一概に焦点になっている 2 変数の間に連関がないとも言い切れない。この点については、対数線形モデルのモデル選択の節 (9.3 節) でもう一度論じよう。

7.5 期待度数の問題

すでに学んだように、期待度数が小さすぎると、ピアソンの適合度統計量 X^2 は、カイ二乗分布しない。そのことは、尤度比統計量でも同様であるし、尤度比統計量の和を検定する場合にも同様の問題がある。Wickens [48] は、カイ二乗検定する場合、期待度数に関して、次のような条件を付けている。

1. 自由度が 1 の場合、期待度数は、2 または 3 以上であるべき。
2. 自由度が 2 以上の場合、少数のセルにおいて、1 ぐらいの期待度数をとることは、許容できる。
3. 大きな表の場合、20 パーセントまでは、1 よりかなり少ない期待度数をとるセルがあってもよい。
4. サンプル全体の数は、セル数の少なくとも 4, 5 倍はあるべき。
5. 周辺度数が偏っている場合、サンプル数は、かなり多くすべき。

曖昧な基準であるが、表 7.2 と表 7.3 は、明らかにこの基準を満たしている。表 7.6 も、おおむね OK である。検定に用いたセル 48 のうち、1 前後の期待度数をとったのが 5 つ。全体の約 10% にあたる。これは、非常に大きな表であるから、3 番目の基準を適用することになるが、じゅうぶんに満たしている。4 番目の基準に関しては、セル数 48 に対して、度数は 2048 であるから、約 43 倍ある。5 番目の基準の「かなり多く」というのが、どれくらい多くすべきなのかにもよるが、その他の基準を大きくクリアしていることを考えても、この検定は妥当であろう。

■**問題** 表 7.2 と表 7.3 に関して、7.4.2 節で述べた方法を用いて、条件付き独立を検定しなさい。

7.6 練習問題

1. 8 ページの表 2.1 と 48 ページの表 4.12 から、尤度比統計量 G^2 を計算し、独立性を検定しなさい。
2. 80 ページの表 6.12 から、性別でコントロールした場合、エスニシティと職位が条件付き独立か検定しなさい。また、帰無仮説と対立仮説で想定される因果関係を図示しなさい。
3. 表 7.7 は、所属階級と参加団体の連関を検討するために作られた 4 重クロス表である。コントロール変数として性別と調査時点という 2 つの変数が用いられている。
   (a) 所属階級と参加団体にはどのような連関があるか。列パーセントや相関係数の

7.6 練習問題

ような適当な統計量を使って考察しなさい。(b) 4 つの 2 次の表に関して、尤度比統計量 G^2 を計算すると、いずれも 200 以上であった。所属階級と参加団体は条件付き独立かどうか検定しなさい。また、帰無仮説と対立仮説で想定される因果関係を図示しなさい。

表 7.7 時点 × 性別 × 階級 × 参加団体の 4 重クロス表 (Li, Savage and Pickles [27] の 505 ページ表 2 より作成)

		男			女		
		サービス	中	労働者	サービス	中	労働者
1992 年	両方に参加	251	176	147	171	116	37
	市民的グループのみ	435	268	134	373	516	171
	労働者グループのみ	133	167	261	108	161	131
	不参加	251	340	333	271	698	517
1999 年	両方に参加	257	126	141	200	103	40
	市民的グループのみ	455	219	154	396	501	138
	労働者グループのみ	83	117	231	102	133	102
	不参加	312	356	351	285	690	420

サービス：専門職・管理職、 中：下級事務職・自営・技師、 労働者：肉体労働者。
労働者グループ：労働組合、労働者のクラブ、 市民的グループ：労働者グループ以外の集団

第 8 章

回帰分析

　回帰分析は、離散変数ではなく連続変数を従属変数とする分析法である。そういう意味では、この本の趣旨からは外れている。しかし、回帰分析を理解しておくと、対数線形モデルやロジスティック回帰分析を理解するうえで役に立つ。そこで、基本的な考え方だけをここで導入することにしよう。この手法を実際の研究に応用するためには、もっといろいろな知識が必要である。そのためには、ウォナコット [50] や芳賀・野澤・岸本 [14]、チャタジー・プライス [5] のようなテキストにあたられたい。

8.1　散布図

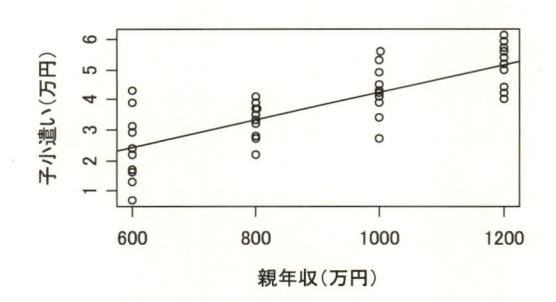

図 8.1　親年収と子小遣いの散布図（架空）

　ある大学で、すべての学生の 1 ヶ月の小遣いと親の年収を調べた。そのうち親の年収が「600 万円」「800 万円」「1000 万円」「1200 万円」の学生をそれぞれ 10 人だけランダムに選んだ。その結果、表 8.1 のような 40 人分のデータが得られたとしよう。図 8.1 は、このデータから、横軸に親年収、縦軸に子小遣いを配置して、個々のケースを点として表したものである。例えば、親年収 600 万円の列の 1 番上の点は、4 万 3 千円ぐらいだが、このケースは、親年収が 600 万円で子の小遣いが 4 万 3 千円だということである。全部で 40 ケースあるので、点も 40 個ある。

8.1 散布図

表 8.1 親年収と子小遣い（架空）

ID	親年収 X	子小遣い Y	回帰直線からの予測値 $\hat{Y}$	残差 $e = Y - \hat{Y}$
1	600	1.3	2.41	−1.11
2	600	2.4	2.41	−0.01
3	600	2.9	2.41	0.49
4	600	2.2	2.41	−0.21
5	600	3.1	2.41	0.69
6	600	1.6	2.41	−0.81
7	600	0.7	2.41	−1.71
8	600	3.9	2.41	1.49
9	600	1.7	2.41	−0.71
10	600	4.3	2.41	1.89
11	800	2.8	3.33	−0.53
12	800	3.7	3.33	0.37
13	800	3.9	3.33	0.57
14	800	3.5	3.33	0.17
15	800	2.2	3.33	−1.13
16	800	3.2	3.33	−0.13
17	800	3.3	3.33	−0.03
18	800	2.7	3.33	−0.63
19	800	3.7	3.33	0.37
20	800	4.1	3.33	0.77
21	1000	5.6	4.25	1.35
22	1000	4.2	4.25	−0.05
23	1000	4.3	4.25	0.05
24	1000	3.9	4.25	−0.35
25	1000	4.1	4.25	−0.15
26	1000	5.3	4.25	1.05
27	1000	2.7	4.25	−1.55
28	1000	4.9	4.25	0.65
29	1000	3.4	4.25	−0.85
30	1000	4.5	4.25	0.25
31	1200	5.6	5.17	0.43
32	1200	4.4	5.17	−0.77
33	1200	5.0	5.17	−0.17
34	1200	4.0	5.17	−1.17
35	1200	5.2	5.17	0.03
36	1200	4.2	5.17	−0.97
37	1200	6.1	5.17	0.93
38	1200	5.7	5.17	0.53
39	1200	5.9	5.17	0.73
40	1200	5.4	5.17	0.23

　図 8.1 のように一方の変数（ふつう独立変数）を横軸に、他方の変数（ふつう従属変数）を縦軸にとって、対応する個々のケースを点として示した図を**散布図 (scatter plot)** という。散布図はふつう 2 つの連続変数の間の関係を見るのに使う。変数が離散だったり、ケース数が多い（例えば 100 ケース以上の）場合、点が重なってしまい使い物にならないことがある。逆に、ケース数が少なく、連続変数を扱えるような場合に、散布図は非常に有用である。例えば、国際データの比較には最適である。

■**問題**　表 8.2 は、1980 年におけるいくつかの国の公的社会支出に占める貧窮扶助費の割合 (%) と、社会保障給付の平等性の指標である。貧窮扶助と給付平等性の散布図を作り、その関係を述べよ。

表 8.2　1980 年における貧窮扶助支出の割合 (%)、社会保障給付の平等性、民間医療支出比（エスピン・アンデルセン [7] 79 ページ表 3-1 より作成）

国名	給付平等性	貧窮扶助	民間医療支出（全体比 %）
オーストラリア	1.00	3.3	36
オーストリア	0.52	2.8	36
ベルギー	0.79	4.5	13
カナダ	0.48	15.6	26
デンマーク	0.99	1.0	15
フィンランド	0.72	1.9	21
フランス	0.55	11.2	28
ドイツ	0.56	4.9	20
アイルランド	0.77	5.9	6
イタリア	0.52	9.3	12
日本	0.32	7.0	28
オランダ	0.57	6.9	22
ニュージーランド	1.00	2.3	18
ノルウェー	0.69	2.1	1
スウェーデン	0.82	1.1	7
スイス	0.48	8.8	35
アメリカ	0.22	18.2	57

8.2　回帰直線の最小二乗推定

図 8.1 の親年収と子小遣いの関係を見ると、個人差はあるものの、親の年収に比例して子の小遣いも高まる傾向が見られる。このような線形の関係[*1]は、**回帰直線 (regression line)** で表すことができる。図 8.1 には、回帰直線が引いてある。親の年収がわかれば、回帰直線から、一定の誤差の範囲で、子供の小遣いが予測できる。もしもすべてのケースがきれいに一直線に並んでいれば、定規を使って回帰直線を引くこともできるだろうが、実際には、すべての点がきれいに一直線に並ぶことはない。その場合、すべての点との距離が遠くならないように、うまく直線を引くことができると便利である。

従属変数を Y、その予測値を $\hat{Y}$、独立変数を X とすると、回帰直線は、

$$\hat{Y} = b_0 + b_1 X \tag{8.1}$$

で書き表される。回帰直線を表す式を**回帰式**ということがある。b_0 は**切片 (intercept)** または**定数項 (constatnt term)** と呼ばれる。b_1 は、**傾き (slope)** または**回帰係数 (regression coefficient)** という。

ところで、この予測値と実際の Y の値の誤差は $E = Y - \hat{Y}$ である。この誤差は**残差 (residual)** と呼ばれる[*2]。i 番目のケースの X、Y、$\hat{Y}$、E の値をそれぞれ X_i、Y_i、$\hat{Y}_i$、

[*1] 線形の関係については、49 ページの 5.1 節を参照。
[*2] 一般に、モデルからの予測値と実測値の間の差を残差と呼ぶ。クロス集計表の分析でも残差という概念が出てきたが、あれも実際の度数と帰無仮説から予測される期待度数との差であった。

8.2 回帰直線の最小二乗推定

E_i と表記することにする。残差を図示すると、図 8.2 のようになる。残差の大きさはケースによって異なる。回帰直線のすぐそばにある場合もあれば、離れている場合もある。

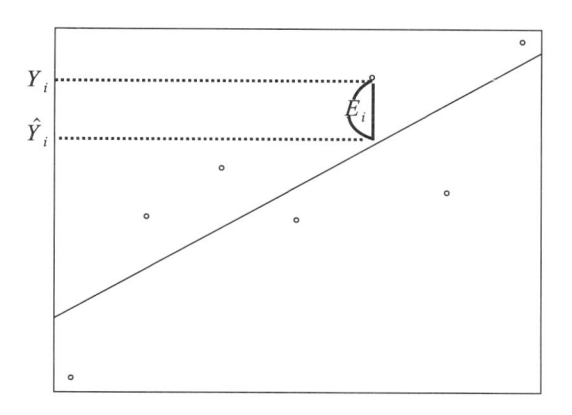

図 8.2 従属変数の値 Y_i と回帰直線による予測値 $\hat{Y}_i$ と残差 E_i

この残差が小さくなるように、b_0 と b_1 の値を推定してやればよい。一般には残差の二乗の和を最小化する推定法が用いられる。これを**最小二乗法 (least square method)** と呼ぶ。具体的には、

$$\sum E_i^2 = \sum \left(Y_i - \hat{Y}_i\right)^2 = \sum \{Y_i - (b_0 + b_1 X_i)\}^2 \tag{8.2}$$

の値を最小にしてやればよい。これが通常の最小二乗 (ordinary least square) の推定法なので、英語を略して **OLS** ともいう。実際に解くには、b_0 と b_1 に関して偏微分し、方程式をとけばよいが、ここでは答えだけを書いておく。X の標準偏差を S_X、X と Y の共分散を S_{XY} [3]、X と Y の平均値をそれぞれ $\bar{X}, \bar{Y}$ とすると、

$$b_0 = \bar{Y} - b_1 \bar{X} \tag{8.3}$$
$$b_1 = \frac{S_{XY}}{S_X^2} \tag{8.4}$$

である。

例えば、親年収と子小遣いの例の場合、親年収を X 万円、子小遣いを Y 万円とすると、

---

[3] 共分散の計算については、50 ページの 5.1.1 項を参照。

表 8.1 から

$$\bar{X} = 900, \quad \bar{Y} = 3.79$$
$$S_X^2 = 50000, \quad S_{XY} = 230$$
$$b_1 = \frac{230}{50000} = 0.0046$$
$$b_0 = 3.79 - 0.0046 \cdot 900 = -0.35$$

である。つまり

$$\hat{Y} = -0.35 + 0.0046X \tag{8.5}$$

が回帰直線の式である。この式からは、親の年収が 1 万円上がれば、子の小遣いが 0.0046 万円（46 円）上がることが予測される。つまり親の年収が 100 万円上がれば、子の小遣いが 4600 円上がると予測される。また、親の年収が 900 万円だとすれば、子の小遣いは、$\hat{Y} = -0.35 + 0.0046 \times 900 = 3.79$ 万円であると予測される。

■問題　表 8.2 から、貧窮扶助を従属変数、給付平等性を独立変数とみなして、最小二乗法で、回帰直線の切片と傾きを求め、回帰直線を散布図に書き込みなさい。また、求めた回帰式から、給付平等性＝0.5 のときの貧窮扶助の支出割合を予測しなさい。

8.3　推定値の区間推定と検定

　データがランダム・サンプリングによって得られた場合、サンプルから母集団における回帰直線をどうやって推定するかが問題になる。つまり母集団全体で散布図を作り、回帰直線を引いた場合、その切片と傾きをそれぞれ β_0, β_1 とすると、β_0 と β_1 がどれぐらいの値をとるかが問題になる。

8.3.1　OLS で推定と検定をするための条件

　サンプリングの際の偶然によって、サンプルでの切片と傾き b_0 と b_1 は、母集団の切片と傾き β_0, β_1 よりも大きな値をとったり小さな値をとったりする。しかし、$\beta_0 - b_0$ と $\beta_1 - b_1$ は、**母集団**に関して次の仮定がすべて満たされるとき、平均 0 の正規分布をする。

等分散性の仮定：　X がある値 x_i をとるときの Y の分散 σ_i^2 はどの x_i に対しても同じである。例えば、図 8.1 においては、$X = 600$ 万円のときも $X = 1000$ 万円のときも、Y の値は、ほぼ同じ間隔でばらついているのがわかるだろう。母集団においても同じように Y が分布しているならば、切片と傾きの誤差は平均 0 の正規分布をする。逆に図 8.3 の左側のように分布していれば、X の値によって、Y の分散が異なるため、β_0 と β_1 の推定は、通常の最小二乗法では難しくなる。

8.3 推定値の区間推定と検定

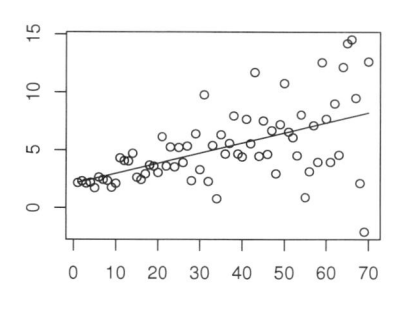

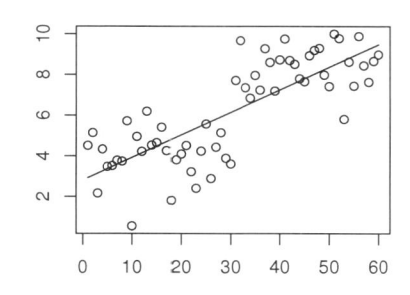

図 8.3 母集団において X の値が大きくなるにつれて Y の分散が大きくなる場合（左）と Y の平均が回帰直線上にない場合（右）（いずれも OLS では β_0 と β_1 の推定が困難）

不偏性の仮定: X がある値 x_i をとるときの Y の平均値 $\bar{Y}_i$ は、真の回帰直線 $\hat{Y} = \beta_0 + \beta_1 X$ 上にある。例えば、図 8.1 においては、$X = 600$ 万円のときも $X = 1000$ 万円のときも、Y の平均値は、回帰直線のあたりにあるのがわかるだろう。しかし、図 8.3 の右側のような場合、例えば、$X = 20 \sim 30$ のとき、Y はほぼすべて回帰直線の下にあり、明らかにその平均値は、回帰直線から予測される値 $\hat{Y}$ よりもずっと小さい。母集団でこのように Y が分布している場合、β_0 と β_1 の推定はふつうに Y を X に回帰させるだけでは難しい。

Y_i の独立性の仮定: 確率変数 Y_i は互いに独立である。ケースをサンプリングする際に、i 番目のケースがどのような Y_i をとるかは、サンプリングの際の偶然に依存している。したがって通常のランダム・サンプリングの手続きにしたがっていれば、この仮定は満たされる。しかし、例えば、1 番目のケースがたまたま小遣いの非常に多い学生であったとしよう。この学生は調査が終了し、調査員が帰った後、友人のやはり小遣いの非常に多い学生 10 数人にこの調査のことを話し、面倒な調査なので面接を拒否するよう勧めたとしよう。このようなことがもしも起きると、1 番目に選ばれた人が小遣いの多い学生であったために、その後、小遣いの多い学生が対象者として選ばれる確率が下がってしまったことになる。この場合、OLS による β_0 と β_1 の推定は正確でない。

残差と独立変数の独立: 残差の大きさが独立変数の値に依存する場合、OLS による β_0 と β_1 の推定はできない。ただしこの条件は、X が固定されていない場合にだけ必要である。X が固定されていれば、満たす必要はない。X が「固定」されているとは、X の値 x_i がサンプリングの際の偶然によって確率的に変化しないということである。例えば、被験者 30 人をランダムに 10 人ずつの 3 グループに分けて、1 つのグループには数学の講義を 1 時間だけ、もう 1 つのグループには 2 時間、最後の

グループには3時間聞かせて、そのあと数学の試験を行い成績を調べたとしよう。試験の成績を従属変数、受けた講義の時間を独立変数とすると、彼らが受ける講義の時間は、実験者によってあらかじめ「固定」されており、変化しない。したがって残差の影響を受けない。残差とは何か？ 残差とは回帰直線の予測値と実際の Y の値の差であった。この残差は、測定誤差によって生じることもある。例えば数学の試験の成績は、被験者の真の実力を正確に測っていないかもしれないし、採点者が点数の計算をまちがえるかもしれない。また、残差は測定していないその他の要因によって生じているかもしれない。例えば、数学を好きな人は同じ時間講義を受けても数学が嫌いな人よりも数学の成績がよいはずである。これが残差を作り出している可能性がある。しかし、実験的に受ける講義の時間を「固定」しなければ、数学の好きな人ほど講義を長時間受ける傾向があるだろう。すると独立変数である受講時間と残差の一部である「数学好き度」は独立ではないため、OLSによる推測は正確でない。

以上3つまたは4つの条件が満たされる場合、b_0 と b_1 を2つのパラメータ β_0 と β_1 の推定値 $\hat{\beta}_0$ と $\hat{\beta}_1$ としてそれぞれ使うことができる。$\hat{\beta}_0$ と $\hat{\beta}_1$ は以下のような平均と標準誤差の正規分布をする。

$$\hat{\beta}_0 \text{の平均} = \beta_0, \quad \hat{\beta}_1 \text{の平均} = \beta_1 \tag{8.6}$$

$$s_{\hat{\beta}_0} = \sigma \cdot \sqrt{\frac{1}{N} + \frac{\bar{X}^2}{\sum(X_i - \bar{X})^2}} \tag{8.7}$$

$$s_{\hat{\beta}_1} = \frac{\sigma}{\sqrt{\sum(X_i - \bar{X})^2}} \tag{8.8}$$

ただし、σ は母集団での残差 E の標準偏差、N はケース数である。σ はふつうわからないのでサンプルからの推定値 $\hat{\sigma}$ をしばしば用いる。残差の標準偏差の推定値は、

$$\hat{\sigma} = \sqrt{\frac{\sum(E_i - 0)^2}{N-2}} = \sqrt{\frac{\sum(Y_i - \hat{Y}_i)^2}{N-2}} \tag{8.9}$$

である [4]。

---

[4] 不偏性の仮定が満たされていれば、残差の平均値は必ず0になる。不偏性の仮定が満たされていれば、$X = x_i$ のときの Y の平均値は $\hat{Y}$ であった。したがって $X = x_i$ のとき残差 E の平均値は、

$$\sum E/N = \sum(Y - \hat{Y})/N = \sum Y/N - \sum \hat{Y}/N = \hat{Y} - \hat{Y} = 0 \tag{8.10}$$

となる。これがすべての x_i についてなりたつから、全体の残差の平均値も0になる。

8.3 推定値の区間推定と検定

親の年収と子の小遣いの例の場合、表 8.1 より、$\hat{\sigma} = 0.8366$、$\bar{X} = 900$、$\sum(X_i - \bar{X})^2 = 2000000$、であるから、

$$s_{\hat{\beta}_0} = \sigma \cdot \sqrt{\frac{1}{N} + \frac{\bar{X}^2}{\sum(X_i - \bar{X})^2}} = 0.8366 \cdot \sqrt{\frac{1}{40} + \frac{900^2}{2000000}} = 0.549$$

$$s_{\hat{\beta}_1} = \frac{\sigma}{\sqrt{\sum(X_i - \bar{X})^2}} = \frac{0.8366}{\sqrt{2000000}} = 0.000592$$

である。

(8.7) 式と (8.8) 式からわかることは、

1. 残差の標準偏差 σ が小さいほど、切片と傾きの標準誤差も小さくなる。
2. ケース数が多いほど、切片と傾きの標準誤差も小さくなる。
3. X のばらつきが大きいほど、切片と傾きの標準誤差は小さくなる。

ということであろう。したがって、母集団に対して正確な推定をするためには、大きなサンプルを使い、できるだけ誤差の少ない回帰式をたて、独立変数が大きなばらつきを持つよう工夫する必要がある。

■**問題** 98 ページの表 8.2 のデータを母集団からランダム・サンプリングされたデータとみなして、回帰直線の切片と傾きの標準誤差を計算しなさい。

8.3.2 切片と傾きの区間推定と検定

標準誤差がわかれば、平均値や相関係数のときと同じように t 分布を使って切片と傾きの信頼区間を推定したり、検定をしたりすることができる。ただし t 分布の自由度は $N - 2$ である。親年収と子小遣いについて β_0 と β_1 の 95% 信頼区間を計算してみよう。$b_0 = \hat{\beta}_0 = -0.35$、$b_1 = \hat{\beta}_1 = 0.0046$ である。自由度は

$$\text{自由度} = N - 2 = 40 - 2 = 38 \tag{8.11}$$

であるから、t 分布の両側 5% 水準の限界値を 232 ページの t 分布表から求めると

$$t_{38, 0.05} = 2.04 \tag{8.12}$$

である[*5]。したがって、

$$\hat{\beta}_0 \pm t_{38, 0.05} \times s_{\hat{\beta}_0} = -0.35 \pm 2.04 \times 0.549 = -1.47 \sim 0.77 \tag{8.13}$$

$$\hat{\beta}_1 \pm t_{38, 0.05} \times s_{\hat{\beta}_1} = 0.0046 \pm 2.04 \times 0.000592 = 0.0034 \sim 0.0058 \tag{8.14}$$

[*5] 自由度 38 は t 分布表にないので、自由度 30 の限界値で代用している。自由度 40 の限界値で代用してもいいが、「保守的」な方針をとっておく。

である。この信頼区間の中に 0 が含まれていなければ、両側 5% 水準で帰無仮説 $\beta_0 = 0$, $\beta_1 = 0$ をそれぞれ棄却できる。親年収と子小遣いの例では、β_0 の信頼区間には 0 が含まれているので、帰無仮説は棄却でない。β_1 の信頼区間には 0 が含まれていないので、帰無仮説を棄却できる。

また、1% 水準での検定・区間推定も、片側検定も相関係数のときとまったく同じように行うことができる。

■**問題** 98 ページの表 8.2 のデータを母集団からランダムサンプリングされたデータとみなして、回帰直線の切片と傾きの 95% 信頼区間を求めなさい。また、片側 1% 水準で検定しなさい。

8.3.3 OLS が利用可能かどうかのチェック

検定や推定をする場合、等分散性の仮定、不偏性の仮定、残差の独立性の仮定、の 3 つを母集団が満たしているかどうか、サンプルから簡単にチェックしておく必要がある。もしも 3 つのうちいずれか 1 つ以上が満たされていないことが明らかならば、通常の最小二乗法 (OLS) の利用はあきらめるべきである。さもないと、まちがった推測を母集団に対してしてしまうことになりかねない。

母集団で等分散性の仮定が成り立っているかどうかは、サンプルから推測するしかない。独立変数を適当な間隔に区切って、それぞれ分散を計算し、その大きさが著しく異なっていないか検討する必要がある。一説によれば、$\hat{\sigma}_i$ の最大値が $\hat{\sigma}_i$ の最小値の 3 倍以下なら、実質的に問題ないともいわれている [14]。親年収と子小遣いの例の場合、親年収別に子小遣いの標準偏差の推定値を計算すると（母集団の標準偏差の推定値の計算は 30 ページの 3.5.1 項を参照）、

$$X = 600 \text{ 万円のとき} \quad \hat{\sigma}_{600\text{万}} = 1.15$$
$$X = 800 \text{ 万円のとき} \quad \hat{\sigma}_{800\text{万}} = 0.60$$
$$X = 1000 \text{ 万円のとき} \quad \hat{\sigma}_{1000\text{万}} = 0.86$$
$$X = 1200 \text{ 万円のとき} \quad \hat{\sigma}_{1200\text{万}} = 0.73$$

となる。この場合 $X = 600$ 万円のとき $\hat{\sigma}$ が突出して大きい。しかし、3 倍という基準の範囲内なので、このまま OLS で推定してもよいだろう。

不偏性の仮定は、母集団では Y の平均値が回帰直線上にあるということである。これもサンプルから推測するしかない。$X = X_i$ のときのサンプルでの Y の平均値 $\bar{Y}_i$ と回帰直線の予測値 $\hat{Y}$ をそれぞれ計算してみて、著しい乖離がないかチェックしてみる。例えば親年収と子小遣いの例では、$X = 600$ 万円のときの Y の平均値を $\bar{Y}_{600\text{万}}$ とすると、

表 8.1 より

$$\bar{Y}_{600\,万} = (1.3 + 2.4 + 2.9 + 2.2 + 3.1 + 1.6 + 0.7 + 3.9 + 1.7 + 4.3)/10 = 2.41 \tag{8.15}$$

である。また、$X = 600$ 万円のときの回帰直線からの予測値 $\hat{Y}_{600\,万}$ は (8.5) 式より

$$\hat{Y}_{600\,万} = -0.35 + 0.0046 \times 600\,万$$
$$= 2.41$$

で、平均値が回帰直線の予測値にぴったり一致している。同様にその他についても計算すると、

	平均値 $\bar{Y}_i$	回帰直線の予測値 $\hat{Y}_i$	$\bar{Y}_i - \hat{Y}_i$
$X = 600$ 万円のとき	$\bar{Y}_{600\,万} = 2.41$	2.41	0.00
$X = 800$ 万円のとき	$\bar{Y}_{800\,万} = 3.31$	3.33	-0.02
$X = 1000$ 万円のとき	$\bar{Y}_{1000\,万} = 4.29$	4.25	0.04
$X = 1200$ 万円のとき	$\bar{Y}_{1200\,万} = 5.15$	5.17	-0.02

となる。ほとんど一致しているので、不偏性の仮定は満たされているだろう。しかし、図 8.3 の右側や図 8.4 の右側のように、平均値と回帰直線の予測値が著しく乖離する場合、2 変数が比例するという仮定を捨てるべきである。

Y_i の独立性の仮定は、サンプリングが完全にランダムであれば、クリアできる。データからこれを検討するのは、一般的には難しい [*6]。考えられる偏りについて仮説を立てて検討していくしかない。

残差と独立変数の間の独立性については、重回帰分析の節（8.6 節）でもう一度ふれることにしよう。

■**問題** (a) 表のデータを給付平等性が高いグループと低いグループの 2 つに分け、それぞれのグループの貧窮扶助費の標準偏差の推定値を求め、その値の比を計算し、等分散性の仮定が成り立つか検討しなさい。ただし給付平等性の低いグループは給付平等性が 0.57 未満、高いグループは 0.57 以上とする。 (b) また、2 つのグループの貧窮扶助費の平均値を計算し、回帰直線からの予測値の大きさと比較して、不偏性の仮定が成り立つか検討しなさい。ただし、給付平等性の低いグループは $X = 0.47$ のときの回帰直線の予測値と比較し、給付平等性が高いグループは $X = 0.85$ の回帰直線の予測値と比較しなさい [*7]。

[*6] ただし時系列データの分析の場合、これを検討する方法がいくつかある。詳しくはウォナコット [50] を参照。

8.3.4 2変数が独立の場合

2変数がまったく独立の場合、回帰直線の傾きは0、切片は$\bar{Y}$になる。図8.4の左側は2変数が独立の場合の散布図である。回帰直線の傾きはややマイナスだが、これは誤差の

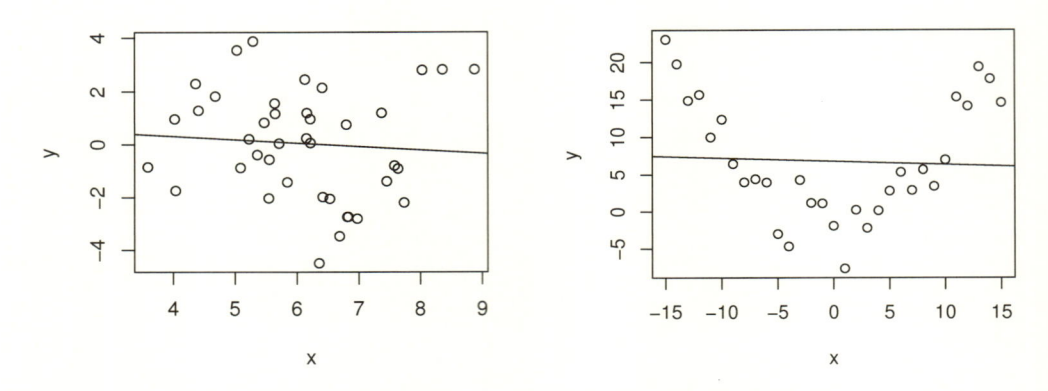

図8.4 2変数が独立で$b_1 = 0$になる場合（左）と非線形の連関があるが、$b_1 = 0$になる場合（右）

範疇でありまったく有意ではない。切片も有意ではない。実はこのデータのYの値はXとは関係なく平均0の正規分布をするように作られたデータなのであるが、実際に回帰分析を行うと、傾きはほぼ0、切片もYの平均値にほぼ一致している。

ただし注意が必要なのは、非線形の連関があっても、回帰直線の傾きは0になることもあるということである。例えば、図8.4の右側を見ると、2変数の間には何か連関がありそうだが、回帰直線の傾きはほとんど0で有意ではない。また次の節でも見るように、線形ではない連関があっても、回帰直線の傾きが0にならない場合もある。ヤミクモに線形の連関を仮定したモデルをデータに当てはめると、思わぬ失敗をすることがあるので注意が必要である。

■**問題** 表8.3のデータを使い、(a) Xを独立変数、Yを従属変数とした場合、(b) Xを独立変数、Zを従属変数とした場合、の散布図と回帰直線をそれぞれ書きなさい。また、(a)、(b)について傾きが両側5%水準で有意かどうか述べなさい。

[*7] 本文の例では、独立変数の値が、600万から1200万までの4種類の値をとり、それぞれの値をとるケースが10ケースずつあった。しかし、独立変数が連続変数の場合、同じ値をとるケースはほとんどないことがある。そのため、そのままでは独立変数の値ごとに標準偏差を計算できない。そこで、この問題では、独立変数の値が大きいグループと小さいグループに分けた。分ける基準は、2つのグループのケース数がほぼ半分になるようにした。また、Yの平均値と$\hat{Y}$を比較する場合、各グループのYの平均値を計算することはできるが、それに対応する$\hat{Y}$をどうするのかという問題がある。ここでは各グループのXの平均値を計算して（0.47と0.85）、それらの値に対応する$\hat{Y}$とYの平均値を比較することにした。ただし、2点だけでは、あまり意味がないので、実際には、最低でも3つ以上に分類したいところである。

表 8.3 架空のデータ

X	Y	Z
−5	2.7	−1.7
−4	1.3	0.6
−3	0.8	1.6
−2	0.3	6.4
−1	−0.2	−0.1
0	−0.4	1.6
1	0.4	5.2
2	0.6	3.4
3	0.9	−1.6
4	1.7	−0.8
5	2.5	−0.2

8.4 回帰分析と相関係数

　社会学者の間では、切片の大きさよりも、傾きが 0 かどうかが特に注目される。回帰直線の傾きが 0 ならば、2 変数の間には線形の連関がないと判断できるし、0 でないならば線形の連関があると判断できるからだ。この点で回帰分析は相関係数と同じ機能を果たしている。ただし、回帰直線の傾きは線形の連関の「強さ」を示さない。例えば、親年収と子小遣いの例では、いずれの変数も（万円）単位で金額をはかっていた。これを子小遣いだけを（円）単位ではかると、傾き b_1 は 0.0046 から 46 にはねあがる。つまり、b_1 は、変数の値の単位に強く依存しており、そのままでは連関の強さを示さないことがわかるだろう。

　しかし、回帰分析は、人文社会科学者にとって、相関係数よりも利用しやすい道具である。なぜなら、53 ページの 5.2 節で論じたように、相関係数の検定は、2 変数が 2 変量正規分布に従っている場合にだけ利用できる。それに対して、回帰分析は比較的弱い仮定しかおかないので、利用範囲が比較的広いのである。

8.5 はずれ値と非線形関係

　以上の議論からわかるように、OLS はいくつかの条件が満たされる場合にしか使うことができない。しかし、ちょっとした工夫で、OLS を使って上手に推定を行うことができる場合もしばしばある。下記にいくつかの典型的なケースとその対処法について論じよう。

8.5.1 はずれ値

図 8.5 のようなデータが得られたとしよう。この図を見ると、2 つだけ、極端にその他のケースよりも大きな X と Y の値を持つケースがある。このように、極端に他のケースからはなれた値を持つケースを**はずれ値 (outlier)** という。はずれ値は OLS の結果に強い影響を及ぼす。

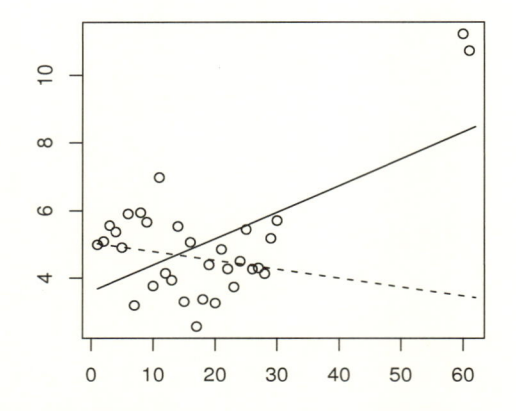

図 8.5 はずれ値が回帰直線の最小二乗推定に及ぼす影響（実線ははずれ値を含めて推定した場合の回帰直線。破線ははずれ値を除いて推定した場合の回帰直線）

　図の実線の直線は、すべてのケースを使ってふつうに最小二乗法で切片と傾きを推定したものである。傾きの大きさを検定すると、1% 水準で帰無仮説を棄却できる。しかし、2 つのはずれ値を除いて回帰直線を推定すると、破線のようになる。傾きの検定結果は、10% 水準でも有意ではない。このようなデータが得られた場合、結果の解釈には慎重であるべきである。まずはずれ値を含むデータは、不偏性の仮定を満たさない疑いが強い。この例の場合、はずれ値はいずれも回帰直線の上側にあるため、あきらかにデータが上側に偏っている。この場合、母集団への推定や検定ができないことは 8.3.1 項ですでに述べた。また、母集団で本当に 2 変数が線形の連関をしているならば、はずれ値を除いて分析しても、傾きがそれほど大きく変わらないはずである。この例のように、はずれ値を取り除くと結果が劇的に変化する場合、線形の関係を仮定するには説得力が弱い。逆に言えば、はずれ値を含むデータを分析する場合、図のように、はずれ値を除いて回帰直線を推定し、はずれ値をを含めた場合と結果を比較してみればよい。結果にそれほど大きな違いがなければ、その結果を受け入れればよい。大きな違いが生じた場合、線形の連関の仮定を捨て、なぜそのようなはずれ値が生じたのか、さらに研究を進める必要があるだろう。

8.5 はずれ値と非線形関係   109

■**問題** 98 ページ、表 8.2 の給付平等性と貧窮扶助のデータで、はずれ値を 1 つ選ぶとしたら、どのケースか。またその 1 つのはずれ値を除いて、回帰直線を推定し、傾きを両側検定せよ。また、その結果を、はずれ値を含めて推定した場合の回帰直線の傾きと比較し、はずれ値を除くことで結果に大きな違いが生じるか述べなさい。

8.5.2 非線形関係：閾値がある場合

例えば、図 8.6 のようなデータが得られたとしよう。独立変数が 30 になるまでは、従

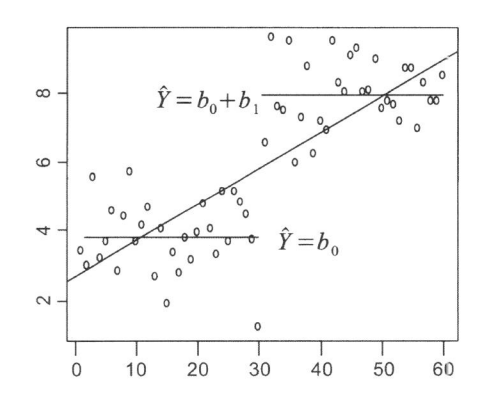

図 8.6　閾値が存在する場合

属変数は平均で 4 ぐらいの値をとるが 30 をこえると従属変数は平均 8 ぐらいまであがる。2 変数は比例関係にあるのではなく、$X = 30$ という値を境目に Y の値が変化するようになっている。逆に言えば、$X = 30$ の近辺以外では、X の値の変化は Y に影響を及ぼしていない。このような場合、$X = 30$ を**閾値 (threshold value)** という。閾値がある場合、X と Y が比例関係にあるとは仮定できない。そこで $X < 30$ のとき 0、$X \geq 30$ のとき 1 をとる 2 値変数を作り、これに Y を回帰させる。このような 0 と 1 の 2 つの値をとる変数を**ダミー変数 (dummy variable)** ということがある。新しく作った 2 値変数を D とすると、回帰式は、

$$\hat{Y} = b_0 + b_1 \cdot D \tag{8.16}$$

である。D は 0 か 1 の 2 つの値しかとらないので、$\hat{Y}$ も 2 つの値しかとらない。つまり

$$(D = 0 \text{ のとき}) \quad \hat{Y} = b_0 + b_1 \cdot 0 = b_0 \tag{8.17}$$

$$(D = 1 \text{ のとき}) \quad \hat{Y} = b_0 + b_1 \cdot 1 = b_0 + b_1 \tag{8.18}$$

となる。この 2 つの予測値が、図に 2 本の水平な線として表してある。つまり X が 30 になるまでは、$D = 0$ なので、$\hat{Y}$ も b_0 のまま変化しない。しかし、X が 30 を超えると、

b_1 だけ $\hat{Y}$ も上昇する。このように独立変数が 2 値変数でも OLS は問題なく行うことができる。X にそのまま回帰させると、むしろ不偏性の仮定に抵触してしまう。また、この場合はダミー変数を使ったほうが残差の二乗和も小さくなる。つまり予測の精度も高まるということである。

このような閾値の存在は、社会学が扱うデータではよくあることである。例えば、一般世帯がコンピュータに使うお金の額を、その世帯の収入を独立変数として予測するとしよう。収入が低いとコンピュータに使うお金の余裕はないが、収入がある閾値を超えるとコンピュータに使うお金も増えるかもしれない。しかし、コンピュータに使うお金には上限があるので、それ以上世帯収入が増えてもコンピュータに使うお金はそれほど増加しないかもしれない。

はずれ値の議論も閾値の議論も、本当は線形関係ではないにもかかわらず、傾きが有意な値をとる例である。これらの例が示すのは、単に回帰分析を行うだけでなく散布図やクロス表もしっかり見ることが非常に重要だということである。

■**問題** 表 8.4 のデータから、通常の回帰直線と閾値を使ったモデルの両方の切片と傾きを計算し、残差の二乗和の大きさを比較しなさい。

表 8.4 架空のデータ

x	y
1	3.2
2	2.8
3	3.1
4	3.8
5	3.1
6	3.2
7	3.6
8	−3.5
9	−5.6
10	−2.1
11	−4.2
12	−3.3
13	−3.7
14	−2.8

8.6 重回帰分析

これまでは、独立変数は 1 つだけだったが、回帰分析に独立変数を 2 つ以上同時に投入したらどうなるだろうか。実際、従属変数が 2 つ以上の独立変数の影響を受けていることはしばしばある。例えば、親年収と子小遣いの例に戻ろう。もう 1 つの独立変数として、きょうだい数という要因を考える。きょうだい数が多いと 1 人あたりの小遣いが少なくな

8.6 重回帰分析

るかもしれない。そこで、親収入と子小遣いの散布図を再び作り、白抜きの点の代わりに各ケースのきょうだい数をプロットしたのが図 8.7 の左側である。

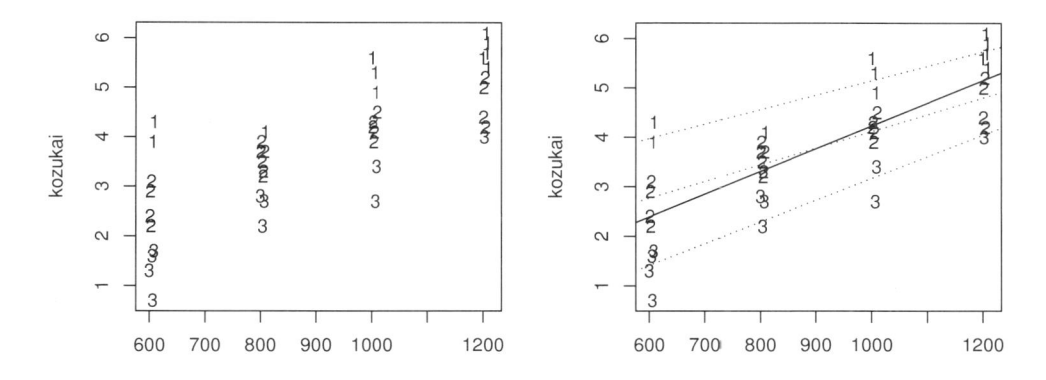

図 8.7 きょうだい数をプロットした散布図（左）とそれに全体の回帰直線（実線）ときょうだい数別の回帰直線（破線）を加えた図（右）（架空）

この図を見ると、親年収が同じならば、きょうだい数が少ないほうが小遣いが多いことがわかる。つまり、小遣いは親年収に比例する傾向があったが、それだけではなく、きょうだい数とも線形の連関があることが示唆される。

次に、最小二乗法で、ふつうに親年収に子小遣いを回帰させた直線を散布図に実線で書き加えた。それから、きょうだい数が 1 のケースだけを使って回帰直線を推定し、破線で書き加えた。さらに同様にきょうだい数が 2、3 の回帰直線も破線で書き入れたのが、図 8.7 の右側である。この図を見ると、きょうだい数が減るにしたがって、回帰直線が上にほぼ等間隔で平行移動しているのがわかる。つまり小遣いはきょうだい数とも線形の関係にあるといってよさそうである。そこで次のような回帰式をたてる。親年収を X_1、子小遣いを X_2 とすると、

$$\hat{Y} = b_0 + b_1 X_1 + b_2 X_2 \tag{8.19}$$

という式で Y の値を予測する。このように複数の独立変数を用いた回帰分析を**重回帰分析 (multiple regression analysis)** と呼ぶ。それに対して独立変数が 1 つの場合、**単回帰分析 (simple regression analysis)** ということがある。

重回帰分析においても、$b_0 = \hat{\beta}_0$、$b_1 = \hat{\beta}_1$、$b_2 = \hat{\beta}_2$ とみなすことができ、これら 3 つのパラメータは単回帰分析のときと同じように最小二乗法で推定できる。また、b_0、b_1、b_2 は、単回帰分析のときと同じ条件のもとで、誤差の平均=0 の正規分布をすることが知られている。これらの標準誤差も計算できるが、b_0、b_1、b_2 およびそれらの標準誤差の計算式は割愛する。統計解析用のソフトウェアであれば、これらの数値は簡単に計算するこ

とができる。親年収だけに子小遣いを回帰させた場合ときょうだい数と親年収に子小遣いを回帰させた場合の回帰係数と標準誤差は、表 8.5 のようになる。

表 8.5　図 8.7 のデータの重回帰分析の結果

	$\hat{Y} = \beta_0 + \beta_1 X_1$	$\hat{Y} = \beta_0 + \beta_1 X_1 + \beta_2 X_2$
$\hat{\beta}_0$	-0.376	2.778
$(s_{\hat{\beta}_0})$	(0.550)	(0.339)
$\hat{\beta}_1$	0.0046	0.0035
$(s_{\hat{\beta}_1})$	(0.000590)	(0.000268)
$\hat{\beta}_2$		-1.076
$(s_{\hat{\beta}_2})$		(0.0829)

表 8.5 で注目すべき点は 2 つある。第 1 に、$\hat{\beta}_0$ と $\hat{\beta}_1$ の標準誤差が、独立変数を増やすことによって減少している点である。重回帰分析においても、残差の標準偏差が小さいほど標準誤差も小さくなる。したがって、独立変数を増やすことによって予測の正確さが向上するならば、それは、$\hat{\beta}_0$ と $\hat{\beta}_1$ の推定の正確さも高めることになるのである。第 2 に、単回帰分析の場合よりも、重回帰分析の場合のほうが、$\hat{\beta}_1 = b_1$ の値が小さくなっている点である。これはきょうだい数と親収入の間に相関があるせいである。直感的に言えば、単回帰分析では、ほんらい、きょうだい数に帰すべき効果を親の収入に帰していたが、重回帰分析ではそれが適切にきょうだい数の効果として推定されたので、回帰係数の値が小さくなったのである。

独立変数は 3 つでも 9 つでも、いくらでも増やすことができるが、検定の際に用いる t 分布の自由度は、すべて

$$\text{自由度} = \text{ケース数} - \text{推定パラメータ数} \tag{8.20}$$

であるから、むやみに関係のない独立変数を回帰式に投入することは、かえってモデルの自由度を下げ、母集団への推定を不正確にする。つまり、重回帰式をたてるときの原則は、予測の正確さを高める変数は重回帰式に含め、高めない変数は含めない、ということになる。ただし、既存の知識からは線形の連関があることが期待されるのに、実際にはないということを示したい場合、あえて予測の正確さを高めない変数を加えるということはありうる。

子小遣いの重回帰分析の例では、40 ケースのデータを使って β_0、β_1、β_2 の 3 つのパラメータを推定しているので、自由度 = $40 - 3 = 37$ である。t 分布の自由度 37 の 5% 水準の限界値 $t_{37,5\%}$ は、自由度 30 の限界値を代用して、2.04 である。したがって、重回帰

式の3つのパラメータの95%信頼区間は、

$$\hat{\beta}_0 \pm t_{37, 5\%} s_{\hat{\beta}_0} = 2.778 \pm 2.04 \cdot 0.339 = 2.09 \sim 3.47$$
$$\hat{\beta}_1 \pm t_{37, 5\%} s_{\hat{\beta}_1} = 0.0035 \pm 2.04 \cdot 0.000268 = 0.0030 \sim 0.0041$$
$$\hat{\beta}_2 \pm t_{37, 5\%} s_{\hat{\beta}_2} = -1.076 \pm 2.04 \cdot 0.0829 = -1.25 \sim -0.91$$

となる。いずれも信頼区間に0を含んでいないので、両側5%水準で帰無仮説 $\beta_0 = 0$、$\beta_1 = 0$、$\beta_2 = 0$ を棄却できる。

8.7 変数のコントロール

大学生の小遣いの例は、すべて架空のものであり、かなり予測の精度の高いものであった。現実の社会学のデータでは、これほど精度の高い予測をすることは困難である。そのため回帰分析は、従属変数の値を予測するためにではなく、さまざまな変数の効果をコントロールしても、注目する2つの変数の間に線形の連関が認められるかどうかを調べるために用いられる場合がほとんどである。

例えば、きょうだい数が大学生の小遣いに及ぼす影響に関心の焦点があるとしよう。仮説としてきょうだい数が多いほど小遣いが減る傾向があることが考えられる。しかし、小遣いをきょうだい数に単回帰させて、マイナスの有意な傾きが得られても、次のような疑いを拭い去ることができない。これは親の収入によって生じた疑似相関ではないか？つまり、親の収入が多いほど子供の数が少なく、親の収入が多いほど小遣いも増えるかもしれない。だとすれば単回帰分析で得られた有意な傾きは、見せかけのものであり、実質的な因果関係はないのかもしれない。

このような可能性を検討するのに、重回帰分析は非常に役立つ。重回帰式をもう一度見てみると、

$$\hat{Y} = b_0 + b_1 X_1 + b_2 X_2 \tag{8.21}$$

であった。もしもきょうだい数 X_2 と小遣い Y の相関が見せかけのものならば、b_1 だけが有意になり、b_2 は有意な値をとらないはずである。なぜなら、疑似相関の場合、Y に影響を与えているのは、親年収 X_1 のほうであって、きょうだい数 X_2 ではないからだ。$b_2 = 0$ ならば、X_2 の値の大小は Y の大きさに何の関係もないと言える。しかし、もしも親年収をコントロールしても、きょうだい数の回帰係数 b_2 が有意ならば、それは親の収入が変化しなくても、きょうだい数が増えるだけで Y の値が減少する傾向があるということであり、焦点となっていた仮説を支持する結果であると言える。

8.8 重回帰分析と多重クロス表分析

ここで行っていることは、多重クロス表の分析で行ったことと類似している。しかし、それぞれの長所と短所があることに留意が必要である。

1. 回帰分析は比較的少数のデータで多くの変数をコントロールできる場合が多い。
2. 回帰分析は回帰係数というごく少数の数値で分析結果を要約できるのに対して、多重クロス表分析はたくさんの数字をながめる必要があり、結果の要約が難しい場合が比較的多い。
3. しかし、回帰分析は基本的に線形の連関しか扱うことができないのに対し、多重クロス表はどのような連関でも、扱うことができる。
4. また、回帰分析は母集団に対してかなり強い仮定をおかなければならないのに対して、多重クロス表の分析では、その必要がない。

私は、社会学の初学者には、回帰分析はあまりお勧めしない。確かに、回帰分析がシンプルで強力なツールであることは疑いえない。とはいえ、社会学が扱うデータは必ずしも線形に連関していない。回帰分析や相関係数にだけ頼っていると、非線形の連関を見落としてしまうリスクが高まる。

社会学者が用いる仮説の多くは、線形の連関を仮定するものであり、仮説を検証するという点では、回帰分析は非常に役立つ。しかし、予想していなかった非線形の連関を見つけることは、回帰分析では難しい。独立変数が複数あれば、散布図を描いても直感的な理解は困難な場合が多い。結局、回帰分析をする場合にも、連続変数の値を適当なカテゴリに区分して離散変数化し、クロス表を作ってみることが必要である。そこで変数間に線形の連関が見られれば、回帰分析をするのは、適切な選択だろう。ただし、等分散性、不偏性、Y_i の独立性といった条件が満たされているかどうかには注意が必要である。

■問題 (a) 98 ページの表 8.2 から、貧窮扶助を従属変数、給付平等性を独立変数として散布図を作りなさい。ただし、点は、民間医療支出が 21 以下のとき "L"、それより大きいとき "H" としてプロットしなさい。(b) (8.22) 式は、貧窮扶助 Y を従属変数、給付平等性 X_1 と民間医療支出 X_2 を独立変数として重回帰分析を行った結果である。パラメータ推定値の下の（ ）内の数値は標準誤差である。

$$\hat{Y} = 12.5 - 13.1 X_1 + 0.10 X_2 \tag{8.22}$$
$$\quad\quad (3.98) \quad (4.33) \quad (0.07)$$

給付平等性と民間医療支出の回帰係数を、帰無仮説 $\beta_1 = 0, \beta_2 = 0$ として検定しなさい。その結果から、民間医療支出でコントロールしても、給付平等性が貧窮扶助に直接的な効果を持つと言えるか。また、統計ソフトを使って、上記の回帰式が正しいかどうか確認し

なさい。

8.9 非線形回帰

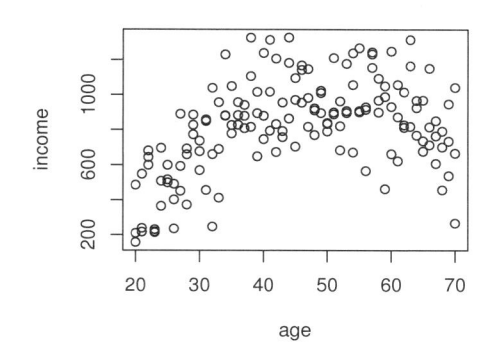

図 8.8 非線形関係の例：年齢と収入の散布図（架空）

仮にある町で年齢と収入の散布図を作ったら、図 8.8 のようになったとしよう。20 歳のころは比較的収入が少ないが、50 歳前後までは収入が増える傾向があるように思える。しかし、その後収入は減っていくようである。年齢と収入は比例関係にはないだろう。しかし、直線ではなく放物線のような曲線を使えば、うまく年齢で収入を予測できるかもしれない。そこで、次のような回帰式をたてる。

$$\hat{Y} = b_0 + b_1 X + b_2 X^2 \tag{8.23}$$

これは直線ではなく曲線なので、回帰曲線と呼べるだろう。この回帰曲線のパラメータもふつうの重回帰分析と同じように最小二乗法で推定できる。この年齢と収入の例に関してパラメータを推定すると、

$$\hat{Y} = -858.0 + 73.2X - 0.732X^2 \tag{8.24}$$
$$\phantom{\hat{Y} =} (148.4) \quad (7.05) \quad (0.0775)$$
$$= -0.732(X - 50)^2 + 972 \tag{8.25}$$

となる。パラメータ推定値の下の（　）内の数値は標準誤差である。(8.24) 式よりも (8.25) 式の方がわかりやすい。この式からわかることは、$X = 50$ のとき Y は最大値をとると予測されるということである。この架空のデータのケース数は 153 なので自由度は 150 である。したがって両側 5% 水準の限界値は、ほとんど 1.96 であるから、いずれの係数も有意であることがわかる。もしもこのような曲線的な関係がなければ、b_2 が 0 になるはずであるが、有意に 0 から離れているので、曲線関係を仮定してかまわない。

■**問題** ある町で年齢と収入の関係を調べたら、表 8.6 のようなデータが得られた。年齢と収入の散布図を作りなさい。また、放物線で回帰させたところ、(8.26) 式のような結果が得られた。

$$\hat{Y} = -2921 + 165X - 1.75X^2 \tag{8.26}$$
$$(326) \quad (14.6) \quad (0.15)$$

それぞれの回帰係数を検定しなさい。その結果から、X と Y は曲線的な関係にあると言えるか述べなさい。また統計ソフトウェアを使って (8.26) 式の推定値が正しいかどうか確認しなさい。

表 8.6　架空のデータ

年齢	収入（万円）
25	79.9
30	548.1
35	698.7
40	805.7
45	991.5
50	1026.9
55	927.8
60	537.2
65	502.3
70	62.2

8.10　多重共線性の問題

独立変数間に強い相関がある場合、回帰係数の推定が不安定になり、推定値は信用できないといわれている。これを**多重共線性 (multicollinearity)** の問題という。直感的に言えば、独立変数が互いに強く相関していると、どの独立変数の影響で従属変数が変化しているのか識別が困難であるということである。したがって、独立変数間の相関は低いのが理想である。もしも高い相関がある場合（一説では相関係数が 0.7 以上）、いくつかの変数のうちいずれかを分析から除外する必要がある。個々の相関係数が 0.7 よりも小さかったとしても、全体としては多重共線性が成り立つ場合がある。例えば、大学生の小遣いを父の収入 X_1 と母の収入 X_2 と世帯収入 X_3 の 3 つの独立変数に回帰させるとしよう。まず 4 つの変数の間の相関係数を計算したのが表 8.7 である。独立変数の間の相関は強いが、いずれも 0.7 以下である。

表 8.7　相関係数（架空）$N = 40$

	父収入	母収入	世帯収入	子小遣い
父収入	1.00			
母収入	0.17	1.00		
世帯収入	0.50	0.66	1.00	
子小遣い	0.21	0.59	0.69	1.00

次にOLSでパラメータを推定すると、

$$\hat{Y} = 2.27 - 0.0014X_1 + 0.0017X_2 + 0.0031X_3 \quad (8.27)$$
$$\quad (1.13) \quad (0.0014) \quad (0.0017) \quad (0.0009)$$

となり、世帯収入だけが有意で、夫収入の傾きはマイナスになってしまっている。これは多重共線性の兆候である。少し考えればわかるだろうが、世帯収入はほとんど父の収入と母の収入で決定されているだろう。したがって個別に相関係数で見れば、0.7未満でも、全体としてみれば、世帯収入は母と父の収入に従属していると考えるのが自然である。このような場合、（研究の目的にもよるが）世帯収入は独立変数から除外するのが適切だろう。世帯収入を独立変数から除いてパラメータを推定すると、

$$\hat{Y} = 3.67 + 0.0010X_1 + 0.0047X_2 \quad (8.28)$$
$$\quad (1.21) \quad (0.0013) \quad (0.0011)$$

という結果を得る。多重共線性の特徴の1つは、傾きの標準誤差が大きくなる点にある。X_3を回帰式から除外することで、標準誤差が小さくなっているのがわかるのだろう。

8.11　ダミー変数

すでに何度か触れたように、ダミー変数とは、0か1のいずれかの値をとる2値変数のことである。回帰分析の独立変数にダミー変数を使うことはまったく問題ない。ただし、最初に述べた3または4つの条件を満たさなければならないことは同様である。

一般にn個のカテゴリを持つ離散変数は、$n-1$個のダミー変数に分解して使う。例えば、本人の収入に本人の所属階級が及ぼす影響を調べたいとしよう。資本家、プチブル[*8]、労働者、下層、無職の5カテゴリをもつ離散変数を独立変数として用いたい。しかし所属階級は順序づけが難しいので、そのままでは独立変数として用いることはできない。この場合、無職を基準カテゴリとし、

[*8] プチブルとは、プチ・ブルジョアジーの略語で小規模の資本を持つ資本家のこと。

- D_1: 資本家なら 1、それ以外は 0、
- D_2: プチブルなら 1、それ以外は 0、
- D_3: 労働者なら 1、それ以外は 0、
- D_4: 下層なら 1、それ以外は 0、

という 4 つのダミー変数を作ればよい。ポイントは基準カテゴリのダミーは作らないということである。作ると多重共線性の問題が生じてしまう。もとの所属階級という離散変数の値と独立変数の値の関係は表 8.8 のようにまとめられる。この表を見ればわかるように、4 つのダミー変数がすべて 0 の人は、無職の人である。したがって、無職のダミーを作らなくても、4 つのダミー変数の値から、その人が無職かどうかは明らかなのである。

表 8.8 離散変数とダミー変数の関係

所属階級	D_1	D_2	D_3	D_4
資本家	1	0	0	0
プチブル	0	1	0	0
労働者	0	0	1	0
下層	0	0	0	1
無職	0	0	0	0

回帰式は全体としては次のようになる。

$$\hat{Y} = b_0 + b_1 D_1 + b_2 D_2 + b_3 D_3 + b_4 D_4 \tag{8.29}$$

所属階級が資本家の人の予測値は、$D_1 = 1, D_2 = D_3 = D_4 = 0$ だから、

$$\hat{Y} = b_0 + b_1 1 + b_2 0 + b_3 0 + b_4 0 \tag{8.30}$$
$$= b_0 + b_1 \tag{8.31}$$

である。同様にして

$$\text{プチブル}: \hat{Y} = b_0 + b_2 \tag{8.32}$$
$$\text{労働者}: \quad \hat{Y} = b_0 + b_3 \tag{8.33}$$
$$\text{下層}: \quad \hat{Y} = b_0 + b_4 \tag{8.34}$$
$$\text{無職}: \quad \hat{Y} = b_0 \tag{8.35}$$

と予測される。つまり、ダミー変数を使って回帰分析を行う場合、切片が基準カテゴリの値の予測値になり、その他のダミー変数の係数は、基準カテゴリの $\hat{Y}$ の値に比べてどれだけ大きな（または小さな）$\hat{Y}$ の値をそのカテゴリがとるかということを示す。所属階級と

8.11 ダミー変数

収入の例では、切片が無職の人の収入の予測値であり、回帰係数は無職の人と比べて、どれだけ収入が上昇／下降するのかを示す予測値である。これらを OLS で推定すると、

$$\hat{Y} = 128.2 + 526.0 D_1 + 200.0 D_2 + 339.8 D_3 + 7.8 D_4$$
$$(11.5) \quad (31.6) \quad\quad (27.2) \quad\quad (17.9) \quad\quad (20.0)$$

となる。単位は（万円）である。つまり、この回帰式からは、無職の収入は 128.2 万円、資本家は $128.2 + 526.0 = 654.2$ 万円、両者の予測値の差は 526 万円、と予測される。同様にしてその他の階級の収入も予測できる。自由度は 1121 あるので、下層階級の係数以外はすべて 1% 水準で有意である。

■**問題** 表 8.9 はアジア、ヨーロッパ、アフリカの 3 つの地域から 5 ヵ国ずつ無作為に選び出し、それぞれの非識字率（文字の読み書きのできない人の割合）を示したものである。(a) 地域を独立変数、非識字率を従属変数とみなして散布図を描きなさい。(b) アジ

表 8.9 地域と 2003 年の非識字率（総務省統計局 [41] より作成）

	国名	非識字率	地域
1	フィリピン	4.4	アジア
2	イラン	20.9	アジア
3	キプロス	2.4	アジア
4	アラブ首長国連邦	22.2	アジア
5	中国	13.0	アジア
6	クロアチア	1.5	ヨーロッパ
7	スペイン	2.1	ヨーロッパ
8	ギリシャ	2.5	ヨーロッパ
9	ルーマニア	1.6	ヨーロッパ
10	ポーランド	0.2	ヨーロッパ
11	ウガンダ	30.2	アフリカ
12	カメルーン	25.4	アフリカ
13	モロッコ	48.3	アフリカ
14	エチオピア	57.2	アフリカ
15	タンザニア	21.9	アフリカ

アを基準値とし、ヨーロッパ・ダミー D_1 とアフリカ・ダミー D_2 の 2 つの変数に非識字率を回帰させたところ、(8.36) 式のような結果が得られた。

$$\hat{Y} = 12.6 - 11.0 D_1 + 24.0 D_2 \tag{8.36}$$
$$(4.6) \quad (6.5) \quad\quad (6.5)$$

この回帰式から、アジア、ヨーロッパ、アフリカの非識字率の予測値を求めなさい。(c) また、それぞれの回帰係数を両側検定しなさい[*9]。その結果から、アジアとヨーロッパ

[*9] 散布図を書いてみれば明らかだが、このデータは等分散性の仮定を満たしているとはいいがたい。しかし、便宜上、等分散性の仮定を満たしているとみなして検定していただきたい。

の間に識字率の有意な差があるか述べなさい。(d) さらに、統計ソフトウェアを使って (8.36) 式の推定値が正しいかどうか確認しなさい。

8.12 練習問題

1. 表 8.10 を使って、1 人あたり GDP と男自殺率の散布図を作りなさい。

表 8.10　自殺率、離婚率、GDP

	男自殺率*	女自殺率*	離婚率*	1 人あたり GDP**
日本	20.1	10.3	1.29	17727
カナダ	20.0	5.1	3.08	20209
米国	20.2	4.8	4.70	21026
スリランカ	55.1	17.5	0.16	2402
オーストリア	33.3	10.1	2.03	14182
フランス	29.1	10.2	1.87	15677
旧西ドイツ	20.9	7.8	2.04	14595
ハンガリー	58.8	18.0	2.40	6342
イタリア	10.8	3.6	0.53	14209
オランダ	12.1	6.8	1.90	14456
ポーランド	25.8	4.6	1.24	5094
スウェーデン	25.4	9.8	2.22	16701
イギリス	12.1	3.3	2.86	14729
オーストラリア	21.2	5.7	2.46	17104
ニュージーランド	22.4	5.7	2.58	14154
旧ソ連	39.3	9.1	3.39	6180

* 自殺率も離婚率も 1994 年の時点で最新のもので、1990 年前後のデータ。自殺率は人口 10 万対、離婚率は人口千対 [26]。
** 1 人あたり GDP は米ドル単位で 1989 年のもの [24]。

2. 男自殺率を従属変数、1 人あたり GDP を独立変数とし、OLS で回帰直線の切片と傾きを求めなさい。また、回帰直線から 1 人あたり GDP が 15000 ドルのときの自殺率の予測値を求めなさい。
3. 上の問題で計算した回帰係数の標準誤差を計算しなさい。また、95% 信頼区間を計算しなさい。さらに両側検定もしなさい。
4. 上の問題のデータの中で、はずれ値を 2 つ選ぶとすると、どの国とどの国か。それらを除いて回帰係数を推定し、傾きの大きさを検定しなさい。
5. 統計ソフトウェアを使い、男自殺率を従属変数、独立変数を離婚率と 1 人あたり GDP として重回帰分析しなさい。

第 9 章

対数線形モデル

9.1 多重クロス表分析の問題

多重クロス表分析は、基本的な分析手法であり、社会学のデータ分析ではほとんど避けて通ることはできない。しかし、多重クロス表分析だけでは3つ以上の変数間の連関のパターンをうまく記述できない場合がある。また通常のカイ二乗検定だけでは、複雑な変数間の連関をうまく母集団に一般化できない場合もある。従属変数が連続変数の場合は、重回帰分析を用いればよい。しかし、従属変数が連続変数とは限らないし、従属変数が存在しない場合もある。そのような場合、対数線形モデルを利用するとよい。

9.1.1 3つ以上の変数の連関のパターンを簡潔に記述する方法の欠如

3つ以上の離散変数の関係のパターンを見るのは、意外にやっかいな問題である。通常、多重クロス表分析が用いられるが、これでは、煩雑になりすぎる場合がある。例えば、表9.1 は渡辺 [46] から転載したものである。この表は夫と妻の学歴のクロス表だが、結婚した時期 (結婚コーホート) によってコントロールしてある3重クロス表である。夫と妻の学歴に有意な連関があり、結婚コーホートでコントロールしてもその連関が消えないことはほとんど自明である。しかし、連関の強さやパターンが、時代によって変化している可能性がある。例えば、

仮説 9.1 かつては妻短大と夫短大・4大の結びつきが強かったがしだいにその結びつきは弱まっている。

といった仮説が考えられる。クロス表を丹念に読めば、この仮説が正しいかどうかをある程度調べることができるだろう。しかし、みなさんは表9.1 を丹念に読もうという気になるだろうか。私はならない。あまりに多くの数字に圧倒されてしまい、読む気がなくなるのである。もちろん、私も実際には表9.1 を丹念に読むことになるのだが、読者にまでそ

表 9.1　結婚年別夫婦学歴のクロス表（渡辺 [46] より作成）

結婚年	夫学歴	妻学歴			合計
		中・高	短大	4 大	
1955 年以前	中・高	412 (85%)	0 (0%)	9 (43%)	421 (83%)
	短大・4 大	71 (15%)	5 (100%)	12 (57%)	88 (17%)
	合計	483 (100%)	5 (100%)	21 (100%)	509 (100%)
1956-70	中・高	1355 (87%)	22 (27%)	9 (18%)	1386 (82%)
	短大・4 大	200 (13%)	59 (73%)	41 (82%)	300 (18%)
	合計	1555 (100%)	81 (100%)	50 (100%)	1686 (100%)
1971-1985	中・高	969 (80%)	108 (39%)	18 (12%)	1095 (67%)
	短大・4 大	247 (20%)	170 (61%)	131 (88%)	548 (33%)
	合計	1216 (100%)	278 (100%)	149 (100%)	1643 (100%)
1986 年以降	中・高	358 (73%)	52 (35%)	12 (13%)	422 (58%)
	短大・4 大	131 (27%)	97 (65%)	79 (87%)	307 (42%)
	合計	489 (100%)	149 (100%)	91 (100%)	729 (100%)

れを要求するのは無理である。わかりやすくデータの重要な特徴を示すことは、データの処理において決定的に重要である。読者に理解してもらえなければ、せっかくの分析も無意味である。

　表 9.1 のような場合、夫学歴は 2 値変数なので、短大・4 大の比率を妻学歴別に計算し、それをすべての結婚時に関して算出し、グラフにすると見やすいだろう。そのグラフが図 9.1 である。図 9.1 を見ると、高学歴化が全般に進んでいるにもかかわらず、妻が短大卒の場合だけ、夫の短大・四大率が上がっていないということはよくわかる。しかし、図 9.1 から夫婦の学歴の連関のパターンがよくわかるだろうか。よくわかるとは言えないだろう。

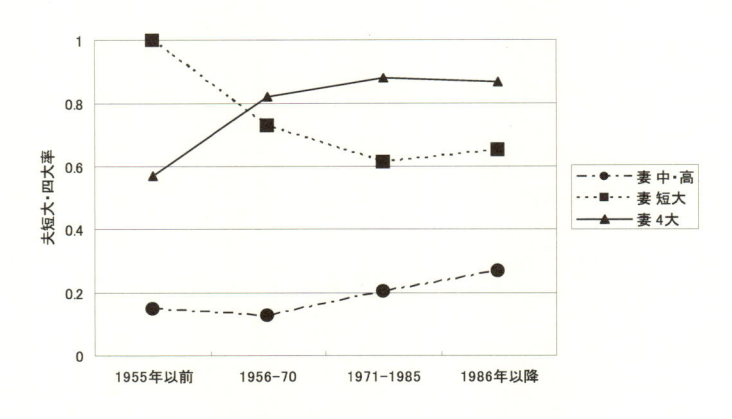

図 9.1　妻学歴別夫短大・4 大卒率のトレンド

9.2　3重クロス表のカイ二乗検定

そこでさらに結婚時別に夫婦の学歴の順位相関係数 (グッドマンとクラスカルのガンマ) を計算したのが、表 9.2 である。ガンマは周辺分布の影響を受けないので、表 9.1 のように、結婚時によって周辺分布が大きく変化するデータには最適であろう。表 9.2 を見ると、1956-70 年に結婚した夫婦の相関が最も高く、最近になるにしたがって相関が小さくなる傾向がわかる。

図 9.1 と表 9.2 によっておおざっぱなトレンドは把握できた。しかし、これまで確認したトレンドは母集団にも一般化できるのだろうか。ガンマが最近になるにしたがって小さくなるといったが、それは本当に母集団にも一般化できるのか。本当に母集団でも妻が短大卒の場合だけ夫の学歴が上昇していないのだろうか。この節で言いたかったのは、1) 多重クロス表の重要な特徴を取り出すためには、多重クロス表を見ているだけでは難しく、適切なグラフを作ったり、何らかの連関／相関係数を計算する必要がしばしばあるということ、そして、2) 重要な特徴を取り出すことができても、その傾向を、それだけでは母集団に一般化できない場合があるということである。

表 9.2　夫婦学歴の順位相関係数 (Goodman & Kruskal's γ)

1955 年以前	0.82
1956-70	0.91
1971-1985	0.80
1986 年以降	0.75

γ はすべて 1% 水準で有意

9.1.2　帰無仮説の棄却という考え方

みなさんは、帰無仮説の棄却という考え方に違和感を覚えたことはないだろうか。ふつう、論文やレポートの中で支持したいのは、帰無仮説ではなく、「女性も男性も同程度の学歴の配偶者を選ぶ傾向がある」といった仮説である。しかし、一般の統計的検定でなされているのは、帰無仮説の棄却であり、そこから言えるのは、「母集団でも 2 変数は独立ではない」といった控えめな主張だけである。もっと積極的に、「この仮説が正しい」といった議論ができないものだろうか。

9.2　3重クロス表のカイ二乗検定

9.2.1　3 変数の連関のパターン

これまで見てきたように、3 つ以上の変数の連関のパターンは複雑である。仮に、連関があるかないか、という点にだけ注目して、3 変数 A、B、C の連関のパターンを分類す

ると表 9.3 のようになる。

表 9.3　3 変数の連関のパターン

	記号	図	自由度
3 変数独立モデル	[A] [B] [C]	A B　C	$rcl - r - c - l + 2$
1 変数独立モデル	[AB] [C]	↻A B　C	$(rc - 1)(l - 1)$
条件付き独立モデル	[AB] [BC]	↻A↻ B　C	$(r - 1)c(l - 1)$
均一連関モデル	[AB] [BC] [CA]	↻A↻ B↔C	$(r - 1)(c - 1)(l - 1)$
飽和モデル	[ABC]	なし	0

　1 番目は、3 変数がそれぞれお互いに独立であるという場合である。このような状態を母集団に関して仮定するようなモデルを 3 変数独立モデルあるいは単に独立モデルと呼んでおく。

　2 番目は、2 つの変数は連関しているが、残りの 1 つの変数は他の 2 つの変数とは独立であるという場合である。このような状態を母集団について仮定するモデルを 1 変数独立モデル、または 1 因子独立モデルと呼んでおく。これから導入しようとしている対数線形モデルにおいては、変数を**因子 (factor)** と呼ぶことがある。表 9.3 には、[AB] [C] と表記したが、括弧の中の変数はお互いに連関しているが、括弧の外の変数とは独立であることを示している。3 変数独立モデルが [A][B][C] となるのは、個々の変数が個々の括弧の中で孤立しており、お互いに独立であることを示している。当然、[AC] [B] と [A] [BC] という連関も考えることができ、これらも 1 変数独立モデルである。

　3 番目は、1 つの変数 B が残りの 2 つの変数 A、C と連関しているが、A と C は B でコントロールすると、独立であるような場合である。このような状態を母集団について仮定するモデルを条件付き独立モデルと呼ぶ。A と C の 0 次の表を作ると、一定の連関が見られるかもしれないが、それは B を媒介したものである。それゆえ記号で表すと、[AB] [BC] となり、A と C は同じ括弧の中に入らない。当然、[AB] [AC]、[AC] [BC] も条件付き独立モデルに含まれる。

　4 番目のモデルは、3 変数が互いに連関しているような場合である。ただし、2 変数の連関のパターンが残りの 1 つの変数の値にかかわらず一定である場合、これを均一連関モデル、または対連関モデルと呼ぶ。夫婦学歴と結婚コーホートの 3 重クロス表の例で考えよう。それぞれの 1 次の表でオッズ比を計算することができる。夫婦学歴の場合、2 行 3 列の 1 次の表なので、2 つのオッズ比で夫婦学歴の連関のパターンを記述できる。もしも

9.2 3重クロス表のカイ二乗検定

これらのオッズ比がすべての 1 次の表で同じならば、それが均一連関モデルである。

5 番目は、**飽和モデル (satuated model)** と呼ばれるモデルである。飽和モデルも 3 変数の連関を仮定するが、均一連関モデルと違い、1 次の表の連関のパターンがコントロール変数の値によって変化することを仮定する。夫婦学歴の例では、コーホートによって夫婦学歴のオッズ比が変化することを、飽和モデルは仮定する。

以上 5 種類のモデルを考えることができるが、以下では、カイ二乗検定を使って、これらのモデルのうち、どれが最も母集団における 3 変数の連関に近いかを検討する方法を論じていく。

9.2.2 記号の用法

実質的な議論に入る前に記号の意味を定義していこう。r 行 c 列 l 層のクロス表について考える。層とはコントロール変数に対応する概念である。このクロス表の i 番目の行の j 番目の列の k 番目の層のセル度数を n_{ijk} と表記することにしよう。例えば、表 9.4 は、5 行 4 列 2 層のクロス表である。この 1 行 2 列 1 層目のセル度数 n_{121} は、19 である。次

表 9.4 日本人と在日韓国人男性の本の読み聞かせの経験

日本人男性	子供のころ本を読み聞かされた経験				合計
出生年	無し	あまり無し	時々有り	よく有り	
1920 年代以前	65 (52%)	19 (15%)	19 (15%)	21 (17%)	124 (100%)
30 年代	122 (48%)	38 (15%)	53 (21%)	40 (16%)	253 (100%)
40 年代	116 (39%)	61 (21%)	70 (24%)	49 (17%)	296 (100%)
50 年代	79 (30%)	62 (24%)	85 (33%)	34 (13%)	260 (100%)
60 年代以降	49 (17%)	56 (20%)	107 (38%)	69 (25%)	281 (100%)
合計	431 (36%)	236 (19%)	334 (28%)	213 (13%)	1214 (100%)
在日韓国人男性					
1920 年代以前	9 (56%)	1 (6%)	2 (13%)	4 (25%)	16 (100%)
30 年代	24 (86%)	0 (0%)	3 (11%)	1 (4%)	28 (100%)
40 年代	31 (84%)	3 (8%)	2 (5%)	1 (3%)	37 (100%)
50 年代	13 (52%)	7 (28%)	2 (8%)	3 (12%)	25 (100%)
60 年代以降	4 (50%)	2 (25%)	1 (13%)	1 (13%)	8 (100%)
合計	81 (71%)	13 (11%)	10 (9%)	10 (9%)	114 (100%)

に行、列、層の **1 変数周辺度数 (single variable marginals)** は、

$$n_{i\bullet\bullet} = \sum_{j,k} n_{ijk}, \qquad n_{\bullet j\bullet} = \sum_{i,k} n_{ijk}, \qquad n_{\bullet\bullet k} = \sum_{i,j} n_{ijk} \tag{9.1}$$

である。ただし、$\sum_{j,k}$ はすべての列と層に関して足し合わせることを示す。例えば、2 行目の 1 変数周辺度数は、

$$n_{2\bullet\bullet} = 122 + 38 + 53 + 40 + 24 + 0 + 3 + 1 = 281$$

である。また、3列目の周辺度数は、

$$n_{\bullet 3 \bullet} = 19 + 53 + 70 + 85 + 107 + 2 + 3 + 2 + 2 + 1 = 344$$

である。さらに1層目の周辺度数 $n_{\bullet\bullet 1} = 1214$ である。

9.2.3 独立モデルの検定

期待度数

それでは、3変数が独立である場合の期待度数を推定しよう。i 行 j 列 k 層の期待度数を μ_{ijk}、その推定値を $\hat{\mu}_{ijk}$ と表記し、3重クロス表全体の度数を N とすると、

$$\begin{aligned}\hat{\mu}_{ijk} &= N \times \frac{n_{i\bullet\bullet}}{N} \times \frac{n_{\bullet j\bullet}}{N} \times \frac{n_{\bullet\bullet k}}{N} \\ &= \frac{n_{i\bullet\bullet} n_{\bullet j\bullet} n_{\bullet\bullet k}}{N^2}\end{aligned} \tag{9.2}$$

である。例えば、表 9.4 の1行3列2層目の期待度数は、

$$\hat{\mu}_{132} = \frac{n_{1\bullet\bullet} n_{\bullet 3\bullet} n_{\bullet\bullet 2}}{N^2} = \frac{(124 + 16)(334 + 10) \, 114}{(1214 + 114)^2} = 3.11$$

と推定できる。同様にしてすべてのセルの期待度数を推定できる。

このような考え方は、2変数のクロス表の独立の考え方[*1]を拡張したものである。つまり、行の変数の値が i であるケースの比率を $p_{i\bullet\bullet}$、列の変数の値が j であるケースの比率を $p_{\bullet j\bullet}$、層の変数の値が k であるケースの比率を $p_{\bullet\bullet k}$、i 行 j 列 k 層に属すケースの比率を p_{ijk} とすると、3変数の独立は、

$$p_{ijk} = p_{i\bullet\bullet} \times p_{\bullet j\bullet} \times p_{\bullet\bullet k} \tag{9.3}$$

と定義できる。仮に母集団で3変数が独立であるとする。この母集団から N 人のサンプルをランダムに抽出すると、サンプルにおける i 行 j 列 k 層に属すケースの比率は、サンプリングの際の偶然によって p_{ijk} よりも大きくなったり小さくなったりする。しかし、もしも N 人のうちぴったり p_{ijk} だけのひとが i 行 j 列 k 層に属するならば、その人数は $Np_{ijk} = Np_{i\bullet\bullet} p_{\bullet j\bullet} p_{\bullet\bullet k}$ であることが期待される。これが3変数が独立の場合の期待度数である。この期待度数と実際のセルの度数の差は平均0の正規分布をするので、これを利用して検定を行うのも、2変数の独立性の検定の場合と同じである。ただし、母集団における周辺度数の比率はふつうわからないので、サンプルからこれを推定する。すなわち、

$$\hat{p}_{i\bullet\bullet} = \frac{n_{i\bullet\bullet}}{N}, \qquad \hat{p}_{\bullet j\bullet} = \frac{n_{\bullet j\bullet}}{N}, \qquad \hat{p}_{\bullet\bullet k} = \frac{n_{\bullet\bullet k}}{N} \tag{9.4}$$

[*1] 13 ページの 2.4 節を参照。

9.2 3重クロス表のカイ二乗検定

である。したがって、3変数が独立の期待度数は、

$$\begin{aligned}
\hat{\mu}_{ijk} &= N \times \hat{p}_{ijk} = N \times \hat{p}_{i\bullet\bullet} \times \hat{p}_{\bullet j \bullet} \times \hat{p}_{\bullet \bullet k} \\
&= N \times \frac{n_{i\bullet\bullet}}{N} \times \frac{n_{\bullet j \bullet}}{N} \times \frac{n_{\bullet \bullet k}}{N} \\
&= \frac{n_{i\bullet\bullet} n_{\bullet j \bullet} n_{\bullet \bullet k}}{N^2}
\end{aligned} \tag{9.5}$$

と推定される。これが、(9.2) 式の導き方である。

ピアソンの適合度統計量

次にピアソンの適合度統計量 X^2 を計算する。X^2 の計算式は、2変数間の独立性の検定に用いられるものと同じである。つまり、

$$X^2 = \sum_{\text{cells}} \frac{(n_{ijk} - \hat{\mu}_{ijk})^2}{\hat{\mu}_{ijk}} \tag{9.6}$$

である。例えば、表 9.4 の 1 行 3 列 2 層の場合、

$$\frac{(n_{132} - \hat{\mu}_{132})^2}{\hat{\mu}_{132}} = \frac{(2 - 3.11)^2}{3.11} = 0.40$$

である。これをすべてのセルに関して計算し、それらを足し合わせたものが、ピアソンの適合度統計量である。X^2 の計算式はどのモデルにおいてもすべて同じである。表 9.4 の場合、$X^2 = 203$ であった。

これは、尤度比統計量 G^2 を用いてもよい。というよりも、後に述べる対数線形モデルでは、G^2 を用いるのが一般的である。

自由度

独立モデルの自由度 df は下記の公式で計算できる。

$$df = rcl - r - c - l + 2 \tag{9.7}$$

表 9.4 の場合、5 行 4 列 2 層だから、$df = 5 \cdot 4 \cdot 2 - 5 - 4 - 2 + 2 = 31$ である。

自由度の計算の詳細については説明しないが、基本的な考え方は 2 変数の場合と同じである。自由度 df のカイ二乗分布とは、独立に分布する df 個の標準正規分布する確率変数の二乗和であった。ピアソンの適合度統計量は、標準正規分布する標準残差の二乗和である。単純に考えれば、rcl 個のセルがあるので、自由度も rcl になりそうだが、総度数 N は調査者によって決定されているため、**独立**に分布しているのは、$rcl - 1$ 個である。真の期待度数を知っていたならば、自由度は $rcl - 1$ だが、実際には、サンプルから期待度数を推定するため、残差にさらに制約が加わる。一般に推定値の数だけ自由度は減るので、

$$df = (rcl - 1) - (r - 1) - (c - 1) - (l - 1) = rcl - r - c - l + 2 \tag{9.8}$$

となる。自由度 31 の 1% 水準のカイ二乗分布の限界値は 52.19 だから、表 9.4 に関しては、1% 水準で独立モデルは棄却される。

最小期待度数

94 ページの 7.5 節で論じたように、多重クロス表のカイ二乗検定においても、期待度数が小さすぎると、尤度比統計量 G^2 もピアソンの適合度統計量 X^2 もカイ二乗分布に近似しない。したがって、期待度数が小さいセルが多すぎると、対数線形モデルを当てはめることはできない。ちなみに、表 9.4 に独立モデルを当てはめた場合の最小期待度数は、2.0 で 1 より大きい。表 9.4 は全部で 40 個のセルを持っており、総ケース数は 1328 だから、セル数の 30 倍以上のケース数を持っている。それゆえ、7.5 節の基準は満たしている。

9.2.4　1 変数独立モデル

1 変数独立モデルとは、3 つの変数のうち 1 つだけは、残りの 2 つから独立しているが、残りの 2 つの間には連関があると仮定するモデルであった。このモデルにおける期待度数を計算する前に、**2 変数周辺度数 (two variable marginals)** を定義しておこう。2 変数周辺度数とは、

$$n_{ij\bullet} = \sum_{k=1}^{l} n_{ijk}, \quad n_{\bullet jk} = \sum_{i=1}^{r} n_{ijk}, \quad n_{i\bullet k} = \sum_{j=1}^{c} n_{ijk} \tag{9.9}$$

で定義される。例えば、表 9.4 の 3 行 4 列目の 2 変数周辺度数は、$n_{34\bullet} = 49 + 1 = 50$ であるし、1 列 2 層の 2 変数周辺度数は $n_{\bullet 12} = 9 + 24 + 31 + 13 + 4 = 81$、5 行 1 層の 2 変数周辺度数は、$n_{5\bullet 1} = 49 + 56 + 107 + 69 = 281$ である。2 変数周辺度数は 0 次の表のセル度数とまったく同じものである。

期待度数

例えば、行と列が連関しているが、層は行とも列とも独立である場合、期待度数の推定値は、

$$\hat{\mu}_{ijk} = N \times \frac{n_{ij\bullet}}{N} \times \frac{n_{\bullet\bullet k}}{N} = \frac{n_{ij\bullet} n_{\bullet\bullet k}}{N} \tag{9.10}$$

で計算される。行と列は連関していると仮定するので、行と列の 2 変数周辺度数を用いる。しかし、層は行とも列とも連関していないので、i 行 j 列に属する確率と、k 層に属する確率をかけ合わせれば、i 行 j 列 k 層に属する確率が計算できる。例えば、表 9.4 の 5 行 1 列 1 層の（1 変数独立モデルにおける）期待度数は、

$$\hat{\mu}_{511} = \frac{n_{51\bullet} n_{\bullet\bullet 1}}{N} = \frac{(49 + 4) \cdot 1214}{1328} = 48.45$$

9.2 3重クロス表のカイ二乗検定

である。同じ要領ですべてのセルの期待値を計算できる。もしも列と層が連関し行が独立している場合は、

$$\hat{\mu}_{ijk} = N \times \frac{n_{\bullet jk}}{N} \times \frac{n_{i\bullet\bullet}}{N} = \frac{n_{\bullet jk} n_{i\bullet\bullet}}{N} \tag{9.11}$$

である。行と層が連関している場合も同じ要領で計算すればよい。

X^2 の定義は、独立モデルと同じである。表 9.4 の場合、1 変数独立モデルの X^2 は、80.3 である。

自由度

この例のように、層が行と列から独立している場合、モデルの自由度は、

$$df = rcl - rc - l + 1 = (rc - 1)(l - 1) \tag{9.12}$$

で計算される。表 9.4 の場合、$(5 \cdot 4 - 1)(2 - 1) = 19$ である。もしも列と層が連関していると仮定するならば、

$$df = rcl - cl - r + 1 = (cl - 1)(r - 1) \tag{9.13}$$

となる。行と層の連関を仮定する場合も同じ要領で計算すればよい。

このモデルでは、母集団で i 行 j 列に属するケースの比率 $p_{ij\bullet}$ を $n_{ij\bullet}/N$ を使って推定する。したがってまず $rc-1$ 個のパラメータを推定する。さらに $p_{\bullet\bullet k}$ の比率も推定するので、推定するパラメータの数はさらに $l-1$ 個増える。合計で $rc+l-2$ 個のパラメータを推定するので、これを $N-1$ から引くと、(9.12) 式が得られる。

表 9.4 の例では、自由度 19 のカイ二乗分布の 1% 水準の限界値は、36.19 であるから、表 9.4 に関しては、1 変数独立モデルも棄却される。

連関を仮定すると、自由度は小さくなる。なぜなら独立モデルよりも多くのパラメータを推定する必要があるからである。相対的に多くのパラメータを推定するモデルを**複雑な**モデル、推定パラメータの少ないモデルを**単純な**モデルと形容することにする。連関を多く仮定するほど、モデルは複雑になっていく。あるいは、自由度が大きいほどモデルは単純であると言える。

9.2.5 条件付き独立モデル

期待度数

条件付き独立モデルの期待度数の推定値は、行と列、列と層は連関しているが、行と層は条件付きで独立の場合、

$$\hat{\mu}_{ijk} = \frac{n_{ij\bullet} n_{\bullet jk}}{n_{\bullet j\bullet}} \tag{9.14}$$

である。これは 93 ページ、7.4.2 節の $\sum G^2$ における期待度数の推定値とまったく同じものである。条件付き独立モデルは、第 3 変数でコントロールした場合、1 次の表において 2 変数の連関が消えることを予測する。(9.14) 式の分母の部分は、1 次の表の総度数に対応し、分子は 1 次の表の周辺度数の積に対応している。表 9.4 の例では、列変数に当たる読み聞かせの経験でコントロールする形になるので、ちょっとわかりにくいかもしれないが、列と層の変数を入れ替えて考えればよい。

表 9.4 の場合、例えば、4 行 3 列 2 層の期待度数の推定値は、

$$\hat{\mu}_{432} = \frac{n_{43\bullet} n_{\bullet 32}}{n_{\bullet 3\bullet}} = \frac{(85+2) \cdot 10}{334+10} = 2.53$$

となる。ピアソンの適合度統計量 X^2 はこれまでと同じように計算でき、表 9.4 の場合、条件付き独立モデルの X^2 は、30.241 である。

自由度

層と行が条件付きで独立している場合の自由度は、

$$df = rcl - rc - cl + c = c(r-1)(l-1) \tag{9.15}$$

である。これも 7.4.2 節での自由度の定義とまったく同じものを別の表現で表しただけである。表 9.4 の場合、

$$df = 4(5-1)(2-1) = 16$$

である。自由度 16、$X^2 = 30.241$ の有意確率は、0.017 である。したがって条件付き独立モデルは、1% 水準では棄却されないが、5% 水準では棄却される。

ここでの計算は、行と層が条件付きで独立であるというモデルにもとづいていたが、行と列が条件付きで独立であるというモデルの場合は、適宜数値を入れ替えて期待度数と自由度を計算する必要がある。

9.2.6 均一連関モデル

均一連関モデルとは、3 変数がそれぞれ連関しているというモデルである。均一連関モデルの期待度数の推定値は、繰り返し計算をしないと求められないので、10.1.2 項で論じることにする。このモデルの自由度は、

$$df = (r-1)(c-1)(l-1) \tag{9.16}$$

で与えられる。ちなみに表 9.4 の場合、均一連関モデルの自由度は

$$df = (5-1)(4-1)(2-1) = 12 \tag{9.17}$$

となり、$X^2 = 19.17$、有意確率は、0.085 である。このモデルは 5% 水準でも棄却されない。

9.2.7 飽和モデル

飽和モデルの期待度数は、

$$\hat{\mu}_{ijk} = n_{ijk} \tag{9.18}$$

であり、セル度数と期待度数の推定値が一致するので、ピアソンの適合度統計量 X^2 は必ず 0、自由度も 0、有意確率を計算する意味はない。飽和モデルが棄却されることはない。

■**問題** 71 ページの表 6.7 に、独立モデル [性別] [収入] [就業形態]、[性別] [収入・就業形態] の 1 変数独立モデル、[性別・収入] [収入・就業形態] の条件付き独立モデルを当てはめ、ピアソンの適合度統計量 X^2 と自由度を求め、それぞれ検定しなさい。

9.3 モデルの選択

以上 5 種類のモデルを概観してきたが、どのモデルがデータの特徴をうまくつかんでいると言えるだろうか。あるいは、母集団での実際の分布は、どのモデルに一番近いと考えるべきだろうか。一般にモデル選択の基準は、

- 有意確率が低すぎてはいけない。例えば、1% 水準で棄却されてしまうようなモデルは採択すべきではないかもしれない。
- できるだけ単純なものがよい。モデルのデータに対する当てはまりが大差ないならば、より単純なモデルを選ぶべきである。つまり自由度の大きなモデルということになる。

上の 2 つの基準は、トレードオフの関係にある。複雑なモデルほど有意確率は大きくなりやすいし、単純なモデルほど有意確率は小さくなる傾向がある。

9.3.1 AIC

モデル選択の 1 つの目安は、**赤池情報量基準 AIC (Akaike Information Criterion)** という数値である。AIC は、

$$AIC = G^2 - 2df \tag{9.19}$$

で定義される [*2]。この数値が小さいモデルほど、母集団の分布によく当てはまっていると考えられる [*3]。したがって、考えられるモデルの中から、いちばん AIC の小さいモデ

[*2] $AIC = G^2 + 2$(推定パラメータ数) で定義されることもある。データが同じものなら、自由度とパラメータ数はマイナスの比例関係にあるので、AIC をどちらの定義で用いても、相対的な当てはまりのよさの判断に違いがでることはない。

[*3] AIC については北川・石黒・坂元 [23] や鈴木 [42] を参照。

ルを採択すればよいということになる。

9.3.2 ΔG^2

もう1つの基準は、推定パラメータを追加してモデルを複雑にすることで、有意に尤度比統計量 G^2 が減少するかどうかを検定する方法がある。例えば、[A][B][C] よりも [AB][C] のほうが複雑である。表 9.4 の例では、[A][B][C] と [AB][C] の尤度比統計量は、それぞれ

$$G^2_{[A][B][C]} = 199.9, \qquad G^2_{[AB][C]} = 85.1$$

である。2 つの尤度比統計量の差を ΔG^2 と表記すると、この場合、

$$\Delta G^2 = G^2_{[A][B][C]} - G^2_{[AB][C]} = 199.9 - 85.1 = 114.8 \tag{9.20}$$

である。この値も期待度数がじゅうぶんに大きければ、カイ二乗分布する。その場合の自由度は、2 つのモデルの自由度の差である。それぞれのモデルの自由度は、

$$df_{[A][B][C]} = 31, \qquad df_{[AB][C]} = 19$$

である。自由度の差を Δdf と表記すると、この場合、

$$\Delta df = df_{[A][B][C]} - df_{[AB][C]} = 31 - 19 = 12 \tag{9.21}$$

である。自由度 12 のカイ二乗分布の 1% 水準の限界値は、26.22 である。ΔG^2 の方が大きいので、[AB][C] のほうが母集団の分布に近いモデルであると言える。ただし、この検定の意味を正しく理解して使いこなすためには、対数線形モデルの知識が不可欠であるので、ΔG^2 については、9.4 節でもう一度論じることにしよう。

しかし、AIC も ΔG^2 も 1 つの基準にすぎず、わかりやすさ、解釈のしやすさなどを総合的に勘案して、モデルは選択すべきであろう。

9.3.3 分析例

表 9.4 にすべてのモデルを当てはめてみて、有意確率 α と AIC を計算したのが表 9.5 である。計算には、LEM というフリーウェアを使った。

表 9.5 を見ると、飽和モデルのほかにも、均一連関モデルが 5% 水準でも棄却されていないし、[AB] [BC] も 1% 水準では棄却されていない。モデルはできるだけ単純なモデルを採用するのがよい。精度だけで考えれば、飽和モデルがもっともよいが、均一連関モデルも、[AB] [BC] もすてがたい。AIC を見ると均一連関モデルが一番 AIC が小さく、僅差で [AB] [BC] が続いている。この 2 つのモデルのうちいずれかを採択すればいいだろう。ここでは、[AB] [BC] を採択しておく[*4]。

9.3 モデルの選択

表 9.5 表 9.4 を対数線形モデルで分析した結果

モデル		G^2	df	α	AIC
飽和モデル	[ABC]	0	0		0
均一連関モデル	[AB] [AC] [BC]	19.2	12	0.082	−4.8
条件付き	[AB] [AC]	64.0	15	0.000	34.0
独立モデル	[AB] [BC]	28.7	16	0.024	−3.3
	[AC] [BC]	122.4	24	0.000	74.4
1 変数独立	[AC] [B]	168.0	27	0.000	114.0
モデル	[AB] [C]	85.1	19	0.000	47.1
	[A] [BC]	143.5	28	0.000	87.5
独立モデル	[A] [B] [C]	199.9	31	0.000	137.9

A=出生年, B=読み聞かせの経験, C=エスニシティ

■**問題** 表 9.6 は、71 ページの表 6.7 に対数線形モデルを当てはめた結果である。それ

表 9.6 表 6.7 を対数線形モデルで分析した結果

モデル		G^2	df	1% 水準	AIC
飽和モデル	[ABC]	0			0
均一連関モデル	[AB] [AC] [BC]	0.5			
条件付き	[AB] [AC]	109.9			
独立モデル	[AB] [BC]	21.5			
	[AC] [BC]	48.8			
1 変数独立	[AC] [B]	228.1			
モデル	[AB] [C]	200.8			
	[A] [BC]	139.7			
独立モデル	[A] [B] [C]	319.1			

A=性別, B=収入, C=就業形態

それのモデルの自由度と AIC を計算せよ。また、それぞれのモデルは 1% 水準で棄却されるか。棄却される場合は ×、されない場合は ○ をつけなさい。また、それらの結果から、最も適当なモデルを選びその理由を述べなさい。

---

*4 問題は、出生年 A とエスニシティ C の間の連関を仮定するかどうかだが、実はこのケースでは、連関を仮定すべきかどうかは瑣末な問題である。このデータでは、在日韓国人男性のほうが、若干高齢なのだが、これは母集団の特性というよりはデータを集める際に生じたバイアスである。つまり、在日韓国人男性のサンプリング台帳が古かったため、若い対象者が相対的に多くたずねあたらなかったのである。そもそも日本と在日の男性を比べて年齢の分布を比較することは分析の趣旨ではない。このように関心のない変数間の連関はあらかじめ仮定しておくという方法もある。

9.3.4 BIC とケース数の問題

独立性の検定の節ですでに論じたように、X^2 も G^2 もケース数に比例する。AIC や ΔG^2 を基準とすると、ケース数が少ないと単純なモデルが採択されやすくなる。逆にケース数が多いと複雑なモデルが採択されやすくなる。特に1万ケースを超えるような巨大なサンプルを扱うと、飽和モデルしか採択されないといった事態が生じることがある。しかし、クロス表を見るとそのような複雑な連関があるようには思えないこともある。このような問題を緩和するために、**BIC(Baysian Information Criterion)** という基準が用いられることがある。BIC は

$$BIC = G^2 - (\log N) \times df \tag{9.22}$$

である。例えば、表 9.4 に独立モデルを当てはめた場合の BIC は

$$BIC = 199.9 - (\log 1328) \times 31 = -23.0$$

である。

■**問題** 表 9.6 および 71 ページの表 6.7 から、それぞれのモデルの BIC を計算し、もっとも BIC の低いモデルを選びなさい。

9.4 対数線形モデルとは

これまでの議論で、おおよその目的は達成したのだが、さらに議論を発展させるために、対数線形モデルについて解説しよう。最初は何の意味があるのかわからないかもしれないが、これは重要な回り道であるので、しっかりついてきてほしい。

9.4.1 2 重クロス表の独立モデル

今まで3重クロス表について論じてきたが、説明を簡単にするために、2 重クロス表を例に考えよう。2 重クロス表に当てはめられるモデルは、いまのところ2つしかない。独立モデル [A] [B] か、飽和モデル [AB] のいずれかである。独立モデルは、ふつうの独立性の検定における帰無仮説そのものであり、飽和モデルは対立仮説におおむね対応する。独立モデルの期待度数は、

$$\hat{\mu}_{ij} = \frac{n_{i\bullet} n_{\bullet j}}{N} \tag{9.23}$$

と推測された。この推定の式は、i 行 j 列の度数を、周辺度数から予測するモデルであると言える。それはちょうど回帰分析で回帰式を使って従属変数の値を予測するのと同じようなものである。つまり従属変数の値の代わりにセルの度数を予測するのである。ところ

9.4 対数線形モデルとは

が、このままの式では後に紹介するいくつかのモデルにおいて、パラメータの推定が数学的に難しい。そこで両辺の自然対数をとってやると、

$$\log \hat{\mu}_{ij} = \log \frac{n_{i\bullet} n_{\bullet j}}{N}$$
$$= -\log N + \log n_{i\bullet} + \log n_{\bullet j} \tag{9.24}$$

と書き表すことができる[*5]。この式は期待度数の対数を、行と列の周辺度数と、総度数の対数の足し算によって推測するモデルになっている。このモデルでは、重回帰分析と同じように、行周辺度数と列周辺度数の対数に比例して、期待度数の推定値も増減すると予測されている。すなわち、このモデルも対数に変換すると、一種の線形関係を仮定するモデルであると見ることができる。それゆえ、このような線形関係を仮定して、セルの期待度数の対数を予測するモデルを**対数線形モデル** (log linear model) と呼ぶ。

表 9.7 妻と夫の学歴のクロス表

		妻の学歴			合計
		中学／高校	短大	4年制大学	
夫の学歴	中学／高校	36	5	2	43
	短大／4大	13	10	8	31
	合計	49	15	10	74

1995 年 SSM 調査データ [40] よりランダム・サンプリングしたもの

例としてもう一度夫婦学歴のクロス表に登場してもらおう（表 9.7）。これに独立モデルを当てはめた場合、1 行 1 列目の期待度数の対数は、

$$\log \hat{\mu}_{11} = -\log 74 + \log 43 + \log 49$$
$$= -4.304 + 3.761 + 3.892 = 3.349$$

と推定できる。したがってさらに、

$$\hat{\mu}_{11} = e^{3.349}$$
$$= 28.47$$

と計算することもできる。これは (9.23) 式で推定した値と同じである。同じようにその他のセルの期待度数も推定できる。

対数線形モデルで独立モデルの期待度数を推定する場合、その式は、

- 全体の度数の効果: $-\log N$
- 行の周辺度数の効果: $\log n_{i\bullet}$

[*5] 対数の計算については、86 ページの 7.3.1 項を参照。

- 列の周辺度数の効果: $\log n_{\bullet j}$

の3つの項の和として表される。ただし全体、行、列のいずれにどれだけの大きさの効果を帰するかについては、無数の方法が存在する。例えば、

$$\hat{\mu}_{ij} = N \times \frac{n_{i\bullet}}{N} \times \frac{n_{\bullet j}}{N} \tag{9.25}$$

$$\log \hat{\mu}_{ij} = \log N + \log \frac{n_{i\bullet}}{N} + \log \frac{n_{\bullet j}}{N} \tag{9.26}$$

としてもよい。(9.24) 式で推定しても (9.26) 式で推定しても、同じ期待度数の推定値を得られる。しかし (9.24) 式と (9.26) 式では、全体、行、列に帰せられる効果の大きさがまったく違ってくる。このほかにも、$a = bc$ であるような適当な実数 a、b、c を期待度数の推定の公式の分母と分子にかけて、

$$\hat{\mu}_{ij} = \frac{(bn_{i\bullet})(cn_{\bullet j})}{aN} \tag{9.27}$$

$$\log \hat{\mu}_{ij} = -\log aN + \log bn_{i\bullet} + \log cn_{\bullet j} \tag{9.28}$$

とすることができるので、どれだけの大きさの効果を全体、行、列に帰するかには無数のやり方がある。そこで、これらの効果の大きさの解釈を容易にするために、次のようなやり方で全体、行、列の効果の大きさを推定するのが一般的である。母集団における全体の効果の大きさを λ、i 番目の行の効果の大きさを $\lambda_{行(i)}$、j 番目の列の効果を $\lambda_{列(j)}$ とし、これらのサンプルからの推定値をそれぞれ $\hat{\lambda}$、$\hat{\lambda}_{行(i)}$、$\hat{\lambda}_{列(j)}$ とすると、

$$\log \mu_{ij} = \lambda + \lambda_{行(i)} + \lambda_{列(j)} \tag{9.29}$$

というモデルを立てる [*6]。ただし、

$$\sum_i \lambda_{行(i)} = \sum_j \lambda_{列(j)} = 0 \tag{9.30}$$

という条件を満たすように、個々の効果を推定する。このような制約条件を付けると、一意にすべての効果のパラメータを推定することができる。パラメータの計算のしかたは、ここでは重要ではない。(9.30) 式のような制約のもとで全体、行、列の効果を推定できることがわかればよい。例えば、夫婦学歴の例では、

$\hat{\lambda} = 2.261,$

$\hat{\lambda}_{行(1)} = 0.164, \quad \hat{\lambda}_{行(2)} = -0.164$

$\hat{\lambda}_{列(1)} = 0.924, \quad \hat{\lambda}_{列(2)} = -0.259, \quad \hat{\lambda}_{列(3)} = -0.665$

[*6] 一般にモデルを式で表す場合、推定値であることを示すハットを記号にはつけない。例えば $\hat{\lambda}$ ではなく λ を使う。これは、母集団ではパラメータの間に式で表すような関係が成り立っていると"仮定"していることを示す。ふつうパラメータそのものを知ることはできず、サンプルから推定するしかないわけだが、モデルを表す式は、サンプルから得られた統計量とは関係なく分析者が仮定するものであり、そのような仮定を示しているのが、(9.29) 式なのである。

9.4 対数線形モデルとは

である。行、列の効果の総和が、それぞれ 0 になっていることがわかるだろう。これらのパラメータ推定値から、全セルの期待度数の対数を推定すると、

$$\log \hat{\mu}_{11} = \hat{\lambda} + \hat{\lambda}_{行(1)} + \hat{\lambda}_{列(1)} = 2.261 + 0.164 + 0.924 = 3.349$$
$$\log \hat{\mu}_{12} = \hat{\lambda} + \hat{\lambda}_{行(1)} + \hat{\lambda}_{列(2)} = 2.261 + 0.164 - 0.259 = 2.166$$
$$\log \hat{\mu}_{13} = \hat{\lambda} + \hat{\lambda}_{行(1)} + \hat{\lambda}_{列(3)} = 2.261 + 0.164 - 0.665 = 1.760$$
$$\log \hat{\mu}_{21} = \hat{\lambda} + \hat{\lambda}_{行(2)} + \hat{\lambda}_{列(1)} = 2.261 - 0.164 + 0.924 = 3.021$$
$$\log \hat{\mu}_{22} = \hat{\lambda} + \hat{\lambda}_{行(2)} + \hat{\lambda}_{列(2)} = 2.261 - 0.164 - 0.259 = 1.838$$
$$\log \hat{\mu}_{23} = \hat{\lambda} + \hat{\lambda}_{行(2)} + \hat{\lambda}_{列(3)} = 2.261 - 0.164 - 0.665 = 1.432 \tag{9.31}$$

となる。これらから独立モデルの期待度数を推定すると、

$$\hat{\mu}_{11} = e^{3.349} = 28.47$$
$$\hat{\mu}_{12} = e^{2.166} = 8.72$$
$$\hat{\mu}_{13} = e^{1.760} = 5.81$$
$$\hat{\mu}_{21} = e^{3.021} = 20.51$$
$$\hat{\mu}_{22} = e^{1.838} = 6.28$$
$$\hat{\mu}_{23} = e^{1.432} = 4.19$$

となる。このように導かれる期待度数は、やはり (9.23) 式で計算した期待度数とまったく同じものになる。ただ、予測式の立て方が異なるだけである。

■**問題** 21 ページの表 2.10 に対数線形モデルの独立モデルを当てはめたところ、以下のようなパラメータの推定値が得られた。(a) $\log \hat{\mu}_{11}$、$\log \hat{\mu}_{34}$、$\log \hat{\mu}_{52}$ を (9.31) 式と同じようにしてもとめよ。(b) また、$\hat{\mu}_{11}$、$\hat{\mu}_{34}$、$\hat{\mu}_{52}$ を (a) の答えを使ってもとめよ。

$$\hat{\lambda} = 2.9068, \quad \hat{\lambda}_{行(1)} = 0.1317, \quad \hat{\lambda}_{行(2)} = 0.3522$$
$$\hat{\lambda}_{行(3)} = -0.8853, \quad \hat{\lambda}_{行(4)} = 0.3945, \quad \hat{\lambda}_{行(5)} = 0.0069$$
$$\hat{\lambda}_{列(1)} = 0.0007, \quad \hat{\lambda}_{列(2)} = 0.0007, \quad \hat{\lambda}_{列(3)} = -0.0013, \quad \hat{\lambda}_{列(4)} = -0.0002$$

9.4.2 飽和モデル

独立モデルから推定される期待度数は、実際のセル度数から著しく乖離しているかもしれない。その場合、飽和モデルを採択したほうが適切かもしれない。2 重クロス表においても、飽和モデルでは、

$$\hat{\mu}_{ij} = n_{ij} \tag{9.32}$$

である。2 重クロス表の飽和モデルを対数線形モデルで表すと、

$$\log \mu_{ij} = \lambda + \lambda_{行(i)} + \lambda_{列(j)} + \lambda_{行列(ij)} \tag{9.33}$$

と表せる。独立モデルとの違いは、一番最後に、行と列の連関を示す項が加わった点である。この項は、交互作用項とか、連関項、交互作用効果、連関効果、交互作用パラメータ、連関パラメータといった名前で呼ばれている。この連関を示す項の値は、各行各列で異なる。この項を加えることで、期待度数の推定値と実際のセル度数を一致させることができるようになる。ただし、連関項についても、全体、行、列の効果と同様、推定の仕方は無数にある。そこで一般的には、

$$\sum_i \lambda_{行列(ij)} = 0, \qquad \sum_j \lambda_{行列(ij)} = 0 \tag{9.34}$$

という制約がつけられる。夫婦学歴の例では、

$$\hat{\lambda} = 2.14$$
$$\hat{\lambda}_{行(1)} = -0.18, \quad \hat{\lambda}_{行(2)} = 0.18$$
$$\hat{\lambda}_{列(1)} = 0.94, \quad \hat{\lambda}_{列(2)} = -0.18, \quad \hat{\lambda}_{列(3)} = -0.75$$
$$\hat{\lambda}_{行列(11)} = 0.69, \quad \hat{\lambda}_{行列(12)} = -0.17, \quad \hat{\lambda}_{行列(13)} = -0.52$$
$$\hat{\lambda}_{行列(21)} = -0.69, \quad \hat{\lambda}_{行列(22)} = 0.17, \quad \hat{\lambda}_{行列(23)} = 0.52$$

となる。飽和モデルから、夫婦学歴のクロス表の1行1列目のセル度数を推測すると、

$$\log \hat{\mu}_{ij} = \hat{\lambda} + \hat{\lambda}_{行(1)} + \hat{\lambda}_{列(1)} + \hat{\lambda}_{行列(11)} = 2.14 - 0.18 + 0.94 + 0.69 = 3.59 \tag{9.35}$$

$$e^{3.95} = 36.2$$

で、実際のセル度数 36 とほぼ一致する。ぴったり一致しないのは、途中の計算で四捨五入したためである。

全体、行、列のパラメータの大きさを解釈することはないが、連関項の大きさは解釈する場合がある。連関項の大きさは、独立モデルからの乖離の程度と解釈できる。例えば、$\hat{\lambda}_{行列(11)} = 0.69$ で正の値なので、1行1列のセルは独立モデルの期待度数よりも、実際の度数が多いということを示す。逆に $\hat{\lambda}_{行列(13)} = -0.52$ なので、1行3列のセルは独立モデルの期待度数よりも、実際の度数が少ないということを示す。

■**問題** (a) 夫婦学歴のクロス表に飽和モデルを当てはめた場合の $\log \hat{\mu}_{12}$、$\log \hat{\mu}_{13}$、$\log \hat{\mu}_{22}$ を (9.35) 式と同じように式で表して計算しなさい。(b) また (a) の答えを使ってそれぞれのセルの期待度数も計算しなさい。

9.4.3 モデルの階層的関係

独立モデルは、飽和モデルの特殊ケースである。なぜなら、飽和モデルを示す (9.33) 式において $\lambda_{行列(ij)} = 0$ とすると、独立モデルを示す (9.29) 式と一致する。つまり、飽和

モデルにおいて連関項がすべて 0 の場合が、独立モデルであると言える。このように、一方のモデルが他方のモデルの持つすべてのパラメータをもっている場合、この 2 つのモデルは階層的関係にあるという。

9.5 3 重クロス表の対数線形モデル

3 重クロス表の連関も、対数線形モデルで表すことができる。A、B、C の 3 つの変数の連関を考える。A、B、C の周辺度数の効果を $\lambda_{A(i)}$、$\lambda_{B(j)}$、$\lambda_{C(k)}$ とすると、3 変数独立モデルは、

$$\log \mu_{ijk} = \lambda + \lambda_{A(i)} + \lambda_{B(j)} + \lambda_{C(k)} \tag{9.36}$$

となる。2 重クロス表の場合と同様に、パラメータは行、列、層に関して足し合わせた場合、0 になると仮定する。つまり、

$$\sum_i \lambda_{A(i)} = \sum_j \lambda_{B(j)} = \sum_k \lambda_{C(k)} = 0 \tag{9.37}$$

と仮定する。

9.5.1 連関項

対数線形モデルにおいて興味があるのは、ふつう 3 変数独立モデルではなく、一定の連関を仮定するモデルである。例えば、1 変数独立モデル [AB][C] の場合、

$$\log \mu_{ijk} = \lambda + \lambda_{A(i)} + \lambda_{B(j)} + \lambda_{C(k)} + \lambda_{AB(ij)} \tag{9.38}$$

となる。(9.36) 式との違いは、$\lambda_{AB(ij)}$ という項が加わったことである。連関項に関しても 2 重クロス表の場合と同様の制約をつける。すなわち、

$$\sum_i \lambda_{AB(ij)} = 0, \qquad \sum_j \lambda_{AB(ij)} = 0 \tag{9.39}$$

と仮定する。このような制約のために、$\lambda_{AB(ij)}$ の個数は、rc 個だが、$(r-1)(c-1)$ 個のパラメータを推定すると、残りのパラメータの値は自動的に決まってしまう。したがって、サンプルから推定するパラメータ（これを**自由パラメータ (free parameter)** ということがある）の数は $(r-1)(c-1)$ 個である。

同様にして条件付き独立モデル [AB][BC]、均一連関モデル [AB][BC][CA]、飽和モデル [ABC] はそれぞれ、

$$\log \mu_{ijk} = \lambda + \lambda_{A(i)} + \lambda_{B(j)} + \lambda_{C(k)} + \lambda_{AB(ij)} + \lambda_{BC(jk)} \tag{9.40}$$

$$\log \mu_{ijk} = \lambda + \lambda_{A(i)} + \lambda_{B(j)} + \lambda_{C(k)} + \lambda_{AB(ij)} + \lambda_{AC(ik)} + \lambda_{BC(jk)} \tag{9.41}$$

$$\log \mu_{ijk} = \lambda + \lambda_{A(i)} + \lambda_{B(j)} + \lambda_{C(k)} + \lambda_{AB(ij)} + \lambda_{AC(ik)} + \lambda_{BC(jk)} + \lambda_{ABC(ijk)} \tag{9.42}$$

となる。すべてのパラメータに関して (9.39) 式と同様の制約をつける。つまり、連関項はすべて行、列、層に関して足し合わせた場合、0 になるように制約するのが一般的である。

モデルが複雑になるにつれて、パラメータの数が増えるのがわかるだろう。パラメータを増やせば、ふつう予測の精度は上がる。少なくとも下がることはない。

任意のパラメータを λ とすると[*7]、パラメータの推定値 $\hat{\lambda}$ は、帰無仮説 $\lambda = 0$ のもとで平均 0 の正規分布をする。その標準誤差 SE も計算できるので (計算法は省略)、$\hat{\lambda}/SE$ を計算し、それが 1.96 以上ならば、5% 水準で有意ということになる。

表 9.8 表 9.4 に条件付き独立モデル [AB][BC] を当てはめたときの連関項の推定値

[AB]	無し	あまり無し	時々有り	よく有り
日本人男性	−0.56**	0.06ns	0.36**	0.14
在日韓国人男性	0.56	−0.06	−0.36	−0.14
[BC]				
1920 年代以前	0.41**	−0.16ns	−0.39**	0.14
30 年代	0.39**	−0.22ns	−0.11ns	−0.06
40 年代	0.15ns	0.06ns	−0.10ns	−0.11
50 年代	−0.19*	0.26**	0.21*	−0.29
60 年代以降	−0.77	0.06	0.40	0.32

** 1% 水準で有意、 * 5% 水準で有意、 ns 有意でない
（その他は自由パラメータではないとみなしている）

それでは、実際のパラメータ推定値を見ながら考えよう。表 9.8 は、表 9.4 に条件付き独立モデルを当てはめた場合の連関項の推定値である。例えば、「日本人男性」で「無し」のパラメータは、$\lambda_{AB(11)} = -0.56$ と推定されている。すると、(9.39) 式の制約から、「在日韓国人」「なし」のパラメータは自動的に 0.56 に決まってしまうのである。同様に「日本人男性」の「無し」「あまり無し」「時々有り」のパラメータが推定されると、「よく有り」のパラメータは、$\lambda_{AB(15)} = 0 - (-0.56 + 0.06 + 0.36) = 0.14$ となる。この連関項は自由パラメータではないとここではみなしているので、この値に関しては、検定を行っていない [*8]。そもそも対数線形モデルでは、個々のパラメータの統計的な有意性を細かく検討することはあまりないようである。

表 9.8 を見ると、「日本人男性」で「無し」のパラメータは、$\lambda_{AB(11)} = -0.56$ で、1% 水準で有意である。連関項が有意ならば、該当するセルにおいて、3 変数独立の場合の期待度数と実際の度数は異なると判断できる。なぜなら、もしも 3 変数が独立ならば、全体、行、列、層の効果だけから期待度数を推定しても、ほとんど実際の度数から乖離しな

[*7] 全体の効果も λ なので、まぎらわしいが、ここでは連関項もふくめてすべてのパラメータを一般的に表現する記号として用いている。

[*8] 必ずしも、一番最後の行や列を固定されたもの（つまり自由パラメータではない）とみなす必要はない。どの行でも列でもかまわない。モデルから示唆されるのは、「自由パラメータの数は $(r-1)(c-1)$ 個だけであり、それ以上のパラメータについて検定するのは冗長である」ということだけである。

9.5 3重クロス表の対数線形モデル

いはずである。だとすれば、連関項の推定値はほとんど 0 になり、有意にはならないはずである。連関項が正の有意な値をとれば、独立モデルよりも実際の度数は多いということであり、負の有意な値をとれば、実際の度数はもっと少ないと判断できる。

このように考えると、表 9.8 の上段からは、日本人男性は在日韓国人男性に比べて「無し」が相対的に少なく、「時々有り」が相対的に多いことがわかる。これはコーホートの効果をコントロールしてもそうだということである。また、表 9.8 の下段からは、古いコーホートでは「無し」が相対的に多かったが、最近になるにつれて減る傾向が見られる。全般に、最近になるにしたがって読み聞かせてもらった経験が増える傾向が読み取れる。

■**問題** 71 ページの表 6.7 に均一連関モデルを当てはめると、以下のようにパラメータが推定された。$\log \hat{\mu}_{111}$、$\log \hat{\mu}_{121}$、$\log \hat{\mu}_{222}$ を計算し、さらに $\hat{\mu}_{111}$、$\hat{\mu}_{121}$、$\hat{\mu}_{222}$ も計算せよ。

$\lambda = 3.370, \quad \lambda_{A(1)} = 0.159, \quad \lambda_{A(2)} = -0.159$
$\lambda_{B(1)} = 0.887, \quad \lambda_{B(2)} = -0.887, \quad \lambda_{C(1)} = 0.761, \quad \lambda_{C(2)} = -0.761$
$\lambda_{AB(11)} = -0.441, \quad \lambda_{AB(12)} = 0.441, \quad \lambda_{AB(21)} = 0.441, \quad \lambda_{AB(22)} = -0.441$
$\lambda_{AC(11)} = 0.271, \quad \lambda_{AC(12)} = -0.271, \quad \lambda_{AC(21)} = -0.271, \quad \lambda_{AC(22)} = 0.271$
$\lambda_{BC(11)} = -0.859, \quad \lambda_{BC(12)} = 0.859, \quad \lambda_{BC(21)} = 0.859, \quad \lambda_{BC(22)} = -0.859$

9.5.2 モデルの階層性

3 変数の階層的対数線形モデルにおいては、独立モデル、1 変数独立モデル、条件付き独立モデル、均一連関モデル、飽和モデルの 5 種類のみを扱う。"階層的" とは、連関項 $\lambda_{AB(ij)}$ をモデルに投入するときは、必ず $\lambda_{A(i)}$ と $\lambda_{B(j)}$ もモデルに投入するという意味である。$\lambda_{ABC(ijk)}$ をモデルに投入するならば、残りすべての項をモデルに投入する。例えば、以下のようなモデルは、階層的対数線形モデルではない。

$$\log \mu_{ijk} = \lambda + \lambda_{C(k)} + \lambda_{AB(ij)} \tag{9.43}$$

技術的には、$\lambda_{A(i)}$ や $\lambda_{B(j)}$ をモデルに入れずに $\lambda_{AB(ij)}$ だけ入れることは可能である。しかし、一般には、行や列の効果とは区別された連関の強さが問題になるので、階層性の仮定を置くことは一般的には理にかなっている。

3 変数で階層的対数線形モデルを検討する場合、表 9.5 や表 9.6 のように 9 個のモデルが考えられる。これらのモデルの間には、図 9.2 のような**階層的関係**がある。例えば、[AB][C] が持つパラメータは、すべて [AB] [BC] も持っている。2 つのモデルは、

$$\log \mu_{ijk} = \lambda + \lambda_{A(i)} + \lambda_{B(j)} + \lambda_{C(k)} + \lambda_{AB(ij)} \tag{9.44}$$
$$\log \mu_{ijk} = \lambda + \lambda_{A(i)} + \lambda_{B(j)} + \lambda_{C(k)} + \lambda_{AB(ij)} + \lambda_{BC(jk)} \tag{9.45}$$

と表されるが、(9.44) 式と (9.45) 式を比べると、(9.44) 式が持つパラメータはすべて (9.45) 式にも含まれている。このとき 2 つのモデルは階層的関係にあるという。しかし、

[AB][C] と [AC][BC] は階層的関係にはない。なぜなら、[AC][BC] は $\lambda_{AB(ij)}$ を含まないからである。このような階層的関係を図示したのが、図 9.2 なのである。2 つのモデルの間に階層的関係が成り立つ場合矢印で結んでいる。矢印をたどって間接的につながっている場合も階層的関係が成り立つ。例えば [AB][AC][BC] と [AC][B] は階層的関係にある。

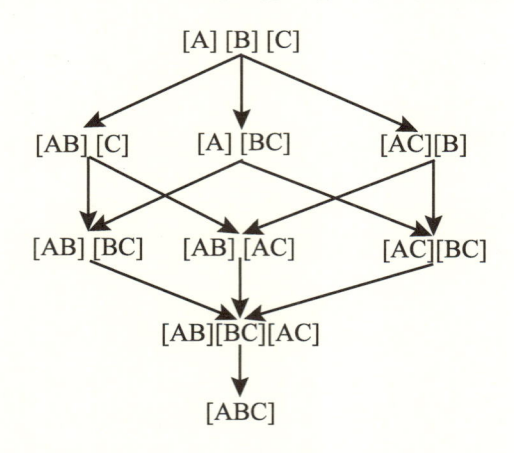

```
                    [A] [B] [C]
                   ↙     ↓     ↘
            [AB][C]   [A][BC]   [AC][B]
                  ↘ ↙      ↘ ↙
            [AB][BC]   [AB][AC]   [AC][BC]
                   ↘      ↓      ↙
                    [AB][BC][AC]
                         ↓
                       [ABC]
```

図 9.2 モデル間の階層的関係（矢印で結ばれている場合階層的関係がある）

9.5.3　ΔG^2 とモデル間の階層的関係

2 つのモデルが階層的な関係にある場合、9.3 節でふれたように、尤度比統計量 G^2 の値の差 ΔG^2 を検定できる。例えば、[AB][C] と [AB][BC] の G^2 の差を検定するとしよう。このとき、[AB][BC] には含まれているが、[AB][C] には含まれていないパラメータは $\lambda_{BC(jk)}$ である。もしも $\lambda_{BC(jk)} = 0$ ならば、[AB][BC] と [AB][C] はまったく同じものになってしまう。したがって G^2 の大きさも等しくなるはずである。しかし、$\lambda_{BC(jk)} \neq 0$ ならば、B と C の間に連関があるということであり、[AB][BC] のほうが G^2 が小さくなるはずである。したがって、帰無仮説 $\lambda_{BC(jk)} = 0$ を検定するための統計量が、$\Delta G^2 = G^2_{[AB][C]} - G^2_{[AB][BC]}$ なのである。そのため、2 つのモデルの間に階層的関係がない場合、ΔG^2 を使った検定はできない。

■**問題**　133 ページの表 9.6 から、以下の組み合わせの ΔG^2 を計算し、検定しなさい。(a) [AB][AC][BC] と [AC][BC]。(b) [AB][AC][BC] と [A][BC]。(c) [ABC] と [AB][AC][BC]。

9.6 標準残差

採択したモデルから予測される期待度数と、実際のセル度数の乖離の度合いを見ておく必要がある。モデル全体としては棄却されなくても、特定のセルで大きく乖離が生じている場合もある。また、何らかの有意味な解釈のできるようなパターンで乖離が生じている場合もある。場合によっては、より複雑なモデルをもう一度検討してみることも必要になる。このような期待度数と実際のセル度数の乖離の指標として標準残差が用いられる。i 行 j 列 k 層の標準残差を $\hat{z}_{ijk}$ とすると、

$$\hat{z}_{ijk} = \frac{n_{ijk} - \hat{\mu}_{ijk}}{\sqrt{\hat{\mu}_{ijk}}} \tag{9.46}$$

である。母集団で 残差 $= 0$ ならば、$\hat{z}_{ijk}$ も標準正規分布する。したがって標準残差が 1.96 より大きければ、両側 5% 水準で有意である [*9]。

表 9.4 に条件付き独立モデル [AB] [BC] を当てはめた場合の標準残差が、表 9.9 である

表 9.9 条件付き独立モデル [AB] [BC] の標準残差

日本人男性	子供のころ本を読み聞かされた経験			
	無し	あまり無し	時々有り	よく有り
1920 年代以前	0.343	0.010	−0.308	−0.589
30 年代	−0.081	0.331	−0.186	0.134
40 年代	−0.696	0.044	0.011	0.180
50 年代	0.177	−0.420	0.053	−0.226
60 年代以降	0.656	0.139	0.209	0.262
在日韓国人男性				
1920 年代以前	−0.791	−0.043	1.773	2.719
30 年代	0.188	−1.409	1.075	−0.618
40 年代	1.606	−0.187	−0.064	−0.830
50 年代	−0.408	1.790	−0.333	1.041
60 年代以降	−1.514	−0.591	−1.207	−1.207

1.5 より大きい値には網掛け

る。5% 水準の両側の限界値 1.96 以上の絶対値を取っているセルは、1 つだけであり、モデルの当てはまりはそれほど悪くない。

[*9] 36 ページの注*9 で論じたように、すべてのセルの残差が独立に分布しているわけではない。自由パラメータとみなせるのは、モデルの自由度と同じ数だけであり、それ以上のセルについて検定するのは冗長である。とはいえ、期待度数と実際のセルの乖離の度合いを見るための目安として標準残差や調整残差は役立つ。

■**問題** 表 9.10 は、71 ページの表 6.7 に条件付き独立モデル [AC][BC] を当てはめたときの期待度数である。これらから 1 行 1 列 1 層、1 行 2 列 1 層、1 行 1 列 2 層、1 行 2 列 2 層の標準残差を計算しなさい。

表 9.10 表 6.7 に条件付き独立モデル [AC][BC] を当てはめたときの期待度数

年収	正規雇用		非正規雇用	
	400 万未満	400 万以上	400 万未満	400 万以上
男	89.3	118.7	46.7	1.3
女	38.7	51.3	133.3	3.7

9.7 対数線形モデルの手続き

以下にこれまでのまとめをしておこう。3 変数の階層的対数線形モデルは以下の手続きで行えばよい。

1. まず多重クロス表を作り、行パーセントや順位相関係数など適切な数値を計算して、3 変数の連関のパターンを概観する。
2. 次に、9 種類のモデルの尤度比統計量 G^2、自由度、有意確率、AIC または BIC を計算し、適当なモデルを選択する。必要ならば ΔG^2 を計算するのもよい。このとき最小期待度数をチェックし、7.5 節の基準を満たしているか検討する。満たしていない場合は、対数線形モデルの利用は断念する。
3. もしもじゅうぶんな期待度数があれば、選んだモデルのパラメータの推定値と標準残差を概観し、解釈してみる。うまく解釈できなかったり、標準残差からより複雑なモデルが必要と判断される場合は、別のモデルを検討してみる。

数値の計算は、手計算では時間がかかりすぎてとうていできない。何らかの統計用のソフトウェアを使うのが賢明である。

9.8 4 変数以上を使った階層的対数線形モデル

連関の有無だけが問題ならば、3 変数まではすべてのモデルを検討できる。しかし、変数が 4 つ以上になると、すべてのモデルを検討するのは、ほとんど不可能である。例えば、A、B、C、D という 4 つの変数に関して、単純に 2 変数間の連関を仮定するモデルだけでも、

[A][B][C][D], [AB][C][D], [AC][B][D], [AD][B][C], [A][BC][D], [A][BD][C], [A][B][CD],

9.8 4変数以上を使った階層的対数線形モデル

[AB][AC][D], [AB][AD][C], [AB][BC][D], [AB][BD][C], [AB][CD], [AC][BC][D], [AC][BD],
[AC][B][CD], [AB][AC][AD], [AB][AC][BC][D], [AB][AC][BD], [AB][AC][CD], [AB][AD][BC],
[AB][AD][BD], [AB][AD][CD], [AB][BC][BD], [AB][BC][CD], [AB][BD][CD], [AC][AD][BC],
[AC][AD][BD], [AC][AD][CD], [AC][BC][BD], [AC][BC][CD], [AC][BD][CD], [AD][BC][BD],
[AD][BC][CD], [AD][BD][CD], [BC][BD][CD]．．．．．．．．．まだ続く。

といった具合で、とてもいちいちチェックしていられない。変数が5つ以上になれば、さらに可能なモデルは増えていく。チェックすべきモデルを減らすには、3つの方法があるといわれている。

1. 89ページの7.4節で行ったように、検証すべき仮説を特定し、その仮説の検証に関係のあるモデルだけを検討する。7.4節では、焦点となる2変数の間に連関が存在するかどうかが問題となっていた。その場合コントロール変数間の連関は必ず仮定する。焦点となっている変数をA、B、コントロール変数をC、Dとすると、条件付き独立モデル [ACD][BCD] と、AとBの連関をさらに加えた、[ACD][AB][BCD] の2つのモデルを比較すればよい。ΔG^2 を使って検定し、有意ならば、AとBの間には、C、Dをコントロールしても連関があるということである。有意でなければ、AとBは条件付き独立である。
2. 独立変数と従属変数に分けて、独立変数間の交互作用を仮定する。例えば、従属変数がY、独立変数がA、B、Cだとすると、いちばん単純なモデルは、[Y][ABC] である。ここから出発して [YA][ABC]、[YB][ABC]．．．．．．と、順次モデルを検討する。
3. ステップワイズ法を用いる。ステップワイズ法は一定のアルゴリズムにしたがって機械的に最適なモデルを探索する方法である。飽和モデル [ABCD] からはじめて、ΔG^2 のような指標を使って、次第に単純なモデルを検討していく場合が多いようである。詳細は Wickens [48] を参照されたい。

1番目の方法がもっとも好ましく、最後の方法がもっともまずい。ステップワイズ法は最良のモデルを選んでくれる保障はないので、目安以上のものではない。しかし統計ソフトがあれば手軽によさそうなモデルを探索することができるので、ステップワイズ法も役にはたつ。2番目の方法もかなりモデルを絞り込めるが、それでもかなりの試行錯誤が必要になる。この独立変数と従属変数をわける方法は、従属変数が1つの場合、ロジスティック回帰分析と同じものになる。詳しくは11章を参照されたい。

　4つ以上の変数の関係はかなり複雑であり、探索的に分析するだけでは限界がある。先行研究のレビューと中心仮説の理論的な検討なくしては、満足のいく分析を行うことは難しい。

9.9 練習問題

1. (a) 表 9.11 の 1 行 1 列 1 層、1 行 1 列 2 層、2 行 2 列 3 層に関して、[A][B][C]、[BC][A]、[AC][BC]、[ABC] の 4 つのモデルの期待度数をそれぞれ計算しなさい。

表 9.11 企業規模・雇用形態別の育児休業の有無（SSM2003 年予備調査 [33]）

C 企業規模	A 雇用形態	B 育児休業	
		無し	有り
30 人未満	非正規雇用	67	6
	正規雇用	100	28
30〜999 人	非正規雇用	38	16
	正規雇用	50	57
1000 人以上・官公庁	非正規雇用	8	8
	正規雇用	8	81

(b) 表 9.11 に階層的対数線形モデルを当てはめた結果が表 9.12 である。それぞれのモデルの自由度と AIC、BIC そして 5% 水準で棄却されるかどうかを述べなさい（棄却されるならば×、されなければ○を書きなさい）。また、それらの結果から、最も適当なモデルを選びその理由を述べなさい。

(c) 以下の組み合わせに関して ΔG^2 を計算し、検定しなさい。（ア）[A][B][C] と [BC][A]（イ）[BC][A] と [AC][BC]（ウ）[AB][BC] と [AB][AC][BC]

表 9.12 表 9.11 を対数線形モデルで分析した結果

モデル		G^2	df	検定	AIC	BIC
飽和モデル	[ABC]	0				
均一連関モデル	[AB] [BC] [AC]	3.5				
条件付き	[AB] [AC]	130.4				
独立モデル	[AB] [BC]	6.2				
	[AC] [BC]	28.7				
1 変数独立	[AB] [C]	147.3				
モデル	[AC] [B]	169.9				
	[BC] [A]	45.6				
独立モデル	[A] [B] [C]	186.8				

A=就業形態, B=育児休業の有無, C=企業規模

2. 3 つの変数 X、Y、Z からなる 3 重クロス表に階層的対数線形モデルを当てはめる。

9.9 練習問題

下記のようなモデルを当てはめる場合、それぞれのモデルを "$\log \mu_{ijk} =$" のかたちで表しなさい。

    (a) [X] [Y] [Z]   (b) [XY] [XZ]   (c) [XYZ]

3. 2行3列4層からなる3重クロス表に、階層的対数線形モデル [AB] [BC] [CA] を当てはめるとしよう。このとき、以下の対数セル度数をパラメータの和で示しなさい。

    (a) $\log \mu_{123}$ (b) $\log \mu_{214}$ (c) $\log \mu_{132}$

4. 次の対数線形モデルのうちから、階層性の仮定を満たさないものを選びなさい。

    (a) $\log \mu_{ijk} = \lambda + \lambda_{1(i)} + \lambda_{2(j)} + \lambda_{12(ij)} + \lambda_{31(ki)}$
    (b) $\log \mu_{ijk} = \lambda + \lambda_{1(i)} + \lambda_{2(j)} + \lambda_{3(k)} + \lambda_{31(ki)}$
    (c) $\log \mu_{ijk} = \lambda + \lambda_{1(i)} + \lambda_{2(j)} + \lambda_{3(k)} + \lambda_{12(ij)} + \lambda_{31(ki)}$
    (d) $\log \mu_{ijk} = \lambda + \lambda_{1(i)} + \lambda_{2(j)} + \lambda_{3(k)} + \lambda_{12(ij)} + \lambda_{31(ki)} + \lambda_{123(ijk)}$
    (e) $\log_e \mu_{ijk} = \lambda + \lambda_{1(i)} + \lambda_{2(j)}$

5. 表 9.13 は、表 9.11 にモデル [BC][A] を当てはめた場合のパラメータの推定値である。例えば、$\lambda_{A(1)} = -0.409$、$\lambda_{B(2)} = -0.010$、$\lambda_{C(3)} = -0.482$、$\lambda_{BC(13)} = -0.868$ であることがこの表は示している。1行2列1層、1行2列2層、2行1列3層の期待度数の対数および期待度数をこの表から求めよ。

表 9.13 表 9.11 にモデル [BC][A] を当てはめた場合のパラメータ推定値

λ	3.338		
	1	2	3
$\lambda_{A(i)}$	-0.409	0.409	
$\lambda_{B(j)}$	0.010	-0.010	
$\lambda_{C(j)}$	0.210	0.272	-0.482
$\lambda_{BC(jk)}$		C	
B	1層	2層	3層
1列	0.785	0.083	-0.868
2列	-0.785	-0.083	0.868

6. 表 9.11 にモデル [BC][A] を当てはめた場合の標準残差を1行2列1層、1行2列2層、2行1列3層に関して計算しなさい。

第10章

対数線形モデルの発展と応用

この章では、対数線形モデルの各論と応用についていくつかとりあげる。

10.1 繰り返し比例当てはめ法

均一連関モデルの期待度数は、簡単には計算できなかった。この期待度数の計算を、**繰り返し比例当てはめ法 (method of iterative proportional fitting)** を使ってやってみよう。一般的な議論は、エヴェリット [8] を参照されたい。

10.1.1 "2重"クロス表の場合

表 10.1 のような仮想の"2重"クロス表の独立モデルにおける期待度数を計算する。も

表 10.1 仮想の 2×2 表

30	70
50	40

ちろん繰り返し比例当てはめ法を使わなくても、すでに習った公式を用いれば、期待度数は計算できるが、繰り返し比例当てはめ法の考え方を理解するために、簡単な例から考えてみよう。繰り返し比例当てはめ法を用いる場合、まず、初期値として各セルに 1 を与える。

表 10.2 繰り返し比例当てはめ法の初期値

1	1
1	1

10.1 繰り返し比例当てはめ法

次に、この初期値の表の周辺度数が、表 10.1 の周辺度数と一致するように、適当な数値をかけ合わせていく。まず 1 行目の周辺度数は、表 10.1 は $30 + 70 = 100$、表 10.2 は $1 + 1 = 2$ である。つまり 1 行目に関しては、表 10.1 の周辺度数は、表 10.2 の周辺度数の $100/2 = 50$ 倍であるから、2 つの表の周辺度数を一致させるためには、表 10.2 の 1 行目のセル度数に 50 をかければよい。すると、

50	50
1	1

となる。同様にして 2 行目の周辺度数はそれぞれ 90 と 2 だから、2 行目は $90/2 = 45$ 倍して、表 10.3 のようになる。次に 1 列目に注目する。もとのクロス表 10.1 の 1 列目の周

表 10.3 行周辺度数が一致したところ

50	50
45	45

辺度数は $30 + 50 = 80$、表 10.3 は $50 + 45 = 95$ である。したがって、表 10.3 の 1 列目のセル度数を $80/95 = 0.842$ 倍して

42.1	50
37.9	45

となる。同様にして、表 10.1 と表 10.3 の 2 列目の周辺度数はそれぞれ、110, 95 だから、$110/95 = 1.16$ 倍して、表 10.4 のようになる。表 10.1 と表 10.4 の周辺度数を比べると、

表 10.4 計算終了

42.1	57.9
37.9	52.1

完全に一致しているので、計算はこれで終わりである。もしも一致しなければ、一致するまで今までのプロセスを繰り返す。一般に、公式で期待値を計算できる場合、1 回のプロセスで期待度数が得られるが、そうでない場合は、複数回繰り返す必要がある。当然のことだが、表 10.4 の数値は、公式を使って期待度数を求めた場合とまったく同じである。

■**問題** 次の表に、独立モデルを当てはめ、繰り返し比例当てはめ法で期待度数を計算せよ。

80	20
30	60

10.1.2 均一連関モデルの期待度数

それでは、A、B、C の 3 つの変数の 3 重クロス表に、均一連関モデル [AB][BC][CA] を当てはめた場合の期待度数を、繰り返し比例当てはめ法を使って計算してみよう。次のような仮想のクロス表に均一連関モデルを当てはめる。

表 10.5 仮想の 3 重クロス表

	C=1		C=2	
	B=1	B=2	B=1	B=2
A=1	20	25	15	35
A=2	60	10	40	5

初期値はやはり 1 だから、表 10.6 のようになる。"2 重"クロス表に独立モデルを当て

表 10.6 繰り返し計算の初期値

	C=1		C=2	
	B=1	B=2	B=1	B=2
A=1	1	1	1	1
A=2	1	1	1	1

はめる場合、1 変数の周辺度数を使って期待度数を計算したが、3 つ以上の変数を含むモデルで連関を仮定する場合、連関を仮定した 2 つの変数に関しては、2 変数周辺度数を使う。そこで、$A \times B$、$B \times C$、$C \times A$ の 2 変数周辺度数を計算すると、表 10.7 のように

表 10.7 表 10.5 の 2 変数周辺度数

	B=1	B=2		B=1	B=2		C=1	C=2
A=1	35	60	C=1	80	35	A=1	45	50
A=2	100	15	C=2	55	40	A=2	70	45

なる。この 2 変数周辺度数に合うように、初期値に適当な数値をかけ合わせていく。まず A と B の 2 変数周辺度数に当てはめていく。表 10.5 と表 10.6 の 2 変数周辺度数 $n_{11\bullet}$ はそれぞれ、$20 + 15 = 35$、$1 + 1 = 2$ だから、表の A=1、B=1 のセルを $35/2 = 17.5$ 倍

10.1 繰り返し比例当てはめ法

	C=1		C=2	
	B=1	B=2	B=1	B=2
A=1	17.5	1	17.5	1
A=2	1	1	1	1

となる。同様にして表 10.5 と表 10.6 の $n_{12\bullet}$ はそれぞれ 60 と 2、$n_{21\bullet}$ はそれぞれ 100 と 2、$n_{22\bullet}$ はそれぞれ 15 と 2 だから、A=1、B=2 のセルは $60/2 = 30$ 倍、A=2、B=1 は $100/2 = 50$ 倍、A=2、B=2 のセルは $15/2 = 7.5$ 倍すると、表 10.8 のようになる。次

表 10.8 A と B の 2 変数周辺度数に比例させたところ

	C=1		C=2	
	B=1	B=2	B=1	B=2
A=1	17.5	30	17.5	30
A=2	50	7.5	50	7.5

に、B と C の 2 変数周辺度数を一致させていく。表 10.5 と表 10.8 の B、C の 2 変数周辺度数は、それぞれ B=1、C=1 のとき 80 と $17.5+50 = 67.5$ だから、B=1、C=1 の各セルを $80/67.5 = 1.185$ 倍して、

	C=1		C=2	
	B=1	B=2	B=1	B=2
A=1	20.7	30	17.5	30
A=2	59.3	7.5	50	7.5

となる。表 10.5 と表 10.8 の 2 変数周辺度数は、B=1、C=2 のとき 55 と $17.5+50 = 67.5$、B=2、C=1 のとき 35 と $30 + 7.5 = 37.5$、B=2、C=2 のとき 40 と $30 + 7.5 = 37.5$ だから、それぞれ、$55/67.5 = 0.815$ 倍、$35/37.5 = 0.933$ 倍、$40/37.5 = 1.067$ 倍すると、

	C=1		C=2	
	B=1	B=2	B=1	B=2
A=1	20.7	28	14.2	32
A=2	59.3	7	40.7	8

となる。おなじ計算を C と A の周辺度数に関しても行うと、表 10.9 のようになる。これで、1 回目の計算が終わりである。表 10.9 の AB 周辺度数と BC 周辺度数を計算すると、表 10.5 の周辺度数とぴったりとは一致しない。そこで、これまでの計算プロセスをもう一度繰り返す。まず、表 10.9 の AB 周辺度数は、順に $19.1 + 15.4 = 34.5$、

表 10.9　繰り返し計算 1 回目のプロセス終了後

	C=1		C=2	
	B=1	B=2	B=1	B=2
A=1	19.1	25.9	15.4	34.6
A=2	62.6	7.4	37.6	7.4

$25.9 + 34.6 = 60.5$、$62.6 + 37.6 = 100.2$、$7.4 + 7.4 = 14.8$ だから、対応するセルをそれぞれ 35/34.5、60/60.5、100/100.2、15/14.8 倍すればいい。以下同様の計算を続ける。

このような計算を周辺度数のズレが一定の水準以下になるまで計算を続ける。ここでは、データの周辺度数と期待度数の周辺度数の差の最大値が 0.1 未満になるまで計算を続けた。5 回続けた結果が、表 10.10 である。

表 10.10　繰り返し計算終了後の期待度数

	C=1		C=2	
	B=1	B=2	B=1	B=2
A=1	18.2	26.8	16.8	33.2
A=2	61.8	8.2	38.2	6.8

どの 2 変数周辺度数もぴったり一致しているはずである。こういった計算を手計算で行うのは現実的ではない。実際には、コンピュータを使うことになるだろう。

■問題　次の表に、均一連関モデル [AB] [BC] [CA] を当てはめ、繰り返し比例当てはめ法で期待度数を計算せよ。繰り返し計算は、周辺度数の誤差が 1 未満になるまで続けよ。

	C=1		C=2	
	B=1	B=2	B=1	B=2
A=1	5	28	10	18
A=2	17	11	30	6

10.2　セル/周辺度数が 0 のとき

セルまたは周辺度数が 0 のとき、分析に特別な工夫が必要な場合がある。以下では、どのような場合に、どのような工夫が必要か論じていこう。

10.2.1 "2重" クロス表の場合

クロス表に度数がゼロのセルがあるからといって、必ずしも問題ではない。例えば、親の学歴と子供の学歴のクロス表を作ったら下の表のようになったとしよう。

10	6	0
15	16	5
1	9	17

このような場合、右上のゼロセルは、2変数の連関の強さを示しこそすれ、これが特に問題というわけではない。自由度は4、カイ二乗値は、31.5で有意な連関が見られる。しかし、次のようなケースはどうだろうか。

15	6	0
12	10	0
5	17	0

3列目がすべて0である。この表を3行×3列、自由度4のクロス表と考えるのは、おかしな話である。3列目に該当する人は1人もいないのであり、事実上、3行× **2列**、自由度2のクロス表と考えるほうが適当であろう。つまり、

15	6
12	10
5	17

である。こういうことは、起こりうる。例えば、列が子供の学歴で3列目が中卒だとすると、現在中卒の人の比率は低いので、たまたまサンプルの中に含まれていなかったということは、起こりうることである。

この例のポイントは、周辺度数がゼロならば、その行または、列は除外して考えるべきだということである。カイ二乗検定は、周辺度数を固定されたものとみなし、期待度数の推定値とセル度数の乖離の程度を見る。ところが周辺度数が0である（または0に近い）と、期待度数の推定値もセル度数も0（またはほとんど0）になってしまい、乖離しようがない。また、もしも母集団で、ある列の周辺度数が本当に0ならば、サンプルにおいてもその列の度数は絶対に0になるのであり、サンプリングの際の偶然によって、期待度数と実際のセル度数が乖離することなどありえないのである。このようなセルに関してカイ二乗検定をすることはまったく無意味であるばかりか、自由度を誤って増やしてしまい、検定を不正確にしてしまうことになる。

繰り返すが、問題なのは、自由度の計算である。この節の例では、ゼロの列を除いた場合の自由度は 2、そのままの場合は 4 であった。自由度が 2 と 4 では限界値の大きさが違ってくるので、検定を誤る可能性がある。

カイ二乗統計量 X^2 や G^2 の計算そのものは、ゼロの列を含めていても、いなくても結果に変わりはない。0 の列の期待度数もセル度数も 0 なので、この列は、X^2 や G^2 の大きさに影響しないし、0 の列を含めても含めなくてもその他のセルの期待度数に影響はないからである。

10.2.2 多重クロス表の場合

3 重クロス表でも同様の問題がある。というよりも、この問題は、多重クロス表の検定においてこそ、注意を要するのである。

まず、1 変数の周辺度数が 0 の場合を考えよう。例えば、

	C=1		C=2	
	B=1	B=2	B=1	B=2
A=1	15	6	20	12
A=2	0	0	0	0
A=3	5	17	4	12

のような場合、2 行目を取り除いて 2×2×2 のクロス表と考えればいい。この場合、独立モデルの自由度は、$2 \cdot 2 \cdot 2 - 2 - 2 - 2 + 2 = 4$ である。それでは、表 10.11 はどうだろうか。この表に独立モデルを当てはめるだけならば、まったく問題はない。いずれの 1 変数

表 10.11 仮想のクロス表

	C 高学歴		C 低学歴	
	B 自民支持	B 不支持	B 自民支持	B 不支持
A ブルーカラー	15	6	20	12
A ホワイトカラー	5	17	4	12
A 医者	4	3	0	0

A: 職業, B: 自民支持/不支持, C: 学歴

周辺度数もゼロではないので、ふつうの 3×2×2 表として処理すればよい。問題は、A: 職業と C: 学歴の連関を仮定するモデルを当てはめる場合である。例えば、[AC][B] というモデルを当てはめるとしよう。このとき期待度数の計算に A と C の 2 変数周辺度数を用いる。しかし、$n_{医者 \bullet 低学歴} = 0$、つまり、2 変数周辺度数の 1 つが 0 である。この場合、

10.2 セル/周辺度数が 0 のとき

2 重クロス表の場合と同様、医者で低学歴のセルは除外して自由度を計算する必要がある。もしも母集団において低学歴の医者が存在しないとすれば、サンプルにおいても存在するわけがないのであり、低学歴の医者に対応する 2 つのセルは、期待度数も実際のセル度数も、0 以外にはならない。この場合、期待度数とセル度数がサンプリングのさいの偶然によって乖離することもありえないので、検定に含めて考えるのは不適切なのである。

カイ二乗値は、そのまま計算しても、ゼロセルを除外して計算しても値はおなじなので気にする必要はない。しかし、自由度の計算は少しやっかいである。

10.2.3 対数線形モデルにおける自由度の計算

ゼロセルを無視する場合

対数線形モデルにおける自由度 df は、

$$df = 総セル数 - 自由パラメータ数 \tag{10.1}$$

である。総セル数とは、クロス表のセルの数である。表 10.11 の場合、総セル数は、$3 \times 2 \times 2 = 12$ である。自由パラメータとは、パラメータの制約とは関係なく、自由に推定されたパラメータの数のことである。例えば、表 10.11 に [AC][B] を**ゼロセルを無視して**当てはめる場合、モデルは、

$$\log \mu_{ijk} = \lambda + \lambda_{A(i)} + \lambda_{B(j)} + \lambda_{C(k)} + \lambda_{AC(ik)}$$

だから、パラメータは全部で

λ	$\lambda_{A(ブルー)}$	$\lambda_{B(支持)}$	$\lambda_{C(高)}$	$\lambda_{AC(ブルー, 高)}$
	$\lambda_{A(ホワイト)}$	$\lambda_{B(不支持)}$	$\lambda_{C(低)}$	$\lambda_{AC(ブルー, 低)}$
	$\lambda_{A(医者)}$			$\lambda_{AC(ホワイト, 高)}$
				$\lambda_{AC(ホワイト, 低)}$
				$\lambda_{AC(医者, 高)}$
				$\lambda_{AC(医者, 低)}$

の 14 個である。ただし、自由パラメータの数はこれよりももっと少ない。134 ページの 9.4 節で述べたように、パラメータには制約がある。例えば、$\lambda_{A(ブルー)} + \lambda_{A(ホワイト)} + \lambda_{A(医者)} = 0$ である。この 3 つのパラメータのうち、自由に推定できるのは、2 つだけである。残りの 1 つは、2 つのパラメータが決まった時点で自動的に決定される。例えば、$\lambda_{A(ブルー)} = -\lambda_{A(ホワイト)} - \lambda_{A(医者)}$ である。B も C も同様である。連関項に関しても同様で、職業に関して足しても、学歴に関して足してもパラメータの和はゼロでなければな

らない。つまり、

$$\lambda_{AC(ブルー, 高)} + \lambda_{AC(ブルー, 低)} = 0$$
$$\lambda_{AC(ホワイト, 高)} + \lambda_{AC(ホワイト, 低)} = 0$$
$$\lambda_{AC(医者, 高)} + \lambda_{AC(医者, 低)} = 0$$
$$\lambda_{AC(ブルー, 高)} + \lambda_{AC(ホワイト, 高)} + \lambda_{AC(医者, 高)} = 0$$
$$\lambda_{AC(ブルー, 低)} + \lambda_{AC(ホワイト, 低)} + \lambda_{AC(医者, 低)} = 0$$

である。したがって自由パラメータの数は、この連関項については、2つしかないことになる。結局モデルの自由パラメータの数は全部で、全体の効果が1、行、列、層の効果が、$2+1+1=4$、連関項が2、だから合計7になる。したがってこのモデルの自由度は、総セル数12から7を引いて5ということになる。

飽和モデルの場合、必ず 総セル数 = 自由パラメータ数 となり、自由度は必ず0になる。

以上は、一般的な自由度の数え方である。しかし、ゼロセルを考慮する場合、多少の変更が必要である。

■**問題** 次のそれぞれに関して、モデルの自由パラメータの数と自由度を数えなさい。

(a) $3 \times 4 \times 5$ 表に [A][B][C]　(b) $2 \times 3 \times 5$ 表に [AB][C]　(c) $2 \times 3 \times 4$ 表に [AB][BC]

10.2.4　ゼロセルを考慮する場合

ゼロセルを考慮する場合も、(10.1) 式を基本的には使えばよい。ただし、総セル数と自由パラメータの数を若干調整する。つまりまず総セル数から、周辺度数が0であるせいで、期待度数が0になっているセルの数を引く。表10.11の場合 $12-2=10$ が調整済み総セル数である。パラメータの数からは、0になっている周辺度数の数を引く。これを調整済み自由パラメータ数と呼んでおこう。表10.11に [AC][B] を当てはめた場合は、$7-1=6$ である。したがって

$$df = 調整済み総セル数 - 調整済み自由パラメータ数 \quad (10.2)$$
$$= 10 - 6 = 4$$

である。例をもう1つあげておこう。表10.12に、[AB][AC] を当てはめる場合、表10.13のような $A \times B$、$A \times C$ の2変数周辺度数を計算し、2変数周辺度数が0になるセルの数を数える。0の2変数周辺度数が3つなので、自由パラメータの数は3つ減らすことになる。期待度数が0になるセルを表にすると、表10.14のようになり、総セル数は、6個

10.2 セル/周辺度数が 0 のとき

表 10.12 ゼロセルを多く含む仮想のクロス表

	C=1			C=2		
	B=1	B=2	B=3	B=1	B=2	B=3
A=1	15	0	20	12	3	4
A=2	0	0	0	0	5	6
A=3	5	0	4	12	0	9

表 10.13 表 10.12 の 2 変数周辺度数

	B=1	B=2	B=3		C=1	C=2
A=1	27	3	24	A=1	35	19
A=2	0	5	6	A=2	0	11
A=3	17	0	13	A=3	9	21

表 10.14 期待度数が 0 になるセル

	C=1			C=2		
	B=1	B=2	B=3	B=1	B=2	B=3
A=1						
A=2	0	0	0	0		
A=3		0			0	

減らすことになる。したがって表 10.12 に [AB][AC] を当てはめる場合、

$$総セル数 = 3 \times 3 \times 2 = 18$$
$$修正済み総セル数 = 18 - 6 = 12$$
$$自由パラメータ数 = 1 + 2 + 2 + 1 + 4 + 2 = 12$$
$$修正済み自由パラメータ数 = 12 - 3 = 9$$
$$df = 12 - 9 = 3$$

である。

　前述のように、どのようなモデルを当てはめるかによって、自由度の修正の仕方も変わってくる。例えば、表 10.12 に [AB][C] を当てはめる場合、A、B、C と AB の周辺度数だけを考慮すればよい。したがって周辺度数が 0 のセルは 2 つ、それによって期待度

数が 0 になるセルは 4 つだから、

$$総セル数 = 3 \times 3 \times 2 = 18$$
$$修正済み総セル数 = 18 - 4 = 14$$
$$自由パラメータ数 = 1 + 2 + 2 + 1 + 4 = 10$$
$$修正済み自由パラメータ数 = 10 - 2 = 8$$
$$df = 14 - 8 = 6$$

となる。

こういった修正を行う統計ソフトウェアもあるし、しないものもある。ただし、期待度数が 0 になると、必ずソフトウェアが何らかの警告を行うので、それに注意しておけばよい。そもそも、期待度数が小さすぎる場合、カイ二乗統計量 X^2、G^2 がカイ二乗分布に従わないのだから、期待度数 $= 0$ のセルが問題なのは明らかである。しかし、上記のような自由度の修正で、問題は解決できる。結局、期待度数が 0 になるセルだけをカイ二乗値の計算や検定から除外して検定しようということである。

■**問題** 次の 2 つのクロス表に、それぞれ [A][BC] と [AB][BC] のモデルを当てはめた場合のモデルの自由度を、期待度数が 0 のセルを考慮して計算せよ。

		C=1		C=2	
		B=1	B=2	B=1	B=2
1.	A=1	15	6	0	12
	A=2	1	0	0	0
	A=3	5	17	0	12

		C=1			C=2		
		B=1	B=2	B=3	B=1	B=2	B=3
2.	A=1	15	0	20	12	0	4
	A=2	0	0	0	0	5	6
	A=3	5	0	4	12	0	9
	A=4	1	0	1	1	1	1

10.2.5 分析例

変数の数を増やすと、周辺度数が 0 のために期待度数が 0 になるケースがしばしば生じる。このとき、分析をあきらめず 10.2.4 項のような方法で自由度を調整することは、有効な方法の 1 つであろう。7.4 節で検討した 4 重クロス表、表 7.6（91 ページ）の検討をもう一度やってみよう。この例で問題だったのは、出生年 (D) と成績 (C) でコントロールしても出身家庭の資産 (A) と大学進学 (B) の間に連関があるかどうかであった。そこ

で条件付き独立モデル [ACD][BCD] を棄却できるかどうかが検討された。C と D でコントロールすると、9 個の 2 次のクロス表ができた。そのうち 1 つは、周辺度数が 0 になるために、分析から除外した。この章で解説してきた原則に従えば、除外した 2 次のクロス表も含めて、モデル [ACD][BCD] の自由度と尤度比統計量 G^2 を検討することができる。まず G^2 だが、除外した表を含めても G^2 は変化しないので 112.96 でよい。モデルは、

$$\log \mu_{ijk} = \lambda + \lambda_{A(i)} + \lambda_{B(j)} + \lambda_{C(k)} + \lambda_{D(l)} + \lambda_{AC(ik)} + \lambda_{AD(il)}$$
$$+ \lambda_{BC(jk)} + \lambda_{BD(jl)} + \lambda_{CD(kl)} + \lambda_{ACD(ikl)} + \lambda_{BCD(jkl)}$$

である。BCD の周辺度数のうちの 1 つ、B = 進学、C = 下・やや下、D = 1926〜41 年が 0 なので、このせいで期待度数が 0 になるセルは 3 つある。したがって自由度を計算すると、

$$総セル数 = 3 \times 2 \times 3 \times 3 = 54$$
$$修正済み総セル数 = 54 - 3 = 51$$

自由パラメータ数

λ	1	$\lambda_{AD(il)}$	4
$\lambda_{A(i)}$	2	$\lambda_{BC(jk)}$	2
$\lambda_{B(j)}$	1	$\lambda_{BD(jl)}$	2
$\lambda_{C(k)}$	2	$\lambda_{CD(kl)}$	4
$\lambda_{D(l)}$	2	$\lambda_{ACD(ikl)}$	8
$\lambda_{AC(ik)}$	4	$\lambda_{BCD(jkl)}$	4
		合計	36

$$修正済み自由パラメータ数 = 36 - 1 = 35$$
$$df = 51 - 35 = 16$$

で、7.4 節での計算と同じになる。

10.3 先験的ゼロ

10.3.1 問題

これまでのゼロセルは、周辺度数が 0 であるために、期待度数も実際のセル度数も 0 になるというケースであった。しかし、別のケースも考えられる。**先験的ゼロ (a priori zero)**、または**構造的ゼロ (structural zero)** と呼ばれるケースである。以下でそのようなケースを考えていこう。

意識調査では、いくつかの選択肢の中から、1 つだけ当てはまる選択肢を選んでもらうものが多いが、2 つ選んでもらうこともある。例えば次のような質問である。

1. この中では何が最も重要だと思いますか。
    (a) 国家の秩序の維持

(b) 重要な政府決定に関してもっと国民に発言権を与える
   (c) 物価の抑制
   (d) 言論の自由の擁護
  2. では、2番目に重要だと思うのはどれですか。

1番目に選んだ項目と2番目に選んだ項目の間に何か連関があるだろうか。2002年に実際に行った調査の結果が表10.15である。この種の表の特徴は、対角セルが必ず0になるという点である。最も重要なものと2番目に重要なものが同じものであることはありえない。そのため対角セルが0になる。このクロス表に関してふつうにカイ二乗検定をすれば、よほどケース数が少なくない限り有意な結果が得られる。この表の場合も自由度9でピアソンの適合度統計量 X^2 は455、1%水準で帰無仮説=独立モデルは棄却される。前の節のように期待度数が0になるセルもないし、統計学的には、このカイ二乗検定に何の問題もない。

表 10.15 価値観のクロス表（JIS 調査 [30] より）

最も重要	2番目に重要				合計
	秩序維持	発言権	物価抑制	言論自由	
秩序維持	0	140	132	72	344
	0	41%	38%	21%	
発言権	129	0	175	129	433
	30%	0	40%	30%	
物価抑制	115	90	0	43	248
	46%	36%	0	17%	
言論自由	35	45	21	0	101
	35%	45%	21%	0	
合計	279	275	328	244	1126
	25%	24%	29%	22%	

しかし、この検定の結果に満足する社会学者はまずいない。対角セルが0になるのは当たり前のことであり、そのせいで検定が有意になっても、それは最も重要なことと2番目に重要なことの間の実質的な連関を示しているわけではない。何とか対角線上のゼロセルの影響を取り除いて2変数の連関を検定することはできないだろうか。このように、クロス表を作る前から、あらかじめ0になることがわかっているような場合、そのセルは、**先験的にゼロ**、または**構造的にゼロ**であるという。構造的ゼロの効果を取り除いてセルの期待度数を計算し、本当に2つの変数が実質的に連関しているのかどうかを検定することが必要なのである。

10.3.2 期待度数の推定

期待度数は、10.1 節で紹介した繰り返し比例当てはめ法を使えば、推定できる。先験的にゼロのセル以外に関して、独立モデルを当てはめればよい。つまり、

$$\log \mu_{ij} = \lambda + \lambda_{A(i)} + \lambda_{B(j)}, \quad (i \neq j) \tag{10.3}$$

である。ただし、初期値が少し違う。先験的にゼロのセルは、初期値もゼロにする。その他のセルの初期値は、ふつうの繰り返し比例当てはめ法と同様に 1 にする。この場合、表 10.16 が初期値になる。これに繰り返し比例当てはめ法を用いる。初期値の周辺

表 10.16 繰り返し比例当てはめ法の初期値

0	1	1	1
1	0	1	1
1	1	0	1
1	1	1	0

度数はすべて 3 だから、行周辺度数を表 10.15 のそれに比例させると、$344/3 = 114.7$、$433/3 = 144.3$、$248/3 = 82.7$、$101/3 = 33.7$ だから、

0	114.7	114.7	114.7
144.3	0	144.3	144.3
82.7	82.7	0	82.7
33.7	33.7	33.7	0

となる。この表の列の周辺度数を、表 10.15 の列周辺度数に一致するように、適当な数値をかければよいから、各列を $279/260.7$、$275/231$、$328/292.7$、$244/341.7$ 倍すると、

0.0	136.5	128.5	81.9
154.5	0.0	161.8	103.1
88.5	98.4	0.0	59.0
36.0	40.1	37.7	0.0

となる。これではまだ完全に周辺度数が一致しないので、さらに 5 回繰り返し計算した結果が次の表である。

0.0	137.6	126.7	79.7
159.2	0.0	168.0	105.7
88.2	101.2	0.0	58.6
31.5	36.2	33.3	0.0

ほぼ周辺度数が一致しているのがわかるだろう。これで期待度数が計算できた。あとはふつうに X^2 や G^2 を計算すればよい。この場合、$X^2 = 32.7$ である。対角線上の先験的ゼロのセルを除いた総セル数が 12、自由パラメータ数が 7 なので、自由度は 5 である。自由度 5 の 1% 水準の限界値が 15.0 なので、独立モデルは棄却される。総セル数を計算する場合、やはり先験的にゼロのセルは除く。自由パラメータ数は、ふつうの独立モデルと同じなのでそのままでよい。

このようなモデルは、**準独立モデル (quasi-independence model)** と呼ばれている。準独立モデルとは、主対角線上以外のセルに関しては、独立であるというモデルである。主対角線とは、行数と列数が同じクロス表において、$i = j$ であるようなセルの並びのことである。準独立モデルは、一般的には、

$$\log \mu_{ij} = \lambda + \lambda_{A(i)} + \lambda_{B(j)} + \lambda_{対角\,(i)} \tag{10.4}$$

と表記することもできる。ただし、$i \neq j$ のとき $\lambda_{対角\,(i)} = 0$ である。つまり、対角セル以外に関しては、最後の項が 0 になるので (10.4) 式は独立モデルと同じになる。主対角線上に限っては、各セルにパラメータ $\lambda_{対角\,(i)}$ をわりふる。r 行 r 列のクロス表に準独立モデルを当てはめる場合、セル数は r^2、自由パラメータ数は、全体の効果が 1 個、行と列の効果がそれぞれ $r-1$ 個、$\lambda_{対角\,(i)}$ が r 個だから、自由度は

$$\begin{aligned} df &= \text{セル数} - \text{自由パラメータ数} \\ &= r^2 - (1 + 2(r-1) + r) = (r-1)^2 - r \end{aligned} \tag{10.5}$$

である。独立モデルに加えたパラメータを表にすると以下のようになる。

$\lambda_{対角\,(1)}$	0	0	0
0	$\lambda_{対角\,(2)}$	0	0
0	0	$\lambda_{対角\,(3)}$	0
0	0	0	$\lambda_{対角\,(4)}$

これらのパラメータは、独立モデルの期待度数と実際のセル度数（つまり 0）の間の乖離をうめるものである。

ちなみに、表 10.15 に関して、独立モデル、準独立モデル、飽和モデルの当てはまりのよさを比較してみると、表 10.17 のようになる。AIC で見ると飽和モデルのほうが当てはまりがよいが、BIC で見ると準独立モデルのほうがよい。このようなことが起きるの

10.3 先験的ゼロ

は、ケース数が多く、2変数の連関が弱い場合である。いちおう準独立モデルは棄却できるので、飽和モデルを採択すべきだろうが、その連関は非常に弱いということだろう。

表 10.17 独立モデル、準独立モデル、飽和モデルの比較

モデル	G^2	df	有意確率	AIC	BIC
飽和モデル	0	0		0	0
準独立モデル	33.1	5	0.00	23.1	−2.0
独立モデル	714.7	9	0.00	696.7	651.5

10.3.3 応用例

準独立モデルは、対角セルを除外して期待度数を計算するのに役立つ。例えば、父の職業と息子の職業のクロス表を作ると、対角セルにケースが集まりやすい。つまり、父と息子は同じ種類の職業につく傾向が強い。このことは、社会階層論の研究者にとっては自明であり、分析するまでもない。しかし、この対角セルの効果を取り除いても、父職と息子職の間に有意な連関があるかどうかは、検討の余地があるかもしれない。この場合、もとのクロス表の対角セルを先験的に0に置き換え、この節で用いたのと同じ方法を適用すればよい。例えば、橋本 (1998) は、職業を、資本家階級、新中間階級、労働者階級、旧中間階級の4つに分けて、父職と息子職のクロス表を検討している（表 10.18）。

表 10.18 1995 年 父・息子の階級移動表（橋本 (1998) より作成）

父階級	息子階級			
	資本家	新中間	労働者	旧中間
資本家	69	48	36	24
新中間	31	190	105	37
労働者	25	146	229	35
旧中間	87	243	337	304

表 10.18 の連関を主対角線の効果を除いて検討する。まず主対角線上のセル度数を0に置き換えたのが表 10.19 である。この表に準独立モデルを当てはめると、自由度が5で、X^2 は 24.6、対角セルを除いても 1% 水準で有意な連関がある。どのセルで特に連関が強いかを見るために、調整残差を計算したのが、表 10.20 である。

資本家の親からは旧中間階級へ、労働者からは新中間階級へ、旧中間階級からは労働者へと移動しやすいことがわかる。そのことが独立モデルを棄却させたのだろう。とはい

表 10.19 表 10.18 の対角セルを先験的に 0 に固定

0	48	36	24
31	0	105	37
25	146	0	35
87	243	337	0

表 10.20 表 10.19 の調整残差

	資本家	新中間	労働者	旧中間
資本家		1.13	−2.70	2.32
新中間	0.75		−0.77	0.44
労働者	−2.21	2.76		−1.82
旧中間	1.46	−3.26	2.21	

え、これもそれほど強い連関ではない。BIC で見ると飽和モデルよりも準独立モデルのほうが当てはまりがよい。見方によっては準独立モデルでおおむねデータの特徴はつかめるとも考えられる。

これまで扱った例では、先験的にゼロのセルはすべて対角線上にあったが、先験的にゼロのセルは、必ずしも対角線上にある必要はない。どこでもかまわない。文字どおりあらかじめ、0 であることを仮定することに意味があるならば、どのセルでもかまわないのである。

■問題 次のクロス表に関して、主対角線上のセルを先験的に 0 と仮定して、独立モデルを当てはめ、カイ二乗検定を行いなさい。繰り返し計算は、周辺度数の誤差が 1 未満になるまで続けなさい。

0	5	10
5	0	15
20	30	0

10.4 順序変数の連関

これまでの対数線形モデルでは、順序づけが可能かどうかは無視して、離散変数どうしの連関を分析してきた。しかし、2 値変数もふくめれば、順序づけ可能な変数は非常に多い。値の順序という情報をうまく活用する対数線形モデルについて紹介しよう。

10.4.1 一様連関モデル

表 10.21 は、投票行動と政治への関心の架空のクロス表である。政治に関心があるほど投票に行く傾向が見られる。相関係数も大きい。この結果を母集団に一般化する場合、2 変数が多次元正規分布していることが仮定された。しかし、データを見ると、どちらの変数も分布が著しく偏っており、正規分布していない。この場合、相関係数の検定結果はどれだけ信頼できるのかよくわからない。また、相関係数を計算する場合、「よくいく＝1」「ときどきいく＝2」「あまりいかない＝3」といった具合に数値をわりふるのだが、このわりふりに根拠はない。

表 10.21　投票行動と政治への関心のクロス表（架空）

投票には?	政治に関心があるか			
	ない	あまりない	ややある	ある
よくいく	20	19	39	32
ときどきいく	40	20	20	7
あまりいかない	31	8	4	2

Pearson's $R = -0.45$, Goodman & Kruskal's $\gamma = -0.58$, $X^2 = 52.1$

このようなことが問題になる場合、独立性の検定をすればよかった。ピアソンの適合度統計量 X^2 を見ると、自由度 6 であるから、1% 水準で有意である。したがって 2 変数には母集団においても何らかの連関がある。そこまでは結論できるのだが、独立性の検定では、2 変数に線形の連関があるということを積極的に述べることが難しい。

そこで対数線形モデルが用いられることがある。まず、表 10.21 のオッズ比を計算する。この表は 3 × 4 表なので、2 × 3 = 6 個のオッズ比を計算する必要がある（6.3.2 項を参照）。これを計算したのが、表 10.22 である。これを見ると、いちばん右下のオッズ比を除けば、ほぼ 0.5 で、オッズ比が一様であることがわかるだろう。

表 10.22　表 10.21 のオッズ比

0.53	0.49	0.43
0.52	0.50	1.4

2 変数にマイナスの線形の連関がある場合、どの部分表においても同じようなマイナスの連関があると仮定することは、それほど無理な仮定ではない。つまり、投票に「よくいく」人と「ときどきいく」人をくらべると、「ときどきいく」人のほうが、政治に関心がない人が相対的に多い。同様に「ときどきいく」人と「あまりいかない」人をくらべれば、

「あまりいかない」人のほうが関心がない人が多い。ということである。同様のことがほかの部分表に関しても言えるならば、**一様連関モデル (uniform association model)** と呼ばれる対数線形モデルがうまく当てはまるはずである。一様連関モデルは、

$$\log \mu_{ij} = \lambda + \lambda_{A(i)} + \lambda_{B(j)} + ij\epsilon \tag{10.6}$$

で表される。最初の3つのパラメータは独立モデルのパラメータである。i と j はそのセルが何行目/何列目のセルかを示す。ϵ（イプシロン）は、部分表の対数オッズ比を示す。自由度はパラメータが1つ増えるので、$(r-1)(c-1)-1$ である。このモデルにしたがって期待度数を推定すると、期待度数のオッズ比は e^ϵ、対数オッズ比は ϵ になる。例えば、いちばん左上の期待度数の部分表のオッズ比を計算してみよう。まず左上の部分表の期待度数の対数は、

$$\log \mu_{11} = \lambda + \lambda_{A(1)} + \lambda_{B(1)} + 1 \cdot 1 \cdot \epsilon$$
$$\log \mu_{12} = \lambda + \lambda_{A(1)} + \lambda_{B(2)} + 1 \cdot 2 \cdot \epsilon$$
$$\log \mu_{21} = \lambda + \lambda_{A(2)} + \lambda_{B(1)} + 2 \cdot 1 \cdot \epsilon$$
$$\log \mu_{22} = \lambda + \lambda_{A(2)} + \lambda_{B(2)} + 2 \cdot 2 \cdot \epsilon$$

である。これから対数オッズ比 $\log \theta$ を計算すると、

$$\begin{aligned}
\log \theta &= \log \frac{\mu_{11}\mu_{22}}{\mu_{12}\mu_{21}} \\
&= \log \mu_{11} + \log \mu_{22} - \log \mu_{12} - \log \mu_{21} \\
&= (\lambda + \lambda_{A(1)} + \lambda_{B(1)} + \epsilon) + (\lambda + \lambda_{A(2)} + \lambda_{B(2)} + 4\epsilon) \\
&\quad - (\lambda + \lambda_{A(1)} + \lambda_{B(2)} + 2\epsilon) - (\lambda + \lambda_{A(2)} + \lambda_{B(1)} + 2\epsilon) \\
&= \epsilon + 4\epsilon - 2\epsilon - 2\epsilon \\
&= \epsilon
\end{aligned} \tag{10.7}$$

である。したがってオッズ比は、

$$\theta = e^\epsilon \tag{10.8}$$

である。このような関係は隣接するセル同士のオッズ比についてすべて言える。

この一様連関モデルを表 10.21 に当てはめる。期待度数やパラメータの推定は、繰り返し比例当てはめ法や周辺度数の掛け算では計算できない。最尤推定値 [*1] をもとめるための繰り返し計算のアルゴリズムを用いる必要がある。ここでは LEM を用いて計算した。その結果を独立モデルや飽和モデルと比較したのが、表 10.23 である。あきらかに一様連関モデルの当てはまりがいちばんよい。パラメータの推定値は省略するが、対数オッズ比の推定値は $\hat{\epsilon} = -0.648$、オッズ比の推定値は、$\hat{\theta} = e^{-0.648} = 0.5$ である。したがって、母集団でも政治に関心がある人ほど投票によくいくと判断してよい。

[*1] 最尤推定については、3.7 節を参照せよ。

表 10.23　独立モデル、一様連関モデル、飽和モデルの比較

モデル	G^2	df	有意確率	AIC	BIC
飽和モデル	0	0		0	0
一様連関モデル	1.2	5	0.94	−8.8	−26.2
独立モデル	54.7	6	0.00	42.7	19.3

■**問題**　表 10.24 に、飽和モデル、準独立モデル、一様連関モデル、独立モデルを当てはめ、G^2、df、有意確率、AIC、BIC をもとめて、最も当てはまりのよいモデルを選びなさい。計算には LEM などの統計ソフトを用いよ（LEM の使い方は A.5 節を参照）。

表 10.24　友人との交際と映画・スポーツ・コンサートの鑑賞（フリーター調査 [44] の結果より）

		映画、コンサート、などの見物・鑑賞の頻度			
		週1回以上	月1回以上	年に数回	しない
	週1回以上	27	101	50	10
友人との	月1回以上	14	102	106	18
交際頻度	年に数回	3	22	68	20
	しない	2	3	16	22

10.5　さらに複雑なモデル

　準独立モデルと一様連関モデルは、独立モデルと飽和モデルのいわば中間に位置するモデルである。これらの考え方を押し進めていけば、もっと複雑なモデルを作ることも可能である。例えば、表 10.18 の調整残差を示した表 10.20 を見ると、労働者の息子が資本家になることは相対的に少なく、資本家の息子が労働者になることも少ないことがわかる。もしかしたら労働者が起業してある程度以上大きな会社を作ることはなかなか難しく、逆に親が資本家ならば、労働者よりも上の階級に到達するのが容易なのかもしれない。労働者と資本家の間にはいわば目に見えない障壁が存在しており、社会移動をはばんでいるかのごとくである。このような障壁を準独立モデルに加えると

$$\log \mu_{ij} = \lambda + \lambda_{A(i)} + \lambda_{B(j)} + \lambda_{対角 (i)} + \lambda_{障壁} \tag{10.9}$$

である。ただし $\lambda_{障壁}$ は、1行3列目と3行1列目のセル以外は 0 である。独立モデルに加えたパラメータを表にすると以下のようになる。

$\lambda_{対角\,(1)}$	0	$\lambda_{障壁}$	0
0	$\lambda_{対角\,(2)}$	0	0
$\lambda_{障壁}$	0	$\lambda_{対角\,(3)}$	0
0	0	0	$\lambda_{対角\,(4)}$

(10.9) 式は (10.4) 式に $\lambda_{障壁}$ を加えて、労働者と資本家の間の障壁を表している。(10.9) 式のモデルを準独立 + 障壁モデルと呼んでおくと、準独立 + 障壁モデルを表 10.18 に当てはめた結果が、表 10.25 である。パラメータの推定は、繰り返し比例当てはめ法ではできない。LEM を使って計算してある。これを見ると準独立モデルよりも準独立 + 障壁モデルのほうが当てはまりがよい。

表 10.25　独立モデル、準独立モデル、飽和モデルの比較

モデル	G^2	df	有意確率	AIC	BIC
飽和モデル	0	0		0	0
準独立 + 障壁モデル	8.8	4	0.07	0.8	−21.5
準独立モデル	24.8	5	0.00	14.8	−13.0
独立モデル	319.5	9	0.00	301.5	251.3

10.5.1　アド・ホックにモデルを改善していくことの危険

準独立 + 障壁モデルにさらにパラメータを 1 つ加えれば、モデルの当てはまりをさらによくすることもできる。例えば、表 10.18 の調整残差を見ると、4 行 2 列目がマイナスの大きな値をとっている。つまり旧中間階級の息子は新中間階級になりにくいということである。この障壁もモデルに組み込み

$$\log \mu_{ij} = \lambda + \lambda_{A(i)} + \lambda_{B(j)} + \lambda_{対角\,(i)} + \lambda_{障壁} + \lambda_{障壁 2} \tag{10.10}$$

とする。$\lambda_{障壁 2}$ は 4 行 2 列目以外のセルでは 0 をとる。このモデルを表にすると、

$\lambda_{対角\,(1)}$	0	$\lambda_{障壁}$	0
0	$\lambda_{対角\,(2)}$	0	0
$\lambda_{障壁}$	0	$\lambda_{対角\,(3)}$	0
0	$\lambda_{障壁 2}$	0	$\lambda_{対角\,(4)}$

となる。

このモデルの当てはまりは、

$$G^2 = 5.7, \quad df = 3, \quad \alpha = 0.13, \quad AIC = -0.3, \quad BIC = -17.0$$

10.5　さらに複雑なモデル

である。準独立 + 障壁モデルとは階層的関係にあるから、ΔG^2 を計算してみる。

$$\Delta G^2 = 8.8 - 5.7 = 3.1, \quad \Delta df = 4 - 3 = 1$$

なので、有意なモデルの改善は見られない。AIC に関しては若干改善が見られるが、BIC はむしろ増大しており、モデルが改善したとは言えない。

そこで、$\lambda_{障壁 2}$ をモデルから取り去り、その代わりに $\lambda_{障壁}$ を 4 行 2 列目にも設定する。つまり、労働者と資本家の間にあったのと同じ大きさの障壁が、旧中間階級の息子が新中間階級になるときにも存在すると仮定する。このモデルを表にすると、

$\lambda_{対角 (1)}$	0	$\lambda_{障壁}$	0
0	$\lambda_{対角 (2)}$	0	0
$\lambda_{障壁}$	0	$\lambda_{対角 (3)}$	0
0	$\lambda_{障壁}$	0	$\lambda_{対角 (4)}$

となる。このモデルの当てはまりは、

$$G^2 = 5.8, \quad df = 4, \quad \alpha = 0.21, \quad AIC = -2.2, \quad BIC = -24.5$$

である。AIC と BIC で見れば、これまでのモデルの中ではいちばん当てはまりがよい。

しかし、このように残差の大きさやモデルの当てはまりを見て、アド・ホックにモデルを改善することは、あまりすすめられない。クロス表に何らかの連関がある場合、調整残差の絶対値が大きいセルに適当なパラメータをわりふっていけば、当てはまりのよいモデルを作ることはそれほど難しいことではない。しかし、得られたモデルが本当に適切にパラメータを推定できているかどうかには疑問が残る。なぜなら、個々の調整残差が大きな値をとっていたとしても、それはサンプリングの際の偶然によってたまたま大きな値をとったのかもしれないからである。母集団で残差が 0 であっても調整残差が 5% 水準の限界値を超える確率は、5% だけある。独立に分布する 4 つの調整残差を探索的に調べたとき、たまたま 1 つ以上の調整残差が 5% 水準の限界値を超える確率は、$1 - 0.95^2 = 0.098$、つまり 9.8% に高まる。(10.10) 式のモデルでは、旧中産階級の息子は新中産階級にはなりにくいと仮定したわけだが、準独立 + 障壁モデルのほうがよいモデルなのかもしれないのである。

この問題は、多重クロス表の検定のときに論じた問題 (6.5 節) と同じであることがわかるだろう。したがって対処法も同じである。理想的には、もう一度調査するのが好ましい。もう一度ランダム・サンプリングしてデータを得ても、旧中産階級の息子は新中産階級にはなりにくいという結果が出れば、これは偶然とは考えにくい。

また、もう一度調査することが難しいならば、なぜ旧中産階級の息子は新中産階級にはなりにくいのか、そのメカニズムを考え、データで確かめられるようなデリベーションを得るべきである。例えば、旧中産階級の息子が新中産階級になりにくいのは、学力のせい

かもしれない。この仮説がもしも正しければ、息子の学力でコントロールすれば、旧中産階級の息子が新中産階級になりにくいという傾向は、1次の表では消えるはずである。また、労働者や資本家の息子は旧中産階級の息子に比べると、新中産階級になりやすかったわけだから、労働者や資本家の息子の学力は、旧中産階級の息子より高いはずである。これらのデリベーションが実際のデータに合致していたならば、想定したメカニズムの説得力は増し、旧中産階級の息子は新中産階級にはなりにくいという仮説も、確かさを増すだろう。

　もちろんここで論じたメカニズムはただの思いつきであり、現実にはそれほど適合していないだろう。しかし、なぜそのような連関があるのか、その背後にあるメカニズムについて真剣に考えることの重要性は、いくら強調しても強調しすぎるということはない。漫然とデータを眺め、ヤミクモに複雑なモデルをデータに当てはめることは、百害あって一利なしである。先入観を捨てて無心にデータを眺めることも確かに重要である。しかし、得られたデータを信用しすぎるのもまた危険なことなのである。データ分析は、得られたデータの背後にあるメカニズムについての理論的な洞察と結びついてはじめて、その力を発揮するのである。

10.5.2　もっともっと複雑なモデル

　ここでふれたモデルは、対数線形モデルのうちのごく一部である。いくらでももっと複雑なモデルを作ることができる。例えば、一様連関モデルは、オッズ比がすべての部分表で等しいという仮定をおいたが、行連関モデル (row association model) と呼ばれるモデルでは、各行でオッズ比が異なっていてもよいと仮定する。例えば、表 10.21 の例では、2 つオッズ比を推定する。同様にして列連関モデル、行・列連関モデルを考えることもできる。一様連関と準独立のパラメータを同時にモデルに投入することもできる。

　さらに多重クロス表に議論を拡張して対連関モデル [AB][BC][CA] において A と B の連関は準独立モデルで推定するようなモデルや、A と B の間に一様連関モデルを仮定し、連関パラメータが第 3 変数 C の値によって変化するようなモデルも考えられる。例えば、夫学歴 × 妻学歴 × 結婚コーホートのクロス表において、夫婦学歴の連関は一様連関であるが、その連関はコーホートによって変化するというようなモデルである。このようなモデルも LEM を使えば簡単にパラメータを推定できる。

　これらのモデルの詳細についてはこの本では触れないので、興味のある人は Agresti [1] や Wickens [48]、Vermunt [47] を参照されたい。

■問題　表 10.26 に、(a) 準独立モデルと独立モデルを当てはめ ΔG^2 を計算して、有意な差があるか検討しなさい。(b) ノンマニュアルと専門・管理の間には、ほかの職業の間よりも移動が頻繁に起こっていると考えるのが自然である。そこで、2 行 3 列目と 3 行 2

列目にノンマニュアルと専門管理の強い結びつきを示すパラメータを1つ、準独立モデルに加えなさい。このモデルを準独立 + 結合モデルと呼ぶと、準独立モデルと準独立 + 結合モデルの ΔG^2 を計算し、有意かどうか検定しなさい。

表 10.26 在日韓国人男性の世代内移動（稲月 [19] 566 ページ表 8-2 をもとに作成）

最初の職	現在の職			
	自営	専門・管理	ノンマニュアル	マニュアル
自営	112	41	13	12
専門・管理	12	85	8	3
ノンマニュアル	61	55	53	10
マニュアル	129	58	25	119

10.6 練習問題

1. 46 ページの表 4.10 に独立モデルを当てはめ、その期待度数を繰り返し比例当てはめ法でもとめよ。

2. 71 ページの表 6.7 に均一連関モデルを当てはめ、その期待度数を繰り返し比例当てはめ法でもとめよ。ただし、周辺度数のズレの最小値が 1 未満になるまで計算を続けよ。

3. 次のそれぞれに関して、モデルの自由パラメータの数と自由度を数えなさい。
   (a) $2 \times 3 \times 4$ 表に [A][B][C]　(b) $2 \times 3 \times 5$ 表に [A][BC]　(c) $2 \times 4 \times 5$ 表に [AB][AC]

4. 158 ページの問題の 2 つのクロス表に、それぞれ [AB][C] と [AB][AC] のモデルを当てはめた場合のモデルの自由度を、期待度数が 0 のセルを考慮して計算せよ。

5. 表 10.27 は、妻が父親と同じ職業の夫と結婚しやすいかどうかを調べたクロス表である。この表に準独立モデル、独立モデル、を当てはめ、X^2、自由度、有意確率、AIC、BIC をもとめなさい。また、準独立モデルに、専門・管理とノンマニュアルの結合を示すパラメータを 1 つ、1 行 2 列目と 2 行 1 列目に加えたモデル（準独立 + 結合モデル）を作りなさい。準独立モデルと準独立 − 結合モデルの ΔG^2 を計算し、検定しなさい。それらの結果から、もっとも当てはまりのよいモデルを選びなさい。

6. 表 10.28 に一様連関モデルと独立モデルを当てはめ、X^2、自由度、有意確率、AIC、BIC をもとめなさい。また、どちらのモデルのほうが当てはまりがよいか？

表 10.27　1956〜1970 年結婚コーホート夫の結婚時の職業 × 妻の父の主な職（渡辺 [46] の表 9 より作成）

夫結婚時の職	妻の父の主な職			
	専門・管理	ノンマニュアル	マニュアル	農業
専門・管理	35	15	17	10
ノンマニュアル	47	65	57	60
マニュアル	18	46	98	134
農業	1	3	5	53

表 10.28　仕事とフリーターに関する意見のクロス表（フリーター調査（太郎丸 [44]）より）

一生の仕事をできるだけ早くみつけるべき	フリーター・派遣社員は長期間するべきでない			
	そう思う	ややそう思う	どちらともいえない	そう思わない
そう思う	77	44	32	15
ややそう思う	66	77	61	22
どちらともいえない	15	25	60	21
そう思わない	12	12	23	22

第 11 章

ロジスティック回帰分析

OLS を使った線形回帰分析は、従属変数が連続変数である場合に用いる手法であった。ロジスティック回帰分析は、従属変数が離散変数であるときに使われる手法である。また、対数線形モデルの 1 つのヴァリエーションとも位置づけられ、その用途は広い。ただし計算は手計算では時間がかかりすぎ、何らかの統計ソフトウェアの利用が必要である。

11.1 線形回帰からロジスティック回帰へ

従属変数が 2 値変数の場合、ふつうの回帰分析を適用すると問題が起きることがある。そのため、従属変数が離散型の場合、しばしばロジスティック回帰分析が利用される。以下では例を挙げて説明していこう。

11.1.1 ふつうの回帰分析ができない場合

表 11.1 女性の年齢と未婚率（2003 年 SSM 予備調査より）

年齢	既婚・離死別 0	未婚 1	未婚率	logit(未婚率)
20〜24 歳	1	20	95%	3.00
25〜29 歳	29	25	46%	−0.15
30〜34 歳	56	10	15%	−1.72
35〜39 歳	49	3	6%	−2.79
40〜44 歳	59	2	3%	−3.38
45〜49 歳	70	3	4%	−3.15
50〜54 歳	76	3	4%	−3.23
計	340	66	16%	−1.64

表 11.1 は、年齢と未婚率の関係を示したものである。表を見ると、年齢が上がるにしたがって未婚率が下がるのがわかる。未婚か既婚かを示す変数を Y（未婚のとき $Y=1$、既婚・離死別のとき $Y=0$）として年齢 X に線形回帰させると [*1]、

$$Y = 0.919 - 0.019X \tag{11.1}$$

となる。いずれの係数も 1% 水準で有意である。この式からは、$X=22$ のとき $Y=0.919-0.019\cdot 22=0.501$ であることが予測される。回帰式の予測値は、従属変数の平均値に対応するから、この式からは、22 歳のときの未婚率は 50.1% だと予測されていることになる。同様にしてすべてのカテゴリに関して実際の未婚率と回帰式からの予測値をグラフにしたものが図 11.1 である。

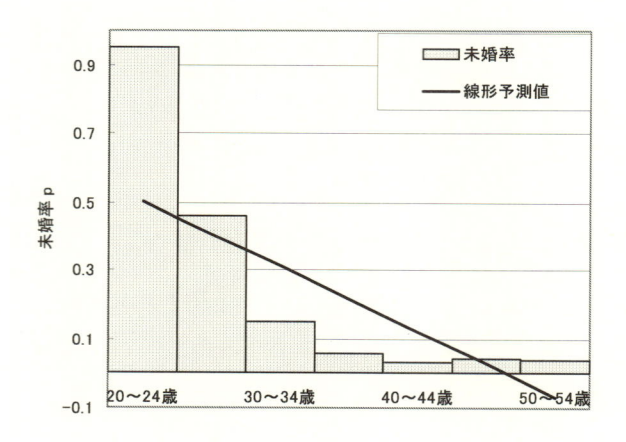

図 11.1 実際の未婚率と線形回帰式からの予測値

20 歳代と 50 歳代のときは未婚率を低く推定しすぎており、30 代、40 代では高く推定しすぎている。特に 50〜54 歳に関しては、予測値がマイナスの値になってしまっているが、未婚率がマイナスの値をとることなどありえない。確かに年齢が上がるほど未婚率は下がるのだが、一定の水準まで下がれば、それより下がることがないのは当然のことである [*2]。しかし線形で回帰すれば、どうしても従属変数の上限値や下限値を超えてしまうことがある。さらに問題なのは、回帰分析では、不偏性の仮定や等分散性の仮定がおかれたが、年齢と未婚率の例では、いずれも満たされておらず、検定は有意になったものの、どの程度信用していいのかわからない。

[*1] X の値は各階級の中央値とした。つまり、20〜24 歳のときは $X=22$、25〜29 歳のときは $X=27$ といったぐあいに、各階級のちょうど真ん中の値をとっている。

[*2] 一般に従属変数の値に上限や下限がある場合、回帰式の予測値が従属変数の上限・下限を超えてしまうことがある。このような問題に対処する手法がいくつか知られている。詳しくは、Breen [4] を参照。

11.1.2 ロジット

このように、従属変数が 2 値変数の場合、ふつうの回帰分析をしていては、うまく推測ができない場合がある。そのような場合、未婚かどうかではなく、未婚率のロジットを予測する回帰式が立てられる。**ロジット (logit)** とは、オッズの自然対数のことである。未婚率を p、未婚率のロジットを $\mathrm{logit}(p)$ とすると、

$$\mathrm{logit}(p) = \log \frac{p}{1-p} \tag{11.2}$$

である。未婚率のオッズを計算し、その自然対数をとったものがロジットである。例えば、$p = 0.4$ のとき

$$\mathrm{logit}(0.4) = \log \frac{0.4}{1-0.4} = \log \frac{2}{3} = -0.405 \tag{11.3}$$

である。このように p に 0 から 1 まで値を代入していき、p と $\mathrm{logit}(p)$ の関係をグラフにしたのが、図 11.2 である。$p = 0.5$ のとき $\mathrm{logit}(p) = 0$ で、p が 1 に近づくにつ

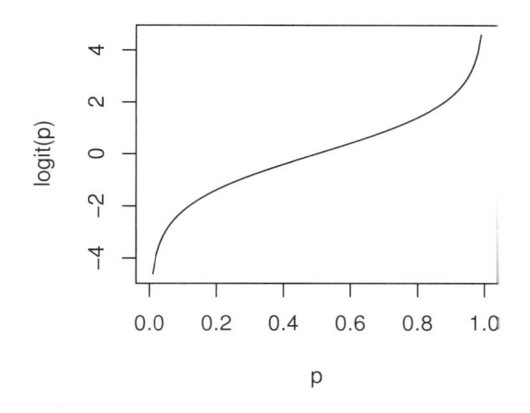

図 11.2 p と $\mathrm{logit}(p)$ の関係

れて $\mathrm{logit}(p)$ はプラスの無限大に、0 に近づくにつれて $\mathrm{logit}(p)$ はマイナス無限大に近づいていく。そのため、$\mathrm{logit}(p)$ には上限と下限がない。図 11.2 では上限と下限があるように見えるが、それは途中でグラフの描画を打ち切っているからである。例えば、$\mathrm{logit}(0.9999) = 9.2$ である。p をもっと 1 に近づけていけば、いくらでも大きな値をとることができる。逆に p を 0 に近づけていけば $\mathrm{logit}(p)$ はいくらでも小さな値をとる。

ロジットのこのような性質が、回帰分析の際に好都合なのである。ある確率 p のかわりに $\mathrm{logit}(p)$ を使うことを**ロジット変換**ということもある。

■**問題** 以下の数値をロジット変換しなさい。

(a) 0.99999　　(b) 0.7　　(c) 0.5　　(d) 0.3　　(e) 0.01

11.1.3 ロジスティック回帰

Y そのものではなく $Y = 1$ となる確率 p のロジットを従属変数として回帰式をたてると、

$$\text{logit}(p) = \beta_0 + \beta_1 X \tag{11.4}$$

となる。$\text{logit}(p)$ には上限も下限もないので、ふつうに回帰直線を引いた場合のような問題は起こらない。この式をロジスティック回帰式と呼ぶ。この式では、$\text{logit}(p)$ と X は比例する（線形の関係にある）が、p と X の関係は線形ではない。(11.4) 式より、

$$\exp(\text{logit}(p)) = \exp(\beta_0 + \beta_1 X)$$
$$\frac{p}{1-p} = \exp(\beta_0 + \beta_1 X) \tag{11.5}$$
$$p = \frac{\exp(\beta_0 + \beta_1 X)}{1 + \exp(\beta_0 + \beta_1 X)} \tag{11.6}$$

である。(11.6) 式をグラフにしたのが図 11.3 である。図 11.3 を見ると、X が 3 ぐらいまでは p はほとんど 0 だが、3 を超えるあたりから急上昇し、7 のあたりまでくると、ほとんど 1 になり、以後変化はごくわずかである。このように、ロジスティック回帰式の予測値は最小値 0、最大値 1 の間の値をとるので、未婚率と年齢の例のように従属変数が 2 値変数である場合、たいへん役に立つ。

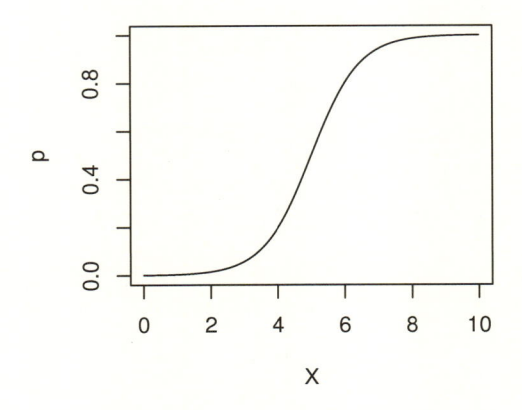

図 11.3　ロジスティック回帰式における X と p の関係 ($\beta_0 = -7$, $\beta_1 = 1.4$ の場合)

11.1.4 係数の推定と予測値の計算

このようなロジスティック回帰式の切片と傾きを、最尤推定法を使って推定すると、

$$\text{logit}(\hat{p}) = 5.087 - 0.194X \tag{11.7}$$

で、いずれの係数も 1% 水準で有意である [*3]。推定には、繰り返し計算が必要で、計算法は割愛する。(11.6) 式と (11.7) 式から、各年齢カテゴリの未婚率を計算することができる。例えば、(11.7) 式に $X = 22$ を代入すると、$\text{logit}(\hat{p}) = 5.087 - 0.194 \cdot 22 = 0.819$ である。これを (11.6) 式に代入すると、$\hat{p} = \frac{\exp(0.819)}{1+\exp(0.819)} = 0.70$ である。このようにして各年齢カテゴリの未婚率を計算し、図 11.1 に重ねあわせたのが、図 11.4 である。これを見ると、ロジスティック回帰式で予測したほうが、残差が小さい（つまり予測の精度が高い）ことがわかる。また、50 歳代でも、予測値がマイナスの値をとることはない。

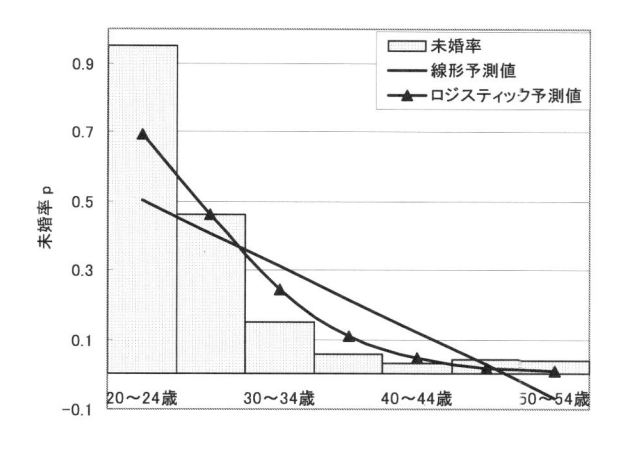

図 11.4 年齢と未婚率の関係（女性）

このような好ましい性質のため、従属変数が 2 値変数の場合、ロジスティック回帰分析がしばしば用いられるのである。

■**問題** 表 11.2 のデータを使い、未婚率を年齢に回帰させるロジスティック回帰分析を行い、回帰係数の推定値とそれらの検定結果を述べなさい。また、未婚率の回帰式からの予測値と実際の比率をグラフに描きなさい。

[*3] ロジスティック回帰分析においても、帰無仮説を $\beta = 0$ とおくと、$\hat{\beta}$ に標本がじゅうぶん大きければ平均 β の正規分布をする。回帰係数の標準誤差 $s_{\hat{\beta}}$ も推定することができる。$\hat{\beta}/s_{\hat{\beta}}$ は標準正規分布するので、これを使って回帰係数の検定をすることができる。また、$(\hat{\beta}/s_{\hat{\beta}})^2$ は自由度 1 のカイ二乗分布をする。これは、**Wald 統計量 (Wald statistics)** と呼ばれ、ロジスティック回帰分析では、回帰係数の検定にしばしば用いられる。

表 11.2 男性の年齢と未婚・既婚（2003 年 SSM 予備調査データより）

年齢	既婚・離死別	未婚
20～24 歳	4	31
25～29 歳	9	18
30～34 歳	33	15
35～39 歳	37	15
40～44 歳	22	7
45～49 歳	53	2
50～54 歳	64	6
計	222	94

11.1.5 独立変数が複数の場合

線形の回帰分析と同じように、ロジスティック回帰分析でも、独立変数を複数指定することができる。また、独立変数は離散変数でもかまわない。離散変数が 3 つ以上のカテゴリからなる場合、ダミー変数としてモデルに投入すればよい。

例えば、男の子が大学に進学するかどうかを従属変数とし（p は大学に進学する確率）、独立変数に、出生年 X_1、母教育年数 X_2、父職（マニュアル[*4]、ノンマニュアル、専門管理の 3 カテゴリで、マニュアルを基準値とする）X_3、X_4、資産数 X_5、塾ダミー（塾に通った経験があるか）X_6、中 3 成績 X_7、兄弟姉妹数 X_8、を投入して回帰式を立てると、

$$\text{logit}(p) = \beta_0 + \beta_1 X_1 + \beta_2 X_2 + \beta_3 X_3 + \beta_4 X_4 + \beta_5 X_5 + \beta_6 X_6 + \beta_7 X_7 + \beta_8 X_8 \tag{11.8}$$

である。これらの回帰係数の最尤推定値を表にしたのが、表 11.3 である。推定には SPSS を用いている。例えば、兄弟姉妹数の係数は -0.21 であるから、兄弟姉妹数が 1 人増えると、大学進学率の対数オッズが 0.21 減少するということである。それは結局、兄弟姉妹数が多いことが大学進学率を下げる効果を持っているということである。しかもその効果は、分析に投入されたその他の変数の効果をコントロールしても依然として残っているものである。

■問題　表 11.2 と表 11.1 のデータを合わせると、性別 × 年齢 × 未婚か既婚か、の 3 重クロス表になる。このクロス表を使い、未婚率を従属変数、女性ダミーと年齢を独立変数としてロジスティック回帰分析を行い、回帰係数の推定値とその検定結果を述べよ。

[*4] マニュアルとは物の作製や生産をする職業や肉体労働をさす。ノンマニュアルとはマニュアル以外の職業である。専門・管理は、ノンマニュアルの中でも特に専門的な知識が必要な職と管理職をさす。

表 11.3　男子大学進学率のロジスティック回帰分析（太郎丸 [43] より）

	回帰係数
切片	−4.3**
出生年	−0.02ns
母教育年数	0.13**
父ノンマニュアル	0.89**
父専門・管理	1.54**
資産数	0.16**
塾ダミー	0.86**
中 3 成績	0.87**
兄弟姉妹数	−0.21**

** 両側 1% 水準で有意。　ns 有意でない

11.2　ロジスティック回帰分析とオッズ比

11.2.1　2 × 2 表

　ロジスティック回帰分析の回帰係数は、クロス集計表における対数オッズ比に対応する。例を使ってこのことを論じよう。例えば、10 ページの表 2.3 は就業形態と収入の関係を表していた。これを再掲したのが表 11.4 である。本人年収を Y（400 万円未満のと

表 11.4　雇用形態 × 年収のクロス表（表 2.3 のデータと同じもの）

雇用形態 (X)	本人年収 (Y)	
	400 万円以上 ($Y=1$)	400 万円未満 ($Y=0$)
正規雇用 ($X=1$)	170	128
非正規雇用 ($X=0$)	5	180

き $Y=0$、400 万円以上のとき $Y=1$）、雇用形態を X（非正規雇用のとき $X=0$、正規雇用のとき $X=1$）、$Y=1$ の確率を p として、ロジスティック回帰式をたてると、

$$\text{logit}(p) = \beta_0 + \beta_1 X \tag{11.9}$$

である。正規雇用のとき $Y = 1$ となる確率を $p_{正規}$、非正規雇用のとき $Y = 1$ となる確率を $p_{非正規}$ とすると、(11.9) 式にそれぞれ $X = 1$ と $X = 0$ を代入して、

$$\begin{aligned}\text{logit}(p_{正規}) &= \beta_0 + \beta_1 \cdot 1 \\ &= \beta_0 + \beta_1\end{aligned} \tag{11.10}$$

$$\begin{aligned}\text{logit}(p_{非正規}) &= \beta_0 + \beta_1 \cdot 0 \\ &= \beta_0\end{aligned} \tag{11.11}$$

である。ここで、雇用形態と収入の対数オッズ比は、(6.3) 式より、

$$\begin{aligned}\log \theta &= \log \frac{正規雇用のオッズ}{非正規雇用のオッズ} \\ &= \log(正規雇用のオッズ) - \log(非正規雇用のオッズ)\end{aligned} \tag{11.12}$$

である。(11.2) 式より、$\log(正規雇用のオッズ) = \text{logit}(p_{正規})$ だから、

$$\begin{aligned}\log \theta &= \text{logit}(p_{正規}) - \text{logit}(p_{非正規}) \\ &= (\beta_0 + \beta_1) - \beta_0 \\ &= \beta_1\end{aligned} \tag{11.13}$$

となる。したがって、

$$\theta = e^{\beta_1} \tag{11.14}$$

である。

実際、表 11.4 に関してパラメータを最尤推定すると、

$$\text{logit}(\hat{p}) = -3.584 + 3.867X \tag{11.15}$$

である。表 11.4 からオッズ比を推定すると、

$$\hat{\theta} = \frac{170 \cdot 180}{128 \cdot 5} = 47.8 \tag{11.16}$$

である。いっぽう (11.14) 式を使って回帰係数からオッズ比を推定すると、

$$\hat{\theta} = e^{3.867} = 47.8 \tag{11.17}$$

で、(11.16) 式と一致する。この場合、正規雇用の収入のオッズは非正規雇用の 47.8 倍であり、回帰係数はこのオッズ比の自然対数に対応するのである。

11.2.2 独立変数が 3 つ以上のカテゴリを持つ場合

独立変数が 3 つ以上のカテゴリを持つ場合も、回帰係数は対数オッズ比に対応する。例えば、8 ページの表 2.1 を再び使い、便宜的に夫の学歴を従属変数、妻の学歴を独立変

11.2 ロジスティック回帰分析とオッズ比

表 11.5 妻と夫の学歴のクロス表

		妻の学歴		
		中学／高校	短大	4年制大学
夫の	中学／高校	36	5	2
学歴	短大／4大	13	10	8

1995 年 SSM 調査データ [40] よりランダム・サンプリングしたもの

数とみなしてロジスティック回帰分析してみよう。夫の学歴が大卒のとき $Y=1$、中学／高校のとき $Y=0$ とする。妻の学歴が短大のとき $X_1=1$、それ以外のとき $X_1=0$ とする。妻の学歴が4大のとき $X_2=1$、それ以外のとき $X_2=0$ とする。すると、ロジスティック回帰式は

$$\mathrm{logit}(p) = \beta_0 + \beta_1 X_1 + \beta_2 X_2 \tag{11.18}$$

である。これから、妻の学歴別の対数オッズを計算する。妻学歴が中学／高校のとき $X_1=X_2=0$、短大のとき $X_1=1, X_2=0$、4大のとき $X_1=0, X_2=1$ だから、

$$\mathrm{logit}(p_{中高}) = \beta_0 + \beta_1 \cdot 0 + \beta_2 \cdot 0 = \beta_0 \tag{11.19}$$
$$\mathrm{logit}(p_{短大}) = \beta_0 + \beta_1 \cdot 1 + \beta_2 \cdot 0 = \beta_0 + \beta_1 \tag{11.20}$$
$$\mathrm{logit}(p_{4大}) = \beta_0 + \beta_1 \cdot 0 + \beta_2 \cdot 1 = \beta_0 + \beta_2 \tag{11.21}$$

である。この3つの式から、妻・中高と妻・短大の対数オッズ比を計算すると、

$$\begin{aligned}
\log \theta_{中高/短大} &= \log \frac{妻・短大のオッズ}{妻・中高のオッズ} \\
&= \log(妻・短大のオッズ) - \log(妻・中高のオッズ) \\
&= \mathrm{logit}(p_{短大}) - \mathrm{logit}(p_{中高}) \\
&= \beta_0 + \beta_1 - \beta_0 \\
&= \beta_1
\end{aligned} \tag{11.22}$$

となる。さらに、妻・中高と妻・4大の対数オッズ比を計算すると、まったく同様にして、

$$\begin{aligned}
\log \theta_{4大/中高} &= \log \frac{妻・4大のオッズ}{妻・中高のオッズ} \\
&= \beta_2
\end{aligned} \tag{11.23}$$

となる。また、妻短大と妻4大の対数オッズ比を計算すると、

$$\begin{aligned}
\log \theta_{4大/短大} &= \log \frac{妻・4大のオッズ}{妻・短大のオッズ} \\
&= \beta_2 - \beta_1
\end{aligned} \tag{11.24}$$

である。したがってオッズ比はそれぞれ

$$\theta_{短大/中高} = e^{\beta_1} \tag{11.25}$$
$$\theta_{4大/中高} = e^{\beta_2} \tag{11.26}$$
$$\theta_{4大/短大} = e^{\beta_2-\beta_1} \tag{11.27}$$

である。つまりカテゴリが複数ある場合、ダミー変数の回帰係数は基準カテゴリと比較した対数オッズ比を示す。また短大と4大の比較のような場合は、両者の回帰係数の差が、対数オッズ比になる。

表 11.5 について、回帰式を最尤法で推定すると、

$$\text{logit}(p) = -1.0186 + 1.7117 X_1 + 2.4049 X_2 \tag{11.28}$$

で、いずれの係数も両側 1% 水準で有意である。これらの回帰係数から妻の学歴別のオッズを推定すると、

$$\hat{\theta}_{短大/中高} = e^{\beta_1} = e^{1.7117} = 5.5 \tag{11.29}$$
$$\hat{\theta}_{4大/中高} = e^{\beta_2} = e^{2.4049} = 11.1 \tag{11.30}$$
$$\hat{\theta}_{4大/短大} = e^{\beta_2-\beta_1} = e^{2.4049-1.7117} = 2.00 \tag{11.31}$$

である。クロス表から直接オッズ比を計算すると、

$$\hat{\theta}_{中高/短大} = \frac{36 \cdot 10}{13 \cdot 5} = 5.5 \tag{11.32}$$
$$\hat{\theta}_{4大/中高} = \frac{36 \cdot 8}{13 \cdot 2} = 11.1 \tag{11.33}$$
$$\hat{\theta}_{4大/短大} = \frac{5 \cdot 8}{10 \cdot 2} == 2.00 \tag{11.34}$$

で、やはり一致する。

11.2.3 連続変数の場合

連続変数の場合も基本的には同様である。例えば、最初の年齢と未婚率の例では、22 歳と 27 歳のときの未婚率の対数オッズはそれぞれ

$$\text{logit}(p_{22}) = \beta_0 + 22\beta_1 \tag{11.35}$$
$$\text{logit}(p_{27}) = \beta_0 + 27\beta_1 \tag{11.36}$$

である。これから 22 歳のときの未婚率と 27 歳のときの未婚率の対数オッズ比を計算すると、

$$\log \theta_{27/22} = \text{logit}(p_{27}) - \text{logit}(p_{22}) \tag{11.37}$$
$$= (\beta_0 + 27\beta_1) - (\beta_0 + 22\beta_1) \tag{11.38}$$
$$= 5\beta_1 \tag{11.39}$$

11.2 ロジスティック回帰分析とオッズ比

である。5歳差があるので、係数に5がかかっている。10歳差があれば、$10\beta_1$になる。1歳の差ならば、対数オッズ比はβ_1に一致する。年齢と未婚率の例では$\hat{\beta}_1 = -0.194$だったから、年齢が5歳上がると未婚率の対数オッズは$-0.194 \times 5 = -0.97$減少し、オッズは$e^{-0.97} = 0.38$倍になると推測される。

独立変数Xの値が1だけ増えると、対数オッズはそれに比例してβ_1だけ増える。しかし、オッズはe^{β_1}倍になる。(11.5) 式に、$X = a$と$X = a+1$を代入すると、それぞれ

$$\frac{p}{1-p} = \exp(\beta_0 + \beta_1 \cdot a)$$
$$= e^{\beta_0} \times e^{\beta_1 a} \tag{11.40}$$

$$\frac{p}{1-p} = \exp(\beta_0 + \beta_1 \cdot (a+1))$$
$$= e^{\beta_0} \times e^{\beta_1 a + \beta_1}$$
$$= e^{\beta_0} \times e^{\beta_1 a} \times e^{\beta_1} \tag{11.41}$$

である。(11.41) 式は、(11.40) 式のe^{β_1}倍になっているのがわかるだろう。

11.2.4 独立変数が複数の場合

対数オッズ比と回帰係数が一致するだけならば、わざわざロジスティック回帰分析をしなくても、クロス表からオッズ比を推定することはできる。むしろ、このような性質が役に立つのは、独立変数が複数ある場合である。

例えば、表 11.3 を見ると、父専門・管理の係数は1.54であった。これは大学進学率のオッズに関して、父がマニュアル職の男子と父が専門・管理職の男子を比較すると、専門・管理の息子のほうが$e^{1.54} = 4.7$倍、大学進学率のオッズが高いということである。しかもこれは疑似的な関係でも媒介的な関係でもない。少なくとも、モデルに投入されていた出生年や母教育年数のような関連する要因によって生じたものではない。

なぜなら、専門・管理とマニュアルの息子たちの進学率の格差は、出生年や母教育年数がまったく同じでも依然として4.7倍だからである。多重クロス表分析について論じた際に繰り返し述べたように、もしも疑似関係や媒介関係ならば、出生年や母教育年数を同じにすると、2変数の連関は消えるはずであった。それにもかかわらずオッズに4.7倍の有意な格差があるのならば、そこには直接的な連関があると判断できる。

話を簡単にするために、独立変数を出生年X_1と母教育年数X_2、父ノンマニュアルダミーX_3、父専門・管理ダミーX_4の4つに限定しよう。ロジスティック回帰式を立てると、

$$\text{logit}(p) = \beta_0 + \beta_1 X_1 + \beta_2 X_2 + \beta_3 X_3 + \beta_4 X_4 \tag{11.42}$$

である。ここに2人の男の子がおり、1人の父はマニュアル、もう1人の父は専門・管理であるという以外は、出生年も母教育年数も同じであるとしよう。モデルからは、2人が

大学に進学する確率の対数オッズは、それぞれ

$$\text{logit}(p_{\text{マニュアル}}) = \beta_0 + \beta_1 X_1 + \beta_2 X_2 + \beta_3 0 + \beta_4 0 \tag{11.43}$$
$$= \beta_0 + \beta_1 X_1 + \beta_2 X_2 \tag{11.44}$$
$$\text{logit}(p_{\text{専門管理}}) = \beta_0 + \beta_1 X_1 + \beta_2 X_2 + \beta_3 0 + \beta_4 1 \tag{11.45}$$
$$= \beta_0 + \beta_1 X_1 + \beta_2 X_2 + \beta_4 \tag{11.46}$$

である。両者の対数オッズ比は出生年も母教育年数も同じだから

$$\log \theta_{\text{専門管理/マニュアル}} = \text{logit}(p_{\text{専門管理}}) - \text{logit}(p_{\text{マニュアル}}) \tag{11.47}$$
$$= (\beta_0 + \beta_1 X_1 + \beta_2 X_2) - (\beta_0 + \beta_1 X_1 + \beta_2 X_2 + \beta_4) \tag{11.48}$$
$$= \beta_4 \tag{11.49}$$

である。それゆえ出生年や母教育年数がまったく同じでも、父が専門・管理職だと息子の大学進学率のオッズが e^{β_4} 倍になると言えるのである。

■**問題** 178 ページの問題の分析結果から、(a) 年齢でコントロールした場合の、性別と未婚・既婚のオッズ比を計算せよ。また、(b) 性別でコントロールした場合の、22 歳のときの未婚率のオッズと 27 歳のときの未婚率のオッズの比を計算せよ。

11.3 モデルの当てはまりのよさ

11.3.1 セル度数とセル期待度数の残差

モデルの当てはまりのよさの評価には、2 種類の方法がある。まず第 1 の方法は、対数線形モデルと同様に、クロス表の各セルの期待度数と実際の度数の乖離の程度を見る方法である。例えば、表 11.1 の年齢と未婚率の例では、20〜24 歳のときの未婚率は $X = 22$ より、$\hat{p} = 0.70$ と予測された。20〜24 歳の対象者は $1 + 20 = 21$ 人であるから、未婚の期待度数の推定値は $21 \times 0.70 = 14.7$ である。この実際の度数と期待度数の乖離の程度を尤度比統計量 G^2 や X^2 を使って計算すればよい。もしも回帰式からの期待度数と実際のセルの度数がぴったり一致すれば、G^2 も X^2 も 0 になるはずである。表 11.1 の 14 個のセルに関して期待度数を計算し、それをもとに G^2 を計算すると、

$$G^2 = 21.7 \tag{11.50}$$

である。自由度はやはりセル数から推定パラメータ数を引いた値である。この場合、セル数は $2 \times 7 = 14$ である。ロジスティック回帰分析で推定したパラメータ数は 2 つだが、期待度数を計算する際に、各年齢の周辺度数を使っているので、これらもパラメータとして数えて 7 個、合計で 9 個の自由パラメータがある。したがって自由度は $14 - 9 = 5$ である。自由度 5 の 1% 水準の限界値は、15.09 だから、このモデルは 1% 水準で棄却される。

11.3.2　切片のみのモデルとの比較

しかし、いくらロジット変換したとはいえ、年齢と未婚率のロジットが完全に比例しないのは当たり前のことである。そのため、モデルの G^2 が大きく、1% 水準で棄却されたとしても、そのモデルが無意味だと解釈する必要はない。一般には、切片だけで未婚率を予測した場合の G^2 と、モデルで未婚率を予測した場合の G^2 を比較して、当てはまりのよさが有意に改善されるかどうかを検討する。切片だけで、未婚率を予測すると、

$$\text{logit}(p) = \beta_0 \tag{11.51}$$

というモデルで未婚率を予測することになる。このモデルから p を予測すると、

$$\hat{p} = n_{\bullet 未婚}/N \tag{11.52}$$

である。つまりサンプル全体で未婚率を計算したものが、$\hat{p}$ となる。表 11.1 より、切片だけで未婚率を予測すると、

$$\hat{p} = n_{\bullet 未婚}/N = 66/406 = 0.163 \tag{11.53}$$

である。この値から、20〜24 歳の未婚の期待度数を推定すると、$21 \times 0.163 = 3.4$ である。これと実際のセル度数 22 のズレが小さいほど、X を使わなくても、切片だけでじゅうぶんに未婚率は予測できることになる。切片からの期待度数の推定値とセル度数の乖離を G^2 を使って調べる。すると、

$$G^2 = 130.6 \tag{11.54}$$

である。この場合、ロジスティック回帰式のパラメータは 1 つだけだから自由度は 6 である。切片のみの場合と、年齢に回帰させた場合の G^2 の差は

$$\Delta G^2 = 130.6 - 21.7 = 108.9 \tag{11.55}$$

である。自由度の差は 1 なので、ΔG^2 は 1% 水準で有意である。つまり年齢に回帰させることによって、モデルの当てはまりが有意に改善されたことになる。それゆえ、このモデルには意味があると言える。

11.3.3　独立変数が連続の場合

独立変数が離散変数である場合、クロス表の各セルの度数と、実際のセルの度数を比較すればよい。しかし、独立変数が連続変数の場合、そういうわけにはいかない。例えば、表 11.6 のような 20 人分のデータが得られたとしよう。ロジスティック回帰式を推定す

表 11.6 架空のデータ

	Y	X	$\hat{p}$	$Y - \hat{p}$
1	0	1	0.076	−0.076
2	0	2	0.099	−0.099
3	0	3	0.13	−0.13
4	0	4	0.167	−0.167
5	0	5	0.213	−0.213
6	0	6	0.267	−0.267
7	1	7	0.329	0.671
8	0	8	0.398	−0.398
9	1	9	0.471	0.529
10	1	10	0.545	0.455
11	1	11	0.618	0.382
12	1	12	0.685	0.315
13	0	13	0.746	−0.746
14	1	14	0.798	0.202
15	1	15	0.842	0.158
16	1	16	0.878	0.122
17	0	17	0.906	−0.906
18	1	18	0.929	0.071
19	1	19	0.946	0.054
20	1	20	0.959	0.041

ると、

$$\text{logit}(p) = -2.80 + 0.30X \tag{11.56}$$

である。独立変数 X の値はひとりひとり違うので、クロス表を作ってセル度数やセルの期待度数を計算するという考え方はなじまない。むしろ、個々のケースの Y の値と、$Y = 1$ となる確率の推定値 $\hat{p}$ の差 $Y - \hat{p}$ を計算する。これをやはり残差と呼ぶことにする。残差 $Y - \hat{p}$ を二乗してすべてのケースに関して足し合わせると、

$$\sum (Y - \hat{p})^2 \tag{11.57}$$

である。この数値が小さいほど、モデルの当てはまりがよいとも考えられる。この値は、あるカテゴリにおいて従属変数が 1 をとる確率を予測するというよりは、個々のケースの従属変数の値を予測する場合の誤差の大きさを示している。回帰分析において OLS を用いる際にも、残差の二乗和を用いたが、この $\sum (Y - \hat{p})^2$ も基本的にはそれと同じ考え方にもとづいている。ただし、残差の大きさを検討する場合、残差を残差の標準誤差 SE でわって重みをつけることが多い。これはばらつきの大きいケースの重みを軽くし、ばらつ

11.3 モデルの当てはまりのよさ

きの小さいケースの重みを重くするためである[*5]。すると、

$$X^2 = \sum \frac{(Y - \hat{p})^2}{SE^2} \tag{11.58}$$

の小さいモデルが当てはまりがよいと考えられる。X^2 の自由度はケース数から推定したパラメータの数を引いたものである。この例では、$df = 20 - 2 = 18$ である。実際には、X^2 ではなく、尤度比統計量 G^2 が使われることが多いが、基本的な考え方は同じである。尤度比統計量は

$$G^2 = -2 \sum (Y \log \hat{p} + (1-Y) \log(1-\hat{p})) \tag{11.59}$$

で計算される。表 11.6 の場合、

$$\begin{aligned} G^2 = -2(&0 \log 0.076 + (1-0) \log(1-0.076) \\ &+ 0 \log 0.099 + (1-0) \log(1-0.099) + \cdots) = 18.66 \end{aligned} \tag{11.60}$$

である。この G^2 は、独立変数が離散型であっても計算できるので、しばしばロジスティック回帰分析において用いられている。

一般にロジスティック回帰分析や対数線形モデルでは、

$$G^2 = -2 \log 尤度 \tag{11.61}$$

という関係が成り立つ。

11.3.4 AIC と BIC

G^2 を使って AIC や BIC を計算することもできる。AIC も BIC も自由度を使って G^2 を調整した。しかし、ロジスティック回帰分析の場合、自由度に関していくつかの考え方ができるので、自由度を使って AIC や BIC を計算すると、やや混乱を招くように思える。そこで、131 ページの注でも触れたように、モデルの中で推定したパラメータの数を使って G^2 を調整することにしよう。すなわち、

$$AIC^* = G^2 + 2 \times 自由パラメータ数 \tag{11.62}$$
$$BIC^* = G^2 + \log(N) \times 自由パラメータ数 \tag{11.63}$$

である。パラメータ数に比例して自由度は減少するので、(9.19) 式と (9.22) 式を使っても、(11.62) 式と (11.63) 式を使っても、モデルの適合度の優劣に違いはない。(9.19) 式

[*5] 個々のケースの Y の値は、サンプリングの際の偶然によって変わりうる。例えば 1 番目のケースは $Y = 0$ だが、サンプリングの際の偶然によって $Y = 1$ のケースが選ばれることもありうるということである。したがって 1 番目のケースの Y の値は 1 つの確率変数とみなすことができ、それゆえ標準誤差を計算することもできる。

と (9.22) 式の AIC、BIC と区別するために AIC^*, BIC^* と表記し、以下ではこれらを使っていくことにする。

表 11.6 の例の場合、$G^2 = 18.66$、$N = 20$、推定したパラメータの数は切片と傾きの 2 つだから、

$$AIC^* = 18.66 + 2 \times 2 = 22.66 \qquad (11.64)$$
$$BIC^* = 18.66 + \log(20) \times 2 = 24.7 \qquad (11.65)$$

である。

■**問題** 178 ページの問題に関して、切片のみのモデルと、2 つの独立変数を加えたモデルの G^2、AIC^*、BIC^*、ΔG^2 を計算し、モデルが有意に改善されているかどうか検討しなさい。

11.4 ロジスティック回帰分析を行う際の注意

ふつうの回帰分析と同様に、ロジスティック回帰分析を行う場合にもいくつか注意が必要である。

1. 非線形関係。年齢と未婚率の例では、$\mathrm{logit}(p)$ と X が比例関係にあると仮定したが、必ずしも比例するとは限らない。場合によっては、2 次曲線などもっと複雑な関係を仮定すべきかもしれない。
2. はずれ値。ロジスティック回帰分析でも、はずれ値が回帰係数の推定に大きな影響を与えることがあるので注意が必要である。
3. 多重共線性。独立変数間に強い相関がある場合、回帰係数の標準誤差が大きくなり、推定値が不安定になることがある。
4. ケース数。回帰分析の場合、10 数ケースでもしっかりとした推定ができる場合があった。しかしロジスティック回帰分析の場合、大標本が仮定されているので、クロス表の分析のときと同じ程度のケース数が必要だと考えるべきである。

11.5 交互作用効果

2 変数の連関の強さが、第 3 変数の値によって変化するような場合、**交互作用効果 (interaction effect)** があるというのであった（6.2 節参照）。このような効果をロジスティック回帰分析でも検討できる。例えば、68 ページの表 6.5 は、民族的アイデンティティを従属変数とし、被差別体験と民族的自尊心を独立変数として解釈された。表 11.7 は表 6.5 のデータを再掲したものである。これらの変数をそれぞれ Y、X_1、X_2 とし、アイデンティティが強い確率を p とする。ただし被差別体験が多いとき $X_1 = 1$、少ないと

11.5 交互作用効果

表 11.7 自尊心 × 被差別経験 × アイデンティティのクロス表（架空）表 6.5 と同じもの

民族的自尊心 X_2	強い		弱い	
	民族的アイデンティティ Y		民族的アイデンティティ Y	
被差別体験 X_1	弱い	強い	弱い	強い
少ない	35	22	20	30
多い	80	120	60	40

き $X_1 = 0$。民族的自尊心が強いとき $X_2 = 1$、弱いとき $X_2 = 0$ である。すると、交互作用効果のないモデルは、

$$\mathrm{logit}(p) = \beta_0 + \beta_1 X_1 + \beta_2 X_2 \tag{11.66}$$

である。これに対して、交互作用効果のあるモデルは、

$$\mathrm{logit}(p) = \beta_0 + \beta_1 X_1 + \beta_2 X_2 + \beta_3 X_1 X_2 \tag{11.67}$$

である。$\beta_3 X_1 X_2$ という項が加わっているのがわかるだろう。これによってどのように推測値が変わるのか、(11.66) 式と (11.67) 式に実際に値を代入してみると、表 11.8 のようになる。2 つの独立変数が同時に 1 をとるときだけ、特別な効果として β_3 が加わると

表 11.8 交互作用効果を含む場合と含まない場合の予測値

X_1	X_2	交互作用なしの予測値	交互作用ありの予測値
0	0	β_0	β_0
0	1	$\beta_0 + \beta_2$	$\beta_0 + \beta_2$
1	0	$\beta_0 + \beta_1$	$\beta_0 + \beta_1$
1	1	$\beta_0 + \beta_1 + \beta_2$	$\beta_0 + \beta_1 + \beta_2 + \beta_3$

考えるのが、交互作用効果の考え方である。一方の独立変数だけでは生じないが、2 つの変数が組み合わさって生じる効果が交互作用効果なのである。β_3 を交互作用効果と呼ぶのに対して、β_1、β_2 を**主効果 (main effect)** と呼ぶ。

実際に民族的アイデンティティの例に関してパラメータを推定してみると、表 11.9 のようになる。この表を見ると、主効果だけを加えても、切片だけのモデルと当てはまりのよさに有意差はない。交互作用効果を加えると、モデルが有意に改善されるのがわかる。

表 11.9 民族的アイデンティティに関するモデルの比較

	切片のみ	主効果ふくむ	交互作用効果ふくむ
切片 β_0	0.08	-0.23	0.41
被差別体験 β_1		0.15	-0.81^*
民族的自尊心 β_2		0.33	-0.87^*
被差別体験 × 民族的自尊心 β_3			1.68^{**}
G^2	563.5	560.3	547.1
df	406	404	403
ΔG^2		3.2	13.2^{**}

** 1% 水準で有意。 * 5% 水準で有意

11.5.1 独立変数のカテゴリが3つ以上の場合

独立変数のカテゴリが3つ以上の場合でも、交互作用効果の考え方は同じである。122ページの表 9.1 は、夫学歴 × 妻学歴 × 結婚コーホート の3重クロス表であった。この表を検討した際に、妻と夫の学歴の連関の強さが、コーホートによって変化することが示唆された。便宜的に夫の学歴を従属変数とみなすと、妻の学歴の夫の学歴に対する効果が、コーホートによって異なるということである。つまり、夫学歴に対して、妻学歴 × コーホート の交互作用効果があると考えられる。夫学歴が短大・4大卒である確率を p、妻短大ダミーを W_1、妻4大ダミーを W_2、最初のコーホートを基準値として残りの3つのコーホートのダミー変数を C_1、 C_2、 C_3 とすると、交互作用を含むロジット・モデルは、

$$\begin{aligned}\text{logit}(p) = {} & \beta_0 + \beta_1 W_1 + \beta_2 W_2 + \beta_3 C_1 + \beta_4 C_2 + \beta_5 C_3 \\ & + \beta_6 W_1 C_1 + \beta_7 W_1 C_2 + \beta_8 W_1 C_3 \\ & + \beta_9 W_2 C_1 + \beta_{10} W_2 C_2 + \beta_{11} W_2 C_3\end{aligned} \tag{11.68}$$

である。妻学歴のダミー変数とコーホートのダミー変数のすべての組み合わせに関して交互作用を仮定している。このモデルの当てはまりのよさを、切片のみ、切片と主効果のみのモデルと比較した結果が表 11.10 である（パラメータの推定値は省略）。やはり交互作用効果をモデルに含めることで、当てはまりが有意によくなっている。

■問題 178ページの問題のモデルに、年齢と女性ダミーの交互作用効果を加えたモデルを作り、パラメータをそれぞれ推定しなさい。また交互作用効果を加えることで、モデルは有意に改善されるか。主効果＋切片のモデルと比較しなさい。その結果から年齢と女性ダミーの間に交互作用効果があるか述べなさい。

表 11.10　夫婦学歴とコーホートに関するモデルの比較

	切片のみ	主効果ふくむ	交互作用効果ふくむ
G^2	5347.1**	4338.9**	4308.1**
パラメータ数	1	6	12
ΔG^2		1008.1**	30.9**

** 1% 水準で有意。 * 5% 水準で有意

11.6　多項ロジット・モデル

従属変数が 3 つ以上のカテゴリを持つ場合、**多項ロジット・モデル (multi-nominal logit model)** が用いられる。夫婦学歴の例で、今度は便宜的に妻の学歴を従属変数と考えてみよう。妻の学歴は 3 つのカテゴリを持つので、従属変数として、妻が中・高卒、短大卒、4 大卒である確率をそれぞれ p_0、p_1、p_2 とする。独立変数 X は夫が 4 大卒のとき 1 をとるダミー変数である。すると、多項ロジット・モデルは、

$$\log \frac{p_1}{p_0} = \beta_{01} + \beta_{11} X_1$$
$$\log \frac{p_2}{p_0} = \beta_{02} + \beta_{12} X_1 \tag{11.69}$$

という 2 つの式で表される。この場合、中・高卒を基準カテゴリとし、中・高と短大、中・高と 4 大を比較した場合の対数オッズを、回帰式から同時に推定することになる。推定するパラメータは、それぞれ 2 つずつなので、合計で 4 つのパラメータを同時に推定することになる。最尤法を使って推定すると、

$$\log \frac{p_1}{p_0} = -1.97 + 1.71 X_1 \tag{11.70}$$

$$\log \frac{p_2}{p_0} = -2.89 + 2.41 X_1 \tag{11.71}$$

である。いずれの係数も両側 1% 水準で有意である。切片だけのモデルと当てはまりのよさを比較すると、$\Delta G^2 = 14.8$、$\Delta df = 2$ なので、1% 水準でモデルは有意に改善されている。したがって、夫の学歴は、妻の学歴に一定の影響を及ぼしていると解釈できる。

ふつう、多項ロジットモデルでは複数の回帰式の係数を同時に推定する。(11.69) 式では、2 つの式の合計 4 つのパラメータを同時に推定した。しかし、2 つの式を別々に推定することもできる。別々に推定しても、著しく大きな違いは出ないが、やや標準誤差が大きくなるので、特に理由がなければ、同時に推定したほうがよいだろう。

■**問題**　80 ページの表 6.12 を使い、職位を従属変数、性別とエスニシティを独立変数として、ロジスティック回帰分析を行いなさい。

11.7 順序ロジット・モデル

従属変数が3つ以上のカテゴリを持ち、それらに順序がある場合、多項ロジット・モデルの特殊なタイプを当てはめることがある。妻学歴を夫学歴で予測する場合、4大、短大、中・高の順に順序があると考えられる。そこでこれを以下のようなモデルで予測する。

$$\log \frac{p_2}{p_1 + p_0} = \beta_{01} - \beta_1 X_1$$
$$\log \frac{p_1 + p_2}{p_0} = \beta_{02} - \beta_1 X_1 \tag{11.72}$$

最初の式は、妻が4大以上の学歴である確率のロジットを予測している。2番目の式は、短大以上の学歴である確率のロジットを予測している。一般に、k個のカテゴリをとる離散変数が従属変数の場合、$k-1$個の回帰式をたてる必要がある。従属変数の値をカテゴリの順番で代用することにしよう。例えば、妻学歴ならば、$Y = 4$大、短大、中・高のかわりに、$Y = 1, 2, 3$とする。もしも従属変数が5つのカテゴリからなる順序変数ならば、$Y = 1, 2, 3, 4, 5$である。Yが1以下の値をとる確率を$p_{Y \leq 1}$、2以下の値をとる確率は$p_{Y \leq 2}$といった表記をする。すると、Yが5個のカテゴリからなる場合、順序ロジット・モデルは以下のようなかたちにするのが一般的である。

$$\text{logit}(p_{Y \leq 1}) = \beta_{01} - \beta_1 X_1$$
$$\text{logit}(p_{Y \leq 2}) = \beta_{02} - \beta_1 X_1$$
$$\text{logit}(p_{Y \leq 3}) = \beta_{03} - \beta_1 X_1$$
$$\text{logit}(p_{Y \leq 4}) = \beta_{04} - \beta_1 X_1 \tag{11.73}$$

最初の式は、Yが1番目の値をとる確率のオッズ、次はYが2番目か1番目の値をとる確率のオッズ、といったぐあいである。つまりある値以下の値をとる確率のオッズを予測するのが、一般的な順序ロジット・モデルである。

順序ロジット・モデルのもう1つの特徴は、独立変数にかかる回帰係数が、すべての回帰式で等しいという点である。一般的な多項ロジットの場合、回帰係数は、回帰式ごとに異なると仮定するのがふつうである。これに対して、従属変数に順序を仮定する場合、Yの順位に対するXの効果が、Yのどの段階でも均一であると仮定するのである。この単純化によって推定するパラメータ数を節約できる。ロジスティック回帰分析に限らず、一般に推定するパラメータが少ないほうが、推定したパラメータの標準誤差は小さくなる。つまり推定が正確になる。したがって、必要以上に複雑なモデルを採用するのは好ましくない。しかし、もしもXの効果がYの段階によって異なるならば、このようなモデルは、一般的な多項モデルにくらべて当てはまりが悪いはずである。

もう1つ付け加えておかなければならないのは、(11.72)式でも(11.73)式でも、右辺は$\beta_{01} + \beta_1 X_1$ではなく$\beta_{01} - \beta_1 X_1$となっており、β_1にかかる符号がマイナスになって

11.7 順序ロジット・モデル

いるということである。これはパラメータの解釈を煩雑にしているように私には思えるのだが、一般的には、(11.72) 式や (11.73) 式のようなモデルがたてられることが多いようである。したがって β_1 がプラスの値をとる場合、X_1 の値が大きいほど従属変数が大きな値をとる確率が高まる。逆に、β_2 がマイナスの値をとる場合、X_1 の値が大きいほど従属変数が小さな値をとる確率が高まる。

実際に順序ロジスティック回帰分析をしてみよう。夫婦学歴のクロス表に順序ロジット・モデルを当てはめると、

$$\log \frac{p_2}{p_1 + p_0} = -3.02 + 1.96 X_1 \tag{11.74}$$

$$\log \frac{p_1 + p_2}{p_0} = -1.64 + 1.96 X_1 \tag{11.75}$$

である(この場合 $\beta_1 = -1.96$ と推定されていることに注意)。切片のみと、多項ロジット、順序ロジットの当てはまりのよさを比較したのが表 11.11 である。多項ロジットと

表 11.11 モデルの当てはまりのよさの比較

モデル	G^2	パラメータ数	AIC^*	BIC^*
多項ロジット	113.4	4	121.4	130.6
順序ロジット	113.5	3	119.5	126.4
切片のみ	128.3	2	132.3	136.9

順序ロジットの当てはまりのよさに大差はない。しかし、あえて選ぶならば、順序ロジットであろう。

順序ロジットや多項ロジットは、ここで紹介したモデル以外にもさまざまなモデルを組むことができる。ダミー変数の作り方やオッズのとり方はほかにもあるし、複数の回帰式の回帰係数を等しいと仮定してもよいし、仮定しなくてもよい。ここで紹介したモデルは、SPSS と R で採用されているものだが、ソフトウェアによって違う可能性があるので、注意が必要である。

■**問題** 80 ページの表 6.12 を使い、職位を従属変数、性別とニスニシティを独立変数として、順序ロジットモデル(切片 + 主効果)を使って分析しなさい。また、多項ロジット・モデルと、当てはまりのよさを比較しなさい。

11.8 ロジスティック回帰分析の使い分け

11.8.1 対数線形モデルとの使い分け

　ロジスティック回帰分析と対数線形モデルをどう使い分けるべきだろうか。両者には本質的な違いはなく、対数線形モデルのパラメータ推定値から、ロジスティック回帰分析の回帰係数を計算することもできる。準独立モデルや順序ロジットなどのモデルは、対数線形モデルでもロジスティック回帰分析でも用いることはできる。しかし、分析結果をわかりやすくまとめるという観点から考えれば、以下のような原則が考えられる。

　基本的には、取り扱う変数を従属変数と独立変数に分けられない場合は、対数線形モデルを使ったほうがよい。例えば、夫婦の学歴の連関を検討するようなケースは、じつは対数線形モデルに向いている。妻と夫の学歴は、一方が他方に影響を及ぼしているというような、一方向的な因果関係を想定しにくい。便宜上、これまで夫婦学歴を例にロジスティック回帰分析を解説してきたが、実際には対数線形モデルのほうが解釈がしやすい。注目する複数の変数の間に因果序列をつけられない場合、セル度数を予測するという対数線形モデルの考え方は好都合である。また、凝ったモデルを作る場合、対数線形モデル用のソフトウェアのほうが柔軟にモデルを組みやすいように思える。

　逆に、エスニシティと幼少時の読書経験のように従属変数が明らかな例では、むしろロジスティック回帰分析のほうが解釈しやすいだろう。回帰係数というカタチで個々の独立変数の効果の大きさがわかるからである。また、ロジスティック回帰分析のほうが一般の聴衆に理解されやすいという利点も見逃せない。回帰分析は比較的古くからある分析手法なので、比較的多くの人がその意味を理解してくれるが、対数線形モデルはそれほど広く知られているわけではない。ロジスティック回帰分析は、それについてよく知らなくても、回帰分析のアナロジーで、分析結果のだいたいの意味は理解してもらえる。このメリットは意外に大きい。

11.8.2 回帰分析との使い分け

　従属変数が連続変数の場合は回帰分析、2値変数の場合はロジスティック回帰分析、という使い分けが一般的である。順序のある離散変数が従属変数の場合、これを便宜的に連続変数とみなして、しばしばOLSで線形回帰分析がなされる。しかし数値の与え方が恣意的であるし、平均値からの距離を計算することに意味がない場合もある。また、予測値が従属変数の上限や下限を超えてしまうこともある。その場合、多項ロジットや順序ロジットを用いたモデルを用いるべきだろう。

11.9 練習問題

1. 表 11.12 を使い、子供の大学進学率を従属変数、コーホート、資産、学力を独立変数としてロジスティック回帰分析をしなさい。資産の大学進学への効果が中心仮説であったから、以下の 3 つのモデルを比較検討し、もっとも当てはまりのよいモデルを選びなさい。また、その結果から、コーホートと学力をコントロールしても資産が大学進学に有意な効果を持つかどうか述べなさい。モデル 1: 切片のみ。モデル 2: モデル 1 にコーホート、学力、両者の交互作用を追加。モデル 3: モデル 2 に資産を追加。

表 11.12 コーホート × 学力 × 資産 × 大学進学 (91 ページの表 7.6 の再掲)

コーホート	資産	学力 下・やや下		学力 真ん中		学力 上・やや上	
		大学進学	非進学	大学進学	非進学	大学進学	非進学
1926〜41 年	4 以下	0	70	10	127	23	51
	5〜8	0	19	8	77	18	43
	9〜14	0	0	2	12	11	10
1942〜58 年	4 以下	0	45	8	85	9	42
	5〜8	3	107	26	213	68	117
	9〜14	4	20	45	91	92	48
1959〜75 年	4 以下	1	3	0	2	2	2
	5〜8	4	64	28	84	37	23
	9〜14	12	54	79	111	113	44

2. 表 11.13 は、1993 年と 1999 年に行われた大学生の性交経験の調査結果である。この表から、初交年齢を従属変数とし、調査年と性別を独立変数として多項ロジット・モデルと順序ロジットモデルを当てはめなさい。またそれぞれに関して交互作用効果ありとなしのモデルを検討し、最も当てはまりのよいモデルを選びなさい。またその結果を解釈しなさい。

表 11.13 性交経験のある大学生の初交年齢 (片瀬 [21] 図 2a, 2b より推定して作成)

調査年	1993		1999	
初交年齢	男	女	男	女
17 歳以下	118	53	114	64
18 歳	70	67	75	86
19 歳	33	49	99	71
20 歳以上	35	23	66	63

付録A　SPSSとLEM

近年、たくさんの統計解析用のソフトウェアがあり、使いやすいものも多い。その中でもSPSSをとりあげることにする。SPSSを自分のパソコンにインストールする場合、CD-ROMつきの書籍[20]が売っているので、それを使うとよいかもしれない。ただし、変数の数やケース数に制約があるので、注意。詳しくは、SPSS社のホームページで確認されたい。

SPSSの解説書は山のように出版されているし、ある程度慣れれば、SPSSは解説書なしでも使える。以下の記述は、SPSS 12.0J for Windowsについて行うが、SPSSはver. 10以降ほとんどユーザ・インターフェイスは変わっていないので、ほかのヴァージョンでも参考になるだろう。

LEMは、Jeroen K. Vermuntが開発したカテゴリカルデータ分析用のフリーウェアである。対数線形モデルもロジスティック回帰分析も簡単に分析できる。SPSSでも対数線形モデルやロジスティック回帰分析をすることはできるが、オプションを追加して購入する必要がある上に、対数線形モデルの分析がやりにくい。そこで最後に簡単にLEMの使い方を解説する。

A.1　SPSSの起動とデータの入力

ふつうのソフトウェアと同じように起動すればよい。SPSSをスタートメニューから起動する場合、[スタート][すべてのプログラム][SPSS for Windows][SPSS 12.0J for Windows]を選ぶ。デフォルトでは、図A.1のように表示される。

ふつうは、データを入力するか、すでに入力済みのデータのファイルを開くので、[データに入力]か[既存のデータソースを開く]を選んで、[OK]をクリックする。ここでは、データを入力してみよう。[データに入力]を選んで[OK]をクリックすると図A.2の左側のようなウィンドウが表示される。以下では、いくつかの国のGDPと民主化度得点を入力してみよう。

A.1.1　変数の定義

データを入力する前に変数を定義したほうがよいだろう。例えば、国別のGDPと民主化の度合いを入力するとしよう。そこで、まずウィンドウの左下辺りにある[変数ビュー]というタブをクリックする。すると図A.2の右側のような画面になる。

図A.2の[名前]の列に変数名を入力していく。SPSS12.0Jでは、全角文字も使える

A.1　SPSS の起動とデータの入力

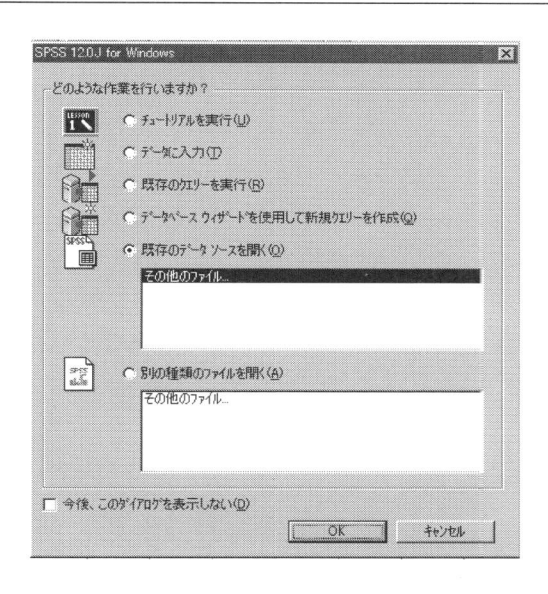

図 A.1　SPSS 起動後最初のダイアログボックス

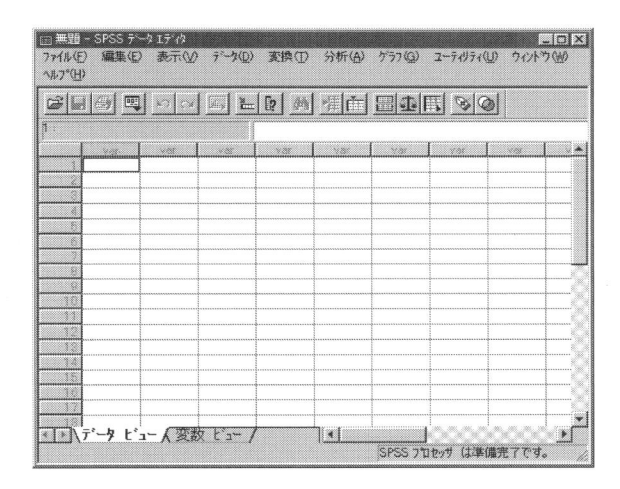

図 A.2　SPSS のデータ入力画面（左がデータビュー、右が変数ビュー）

し、かなり長い（半角で 64 文字まで）変数名も使える。しかし、以前のヴァージョンでは、半角で 8 文字以内という制約があるので注意。シンタックスを書くことを考えると、変数名は半角英数字にしておくのが無難かもしれない。個人的には、英数半角で 8 文字以内で変数名はつけるようにしている。いくつか変数名のルールを列挙しておこう。

1. 半角 64 文字以内（全角なら 32 文字以内）。
2. 半角の数字から始まる変数名は不可。例えば、"2003 年収入" という変数名は使え

ない。
3. 半角ピリオドで終わる変数名は不可。例えば、"age." という変数名は使えない。
4. スペースおよびいくつかの特殊記号（例えば、！？'*）は、変数名の中に使うことができない。例えば、"父 年齢"や"GDP?"といった変数名は使えない。
5. SPSS シンタックスで使う予約キーワードは変数名として使えない。例えば、ALL、AND、BY、EQ、GE、GT、LE、LT、NE、NOT、OR、TO、WITH は変数名として使えない。
6. SPSS は大文字と小文字を区別しない。例えば、"AGE"も"age"も同じ変数名として認識される。

変数名を［名前］の列に3つ入力した結果が、図 A.3 の左側である。変数名を入力すると、自動的にほかのいくつかの列もデフォルトの値が入力される。

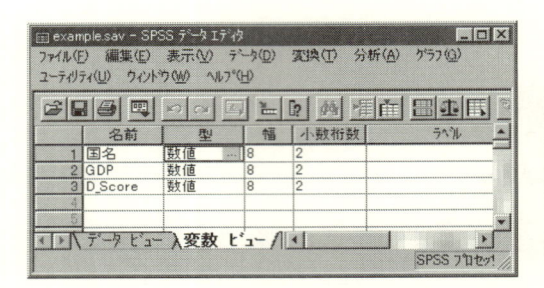

図 A.3 変数名の入力（左）と変数の型の指定（右）

A.1.2 変数の型、幅、小数桁

変数の型は、デフォルトで数値になる。ほとんどの場合、数値のままでよいが、文字をデータとして入力したいときは、変更したい部分をクリックする。例えば、国名は文字で入力したいので、［国名］のとなりにある［数値］をクリックする。すると、図 A.3 の右側のようなダイアログボックスが開く。

このダイアログボックスの項目の中から、［文字型］を選び、［OK］をクリックする。文字と数値以外を使うことは、社会学ではほとんどないだろう。［幅］は変数の値の半角での文字数である。全角文字を変数の値として入力する場合、全角文字1字は半角2字に換算される。デフォルトで8桁（8文字）だが、8桁（8文字）以上の値を入力したいときは、適当な値を入力する。8桁以下ならばそのままでよい。［小数桁］も小数点以下何桁まで入力するかを指定する欄である。国名は長めにとるために、［幅］を 20 にしておこう。ここまで入力した結果が図 A.4 の左側である。

A.1 SPSS の起動とデータの入力

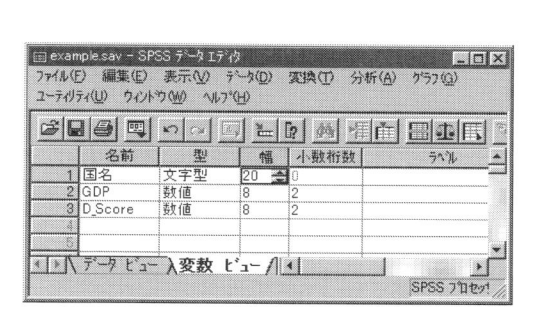

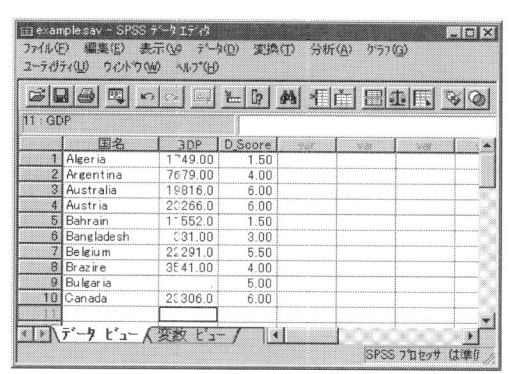

図 A.4 変数の指定（左）とデータの入力（右）

A.1.3 データの入力

あとはデータを入力していけばよい。ウィンドウ左下辺りにある［データ ビュー］をクリックする。10 ケースほど入力した結果が図 A.4 の右側である。［データ ビュー］では、行がケース、列が変数に対応する。

A.1.4 欠損値

場合によっては、変数の値がわからなかったり、存在しなかったりすることがある。このような場合、欠損値をわりふる。例えば、アンケートで対象者が「わからない」とか「答えたくない」と答える場合がある。この場合、当然、変数の値はわからないので、欠損値になる。これを特に **DK NA** (Don't Know, No Answer) ということがある。また、国によっては、GDP の正確な値がわからない場合もある。この場合も欠損値となる。さらに、有職者だけにたずねる質問（例えば職種や役職）が質問紙の中に含まれている場合、無職の人は、このような質問に答える必要がない（あるいは答えようがない）。これを**非該当**という。これも欠損値になるケースである。

欠損値の処理は 2 とおりのやり方がある。簡単なのは、データを入力せずに、そのまま空白にしておくという方法である。例えば、ブルガリアの GDP が不明ならば、図 A.4 の右側のように該当するセルに何も入力しなければよい。

しかし、場合によっては、DK NA と非該当を区別したい場合がある。例えば、どんな人が DK NA になりやすいのかを分析する場合、DK NA と非該当を区別しなければならない。このような場合は、例えば、DK NA に 99、非該当に 98 というように、欠損値に適当な値をわりふってやる必要がある。また今回はデータを直接 SPSS に入力したが、テキストファイルにデータをまず入力し、それから SPSS にデータを読み込むような場

合、やはり欠損値には適当な値をわりふってやる必要がある場合がある。このようなときには、欠損値の指定をしなければならない。欠損値の指定にもいくつかの方法があるが、A.4.6 節で解説しよう。

A.1.5 度数分布表

以下では、SSM 調査の 2003 年の国内予備調査データを例に解説していく。データの開き方は、ふつうのソフトと同じである。ただし、SPSS のメニューから開く場合、［ファイル］［開く］［データ］を選ぶ。

単純な度数分布表をまず作ってみよう。度数分布表を作るには、メニューから［分析］［記述統計］［度数分布表］を選ぶ。SPSS のヴァージョンによって場所や名前が多少違うかもしれないが、［分析］の下のどこかに度数分布表のメニューがあるのはまちがいない。さて、［度数分布表］を選ぶと図 A.5 のようなダイアログボックスが開く。

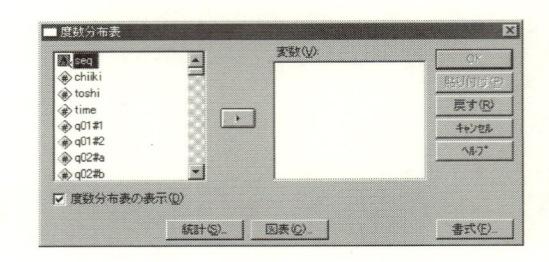

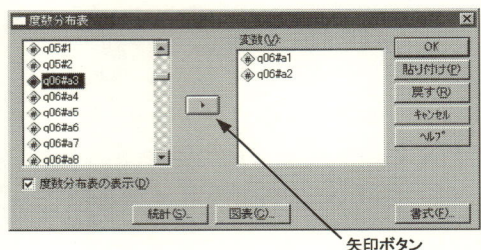

図 A.5 度数分布表のダイアログボックス（左が変数選択前、右が変数選択後）

左側に並んでいるのが、変数のリストである。このリストの中から度数分布表を作りたい変数を選択してダブルクリックするか、真ん中の矢印ボタンをクリックする。すると、選択した変数が右側の欄に移動する（図 A.5 右側）。ここでは、q06#a1, q06#a2 という 2 つの変数を選択した。これらは、それぞれ職場に育児休業制度、介護休業制度があるかどうかをたずねた質問に対する答えである。

そして［OK］をクリックすると、［出力 1 - SPSS ビューア］というウィンドウが開いて、指定した変数の度数分布表が表示される（図 A.6）。

q06#a1 は育児休業制度の有無を示す変数だが、いちばん左の列の 1 が「有り」、2 が「無し」、8 が、「非該当」、9 が「DK NA」である。その右にそれぞれに該当する対象者の数と割合が表示される。だがこれではいかにもわかりにくい表である。そこで、ひと手間かけて、わかりやすくしてみよう。

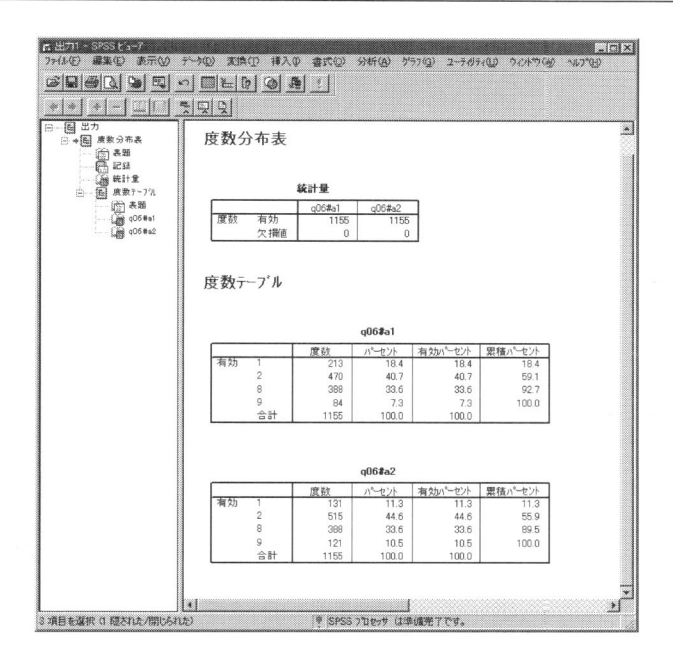

A.1 SPSSの起動とデータの入力 201

図 A.6 度数分布表の出力

A.1.6 変数ラベル

データのウィンドウに戻り、[変数ビュー]を表示する。まず変数にラベルをつける。ラベルをつけると、SPSSの出力には、変数名の代わりにラベルを出力することができる。q06#a1の行を見つけ、その行の[ラベル]の列に、「育児休業制度」と入力する。日本語を入力する場合、インラインで直接入力されないかもしれないが、インプット用のウィンドウが別に開いているので、あわてず入力する（図 A.7 左側）。

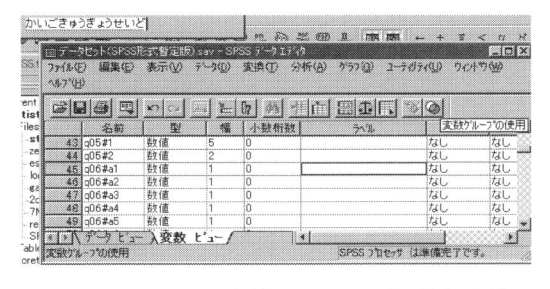

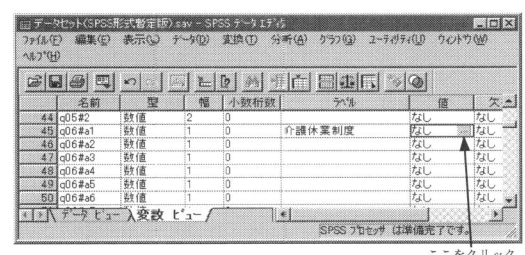

図 A.7 変数ラベルの入力（左）と値のセルをアクティブにした図（右）

A.1.7　値ラベル

次に、Q06#a1 の［値］の列をクリックする。セルがアクティブになると、右側に「...」と表示されるので、これをクリックする（図 A.7 の右）。

すると、図 A.8 のようなダイアログボックスが開くので、値とその値のラベルを入力していく。まず［値］の欄に、**半角**で「1」と入力し、それに対応するラベル「有り」を［値ラベル］の欄に入力する。そして［追加］ボタンをクリックする。すると、図 A.8 の

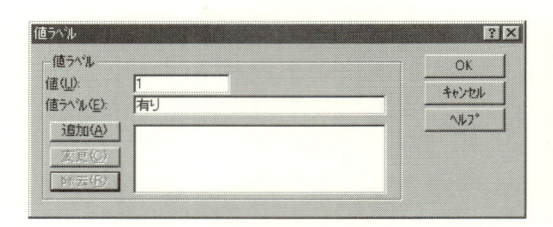

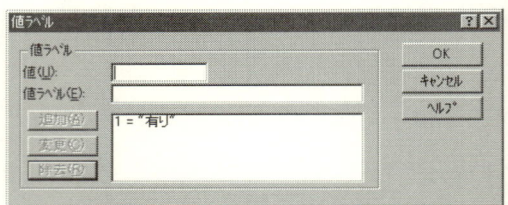

図 A.8　値ラベルのダイアログボックス（［追加］ボタンを押す前（左）と押した後（右））

右側のように、1="有り" と入力される。

続けて［値］の欄に、**半角**で「2」と入力し、それに対応するラベル「無し」を［値ラベル］の欄に入力し、［追加］ボタンをクリックする。もしもまちがって入力した場合は、まちがっているラベルを修正したり除去したりすることもできる。例えばもしもまちがって 1="無し" としてしまった場合、［1="無し"］をクリックし、値ラベルを「有り」に書きかえて、［変更］ボタンを押す。ラベルそのものを消したい場合は、［1="無し"］を選択した状態で、［除去］のボタンを押す。注意すべきなのは、［値ラベル］を書いただけでは、ラベルはつかないということである。**必ず［追加］ボタンや［変更］ボタンを押すこと**。さもないと［値ラベル］欄に入力したラベルは、データに反映されない。ラベルが正しくついていることを確認し、［OK］ボタンをクリックする。すると、図 A.9 のように変数ビューの画面に表示されるはずである。

図 A.9　ラベル入力後の変数ビュー（左）と欠損値の欄をクリックしたところ（右）

A.1 SPSS の起動とデータの入力　　　　　　　　　　　　　　　　　　　　　　　　203

A.1.8　欠損値の指定

　最後に、欠損値を指定する。q06#a1 の欠損値の欄は、［なし］になっているはずである。ここをクリックすると、図 A.9 の右側のようにセルの右のほうに「...」を表示されるので、この「...」をクリックする。

　表示されたダイアログボックスを見ると、最初は、［欠損値なし］となっているので、図 A.10 の左側のように［個別の欠損値］をクリックし、空欄に、8 と 9 を入力し、［OK］をクリックする。うまくいけば、図 A.10 の右側ように表示されるはずである。

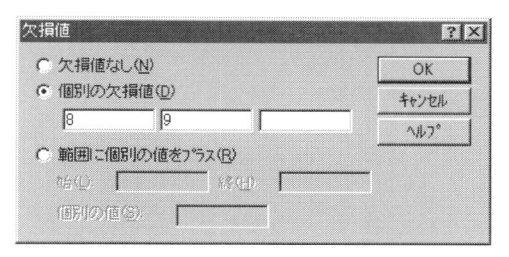

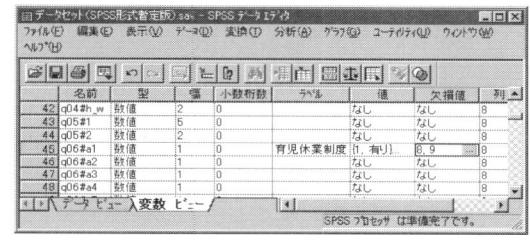

図 A.10　欠損値の欄をクリックしたところ（左）と欠損値指定後の変数ビュー（右）

A.1.9　ラベルと欠損値の確認

　ここで、A.1.5 節の要領で、もう一度、q06#a1 の度数分布表を作ってみよう。図 A.11 のように、変数にラベルをつけると、変数のリストにもラベルが優先的に表示されるので注意。度数分布表を作ると、図 A.12 のようになる。

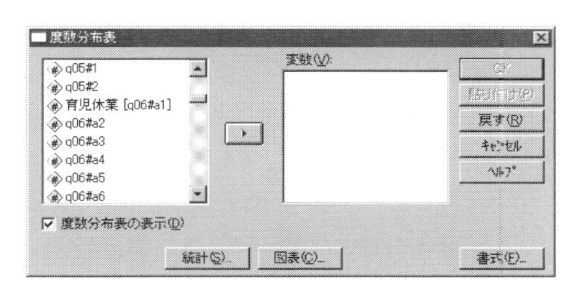

図 A.11　度数分布表ダイアログボックス中での変数ラベルの表示

　図 A.12 で注意すべきは、「パーセント」と「有効パーセント」の違いである。パーセントは、合計の度数で個々の値をとるケースの数を割ったものである。例えば、「有り」のパーセントは 18.4 となっているが、これは「有り」の度数 213 を合計の度数 1155 で割っ

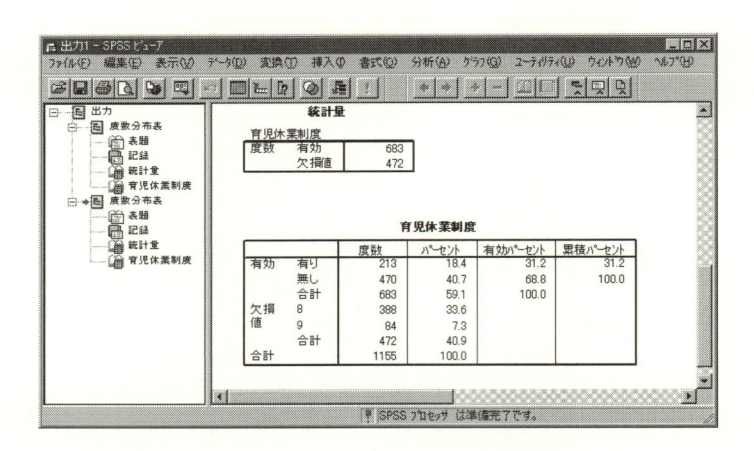

figure A.12 ラベルと欠損値処理後の度数分布表

た値である。これに対して「有効パーセント」は、欠損値を除いた残りの合計（これを有効ケース数ということもある）で、個々の値の度数を割ったものである。例えば、「有り」の有効パーセントは 31.2 となっているが、これは「有り」の度数 213 を有効ケース数の合計 683 で割った値である。ふつうのデータ分析では、欠損値は除外して考えるので、「有効パーセント」のほうを見るべきである。ただし、DK NA が著しく多い場合は、分析結果の一般性や妥当性に問題が生じるので、DK NA の割合には注意が必要である。

A.2 シンタックスの利用

SPSS の利点は、マウスをクリックしていくだけで、分析ができるところにある。ふつうの統計ソフトならば、プログラムを書いてそれを実行させることで、いろいろな計算ができるのだが、それでは、さまざまなコマンドを覚えていないと、データ分析ができない。それに対して SPSS を使う場合、コマンドを覚えていなくても、適当にクリックを繰り返せば、大抵のことはできてしまう。しかし、同じ作業を繰り返し行ったり、データの処理や分析を複数の人と分担する場合、プログラムを書いたほうが効率がよい。また、分析をしてから時間がたつと、ある値を計算するために、自分がどんな計算をしたか思い出せないことが多いが、プログラムを書く/理解できると、自分のやった操作がプログラムという形で残るので便利である。そういうわけで、私は、ほとんど必ずプログラムを書いて SPSS を実行している。

A.2.1 シンタックスの貼り付け

　SPSS ではプログラムを**シンタックス**と呼ぶ。SPSS の便利なところは、シンタックスを必ずしも覚える必要がないということである。例を挙げて解説しよう。q06#a1 の度数分布表をもう一度作ってみよう。ただし、ダイアログボックスで変数を指定したら、最後に［OK］ではなく　［**貼り付け**］**ボタン**をクリックする（図 A.13）。すると、図 A.14 の

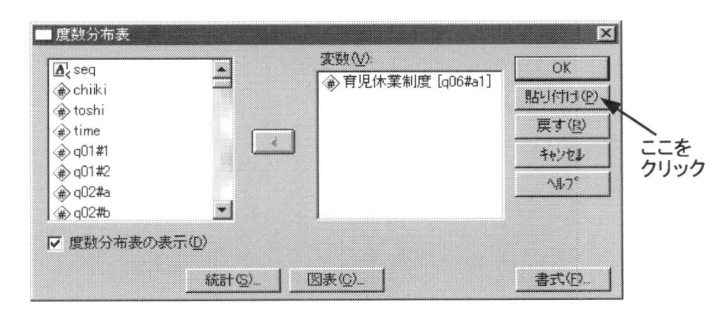

図 A.13　シンタックスの貼り付け

ようなウィンドウが開き、q06#a1 の度数分布表を作るシンタックスが自動的に貼り付けられる。このシンタックスを実行するには、**プロンプトを実行したいシンタックスと同じ行**においてから、

1. ［Ctrl］キーを押しながら［R］キーを打つ
2. 実行ボタン（図 A.14 を参照）をクリックする
3. メニューから［実行］［現在の位置］を選ぶ

のいずれかを行う。A.1.9 項と同じように度数分布表が作られたはずである。ラベルや欠損値の処理を誤って、もう一度、度数分布表を作らなければいけなくなっても、これなら［Ctrl］＋［R］のワンストロークで度数分布表を作れる。

図 A.14　シンタックス・ウィンドウ

A.2.2　Frequency シンタックスの入力

それでは、貼り付けたシンタックスを書き直してみよう。度数分布表のシンタックスは、基本的には、

```
FREQUENCIES
    VARIABLES=変数リスト.
```

と書けばよい。例えば、

```
FREQUENCIES
    VARIABLES=q06#a1.
FREQUENCIES
    VARIABLES=q06#a1 q06#a2.
FREQUENCIES
    VARIABLES=q06#a1 to q06#a5.
```

といった具合である。3つ目の例は、q06#a1 から q06#a5 までのすべての変数を指定している。

A.2.3　シンタックスを書く際の注意

　SPSS のシンタックスは、必ず半角ピリオド. で終わらなければならない。また、キーワードの間に、半角スペースやタブ、改行が入るのはかまわないが、コマンドの途中で空の行が入ってはいけない。例えば、

```
FREQUENCIES

    VARIABLES=q06#a1 .
```

とするとエラーが出る。
　また、シンタックスは、ラベルと変数名以外は、必ず**半角**の英数字および記号、スペースで書かなければならない。逆に言えば、全角スペース、全角の記号、全角の英数字を使ってシンタックスを書くとエラーが起きる。原因不明のエラーが生じる場合、記号やスペースが全角でないかチェックすべきである。
　シンタックスのウィンドウに直接コマンドを書き込んでもよい。シンタックスは、キーワードの最初の3文字だけを書けば、後は省略することができる。例えば、

```
freq var q06#a1.
```

としても、同じ結果が得られる。

A.2.4 ファイルの保存

SPSS は 3 種類のファイルを扱う。データ、出力、シンタックスの 3 つである。いずれもふつうに、［ファイル］から［上書き保存］や［名前を付けて保存］を選べばよい。それぞれ ".sav"、".spo"、".sps" という拡張子がつく。必要に応じて保存すればよい。私は、出力のファイルはめったに保存しない。シンタックスのファイルを残しておけば、いつでも出力はすぐに作れるからだ。また、データも、欠損値やラベルのついていないファイルを保存しておき、分析を始める前に、ラベルや欠損値を毎回つけることが多い。したがって、分析が終わって、データのファイルや出力のファイルを保存するかどうかをたずねるダイアログボックスが表示されるが、私は、シンタックス以外はほとんど保存しない。とはいえ、ファイルの管理に王道はないので、個人の好みで行えばよい。

A.3　クロス表の作成

クロス表を作るときは、データを開いたあと、メニューから［分析］［記述統計］［クロス集計表］を選ぶ。すると、図 A.15 のようなダイアログボックスが開く。

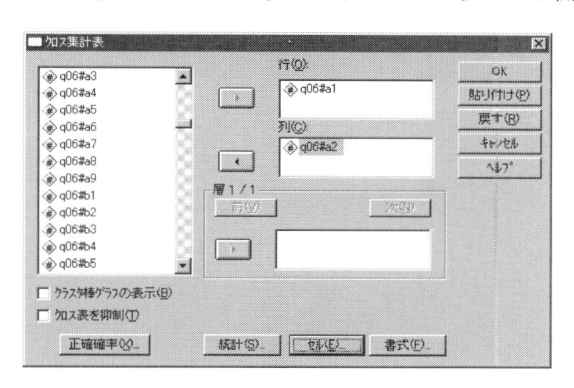

図 A.15　クロス集計表のダイアログボックス

まず［行］の欄に行側に配置する変数を左側の変数一覧から移動させ、列側に配置する変数も同様にして指定する。3 重クロス表を作る場合、コントロール変数を［層］の欄に移動させる。図 A.15 では、q06#a1 を行に、q06#a2 を列に、指定している。さらに必要に応じてオプションをつける。カイ二乗統計量や相関係数のような、クロス表全体に対して計算する数値を表示させたい場合、［統計］ボタンをクリックする。すると、図 A.16 の左側のようなダイアログボックスが表示される。

ここで、出力したい統計量をチェックする。図 A.16 の左側では、カイ二乗、相関係数、ガンマ、相対リスクをチェックしている。必要な統計量をチェックしたら、［続行］ボタ

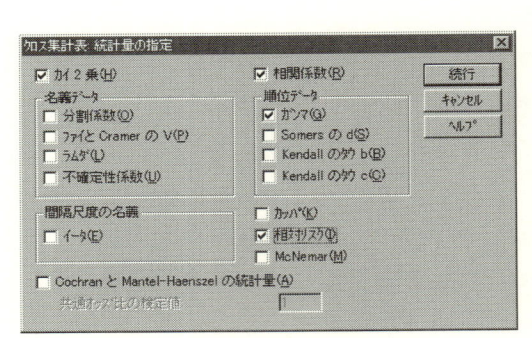

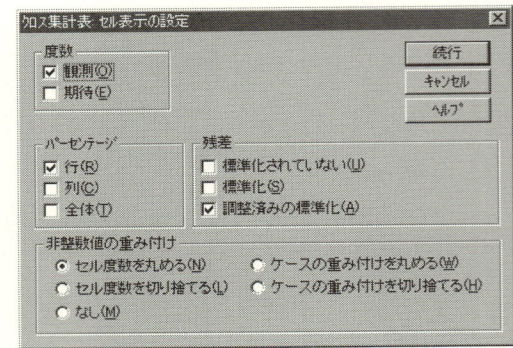

図 A.16　統計のダイアログボックス（左）とセルのダイアログボックス（右）

ンをクリックする。すると、図 A.15 のダイアログボックスに戻る。さらに行パーセントや調整残差のように、セルごとに計算する数値を指定したい場合は、[セル] ボタンをクリックする。すると、図 A.16 右側のようなダイアログボックスが開く。

[観測] とは、いわゆる各セルの度数であり、[期待] は 2 変数が独立の場合の期待度数、[調整済み標準化] は、調整残差のことである。ここでは、観測度数、行パーセント、調整残差を指定している。必要な項目をチェックしたら、[続行] ボタンをクリックし、図 A.15 のようなクロス集計表のダイアログボックスに戻る。すべての指定を終えたら、[貼り付け] ボタンか、[OK] ボタンをクリックする。シンタックスに貼り付けたならば、A.2.1 項の要領で、シンタックスを実行する。うまくいけば、クロス集計表と、それに対するさまざまな統計量の表が出力のウィンドウに表示されるはずである。統計量の意味は、ここでは解説しないが、この本のこれまでの章をきちんと理解していれば、どれもほとんど推測できるはずである。すべてではないが、ほとんどすでに解説した統計量ばかりである。

A.3.1　有意確率

一つだけ統計量について、解説しておくべきことがある。統計量を表示させると、[漸近有意確率] とか [正確有意確率]、[近似有意確率] といった数値がしばしば表示される。有意確率とは、帰無仮説が正しい場合に、計算した統計量以上の値が得られる確率を示している。例えば、カイ二乗検定をして、Pearson の適合度統計量 X^2 が 1.552 で自由度 1、有意確率が .245 であったとする。帰無仮説が正しい場合に、X^2 が 1.552 以上の値をとる確率は、24.5% あるということである。有意水準を 5% に設定するならば、5% 水準では有意ではない。つまり、有意確率が 1% 未満ならば 1% 水準で有意、5% 未満ならば 5% 水準で有意である。電卓や手計算で検定を行う場合、X^2 のような統計量が 5% 水

準の限界値より大きいかどうかで、有意性を判断していたが、SPSS をふくめてたいてい の統計ソフトでは、統計量に対応する有意確率を計算してくれる。これは手計算では手間 がかかるが、コンピュータならば、すぐにできる。

A.3.2 Crosstabs シンタックス

A.3 節のクロス表作成のシンタックスを貼り付けると、以下のようになる。

```
CROSSTABS
  /TABLES=q06#a1 BY q06#a2
  /FORMAT= AVALUE TABLES
  /STATISTIC=CHISQ CORR GAMMA RISK
  /CELLS= COUNT ROW ASRESID
  /COUNT ROUND CELL .
```

クロス表で最低限書かなければいけないのは、

```
CRO TAB 行変数リスト BY 列変数リスト.
```

である。ふつう行パーセントとカイ二乗統計量ぐらいは計算させるので、

```
CRO TAB 行変数リスト BY 列変数リスト
    /STA CHI /CEL COU ROW.
```

とする。行変数や列変数を 1 つではなく複数指定すると、いちどに複数のクロス表が作 れる。

A.3.3 多重クロス表

多重クロス表の分析では、コントロール変数を加えてやればよい。シンタックスでは、

```
cro tab 行変数 BY 列変数 BY コントロール変数.
```

である。4 重クロス表を作りたければ、さらに、"BY コントロール変数" を加えればよい。

A.3.4 欠損値の処理

クロス集計表の場合、使っている変数のうち、どれか 1 つでも欠損値のあるケースは分 析から除外される。

A.4 新しい変数の作成と重要なシンタックス

A.4.1 カテゴリの統合

表 A.1 は、性別と従業先の企業規模のクロス表である。この表はいささか大きすぎる。企業規模のカテゴリを統合して、カテゴリの数を減らしたい。カテゴリ数を下手に減らすと重要な情報を消去してしまうので、注意が必要だが、私の読みでは、男性のほうが 1 人の比率は高いが、2〜29 人の比率は女性のほうが高く、30〜499 人ではほとんど大差なく、500 人以上、官公庁の比率は、男性のほうが高い。このような 4 つのカテゴリに区分しなおしたのが、表 A.2 である。

表 A.1 性別と従業先の規模（SSM2003 年予備調査 [33]）

	性別	男	女	合計
企業規模	1 人	36 (8.9%)	10 (3.4%)	46 (6.5%)
	2〜4 人	83 (20.5%)	73 (24.5%)	156 (22.2%)
	5〜9 人	39 (9.6%)	39 (13.1%)	78 (11.1%)
	10〜29 人	53 (13.1%)	55 (18.5%)	108 (15.4%)
	30〜99 人	52 (12.8%)	40 (13.4%)	92 (13.1%)
	100〜299 人	29 (7.2%)	31 (10.4%)	60 (8.5%)
	300〜499 人	10 (2.5%)	7 (2.3%)	17 (2.4%)
	500〜599 人	18 (4.4%)	8 (2.7%)	26 (3.7%)
	1000 人	60 (14.8%)	24 (8.1%)	84 (11.9%)
	官公庁	25 (6.2%)	11 (3.7%)	36 (5.1%)
合計		405(100.0%)	298(100.0%)	703(100.0%)

表 A.2 カテゴリ統合後の性別と規模のクロス表

		男	女	合計
企業規模	1 人	36 (9%)	10 (3%)	46 (6%)
	2〜29 人	175 (43%)	167 (56%)	342 (49%)
	30〜499 人	91 (22%)	78 (26%)	169 (24%)
	500 人以上・官公庁	103 (25%)	43 (14%)	146 (21%)
合計		405 (100%)	298 (100%)	703 (100%)

SPSS でのカテゴリの統合は、以下の順序で行う。

1. データエディタのメニューから（ほかのウィンドウからは不可）［変換 (T)］　［値の再割り当て (R)］　［他の変数へ (D)］　を選ぶ。
2. ダイアログボックスが開くので（図 A.17）、まず変換もとの変数を選んでダブルクリックする。表 A.1 の例で考えると、企業規模を示す変数は、q04#d であるから、これをクリックする。すると、［数値型変数 －＞ 出力変数］の欄に q04#d が移動する。

A.4 新しい変数の作成と重要なシンタックス

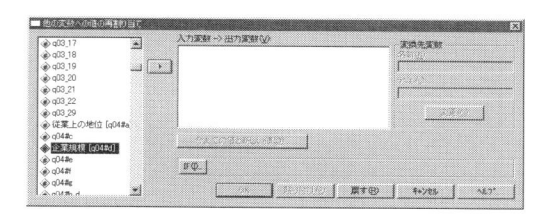

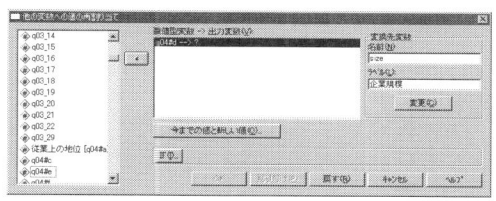

図 A.17 他の変数への値の再割り当て（右は変換先の変数名を入力したところ）

3. 変換先の変数名とラベルを指定して（図 A.17）、[変更 (C)] ボタンをクリックする。[変更 (C)] ボタンのクリックは忘れやすいので注意。これをクリックしないとうまくいかない。

4. [今までの値と新しい値 (O)] ボタンをクリックする。すると図 A.18 のようなダイアログボックスが開く。

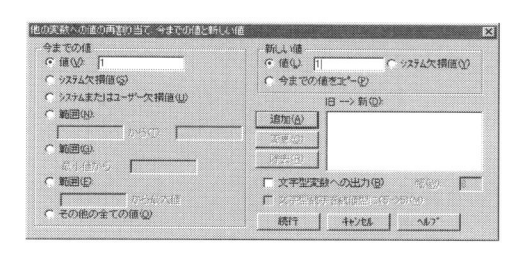

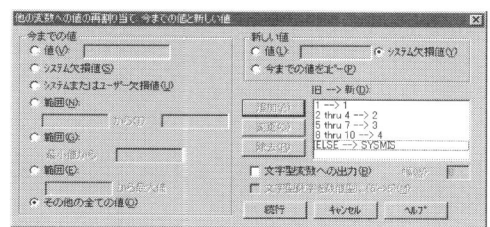

図 A.18 他の変数への値の再割り当て（右）

5. これに今までの値とそれに対応する新しい値を入力していく。企業規模の例では、q04#d の今までの値は、1 '1 人'、2 '2〜4 人'、3 '5〜9 人'、4 '10〜29 人'、5 '30〜99 人'、6 '100〜299 人'、7 '300〜499 人'、8 '500〜599 人'、9 '1000 人'、10 '官公庁' である。これを新しい変数では表 A.2 と同じカテゴリ分けにして、1 '1 人'、2 '2〜29 人'、3 '30〜499 人'、4 '500 人以上・官公庁' にしたい。だから、図 A.18 の今までの値の欄に 1、新しい値の欄に 1 を入力し、[追加] ボタンを押す。次に今までの値は、[範囲] を選択し、2 から 4 を指定し、新しい値は、2 にし、[追加] ボタンを押す。同じ要領で、5 から 7 は 3、8 から 10 は 4 とする。そして最後に [その他のすべての値] を選び、新しい値は、[システム欠損値] を選んで、やはり最後に追加ボタンを押す。

A.4.2 recode シンタックス

値の割り当てのダイアログボックスをもう一度開き、[OK] のかわりに [貼り付け] ボタンをクリックすると、シンタックスウィンドウに、以下のようなシンタックスが貼り付けられるはずである。

```
RECODE
q04#d
(1=1)  (2 thru 4=2)  (5 thru 7=3)  (8 thru 10=4)  (ELSE=SYSMIS)
     INTO  size .
VARIABLE LABELS size ' 企業規模 ' .
EXECUTE .
```

値の割り当ては一般的には、

```
RECODE 今までの変数名（今までの値 = 新しい値）（今までの値 = 新しい値）
......    INTO 新しい変数名 .
```

という形をとる。今までの値が一定の範囲にある場合、貼り付けたシンタックスのように、(5 thru 7 =3) または、(5,6,7=3) とすればよい。指定していないその他の変数は else、欠損値は sysmis で指定する。

A.4.3 compute（[変換 (T)] [計算 (C)]）

recode コマンド（値の再割り当て）を使えば、たいていのことはできるが、以下のようなシンタックスが必要、または便利な場合があるので、紹介する。一般には、

```
compute 目標変数 = 計算式 .
```

となる。よく使うのは、q14#1 のように、「そう思う」が 1 で、「そう思わない」が 5 になっているような場合である。このとき、例えば、

```
compute q14#1r=6-q14#1.
```

とすれば、「そう思う」が、5、以下順に、4、3、2、1 と値が変換された変数 q14#1r が新しくできる。四則演算 +、-、*、/ のほかにも、さまざまな関数を使うことができる。そのなかでも、sum(変数リスト) 関数は比較的使える関数である。例えば、q3_1 から q3_21 までを足し合わせて資産の個数を示す変数を作る場合、

```
compute property=sum(q3_1 to q3_21).
```

とする。

A.4.4 do repeat シンタックス

同じ作業を何度も繰り返す場合、do repeat、end repeat シンタックスを使う。例えば、q26#1 から、q26#8 までぜんぶ尺度を反転させる場合、

```
do repeat x=q26#1 to q26#8
  /y=q26r1 to q26r8.
    compute y=4-x.
end repeat.
```

とすれば、一括して反転した変数 q26r1〜q26r8 までができる。そのほかにもいろいろなことができるが、くわしくは SPSS のマニュアルなどを参照されたい。

A.4.5 if シンタックス

「未婚」、「既婚で無職」、「既婚で有職」、「離死別」の 4 つの値をとる変数を作りたい場合、recode や compute を組み合わせてもできないことはないが、if シンタックスを使うほうがわかりやすい。この例の場合、q16 は 1' 未婚'、2' 既婚'、3' 離別'、4' 死別' を表す変数、q04#a は従業上の地位を表す変数で、1 から 8 は有職、9、10 は無職に対応する。

```
/* jobless は 1' 無職' 0' 有職' marriage は 1' 未婚' 2' 既婚' 3' 離死別'.
recode q16
   (1=1)(2=2)(3,4=3)(else=sysmis)
    into marriage
/q04#a
   (1 thru 8=0)(9,10=1)(else=sysmis)
    into jobless.
/* Lcourse は 1' 未婚', 2' 既婚で無職',3' 既婚で有職',4' 離死別'.
if(marriage=1) Lcourse=1.
if(marriage=2 and jobless=1) Lcourse=2.
if(marriage=2 and jobless=0) Lcourse=3.
if(marriage=3) Lcourse=4.
```

とすれば、Lcourse という 4 つの値をとる変数を作ることができる。

A.4.6 欠損値の指定

欠損値の指定をシンタックスで行う場合、

```
MISSING VALUES
    変数リスト（欠損値リスト）/ 変数リスト（欠損値リスト）...    .
```

と入力すればよい。例えば、q04#d の場合、DK NA が 19、非該当が 88 なので、

```
mis val q04#d(19,88).
```

とすればよい。また、

```
mis val q04#d(19,88)
/q06#a1 to q06#b9, q16 q31(8, 9).
```

とすると、q04#d にくわえて、q06#a1 から q06#b9 まですべてと q16、q31 の欠損値は 8 と 9 に指定される。

A.4.7　コメント

プログラムは後で見たとき意味がわかるように、"わかりやすく"書くことが肝要である。コメント文をつけるのもよい。/* ではじまる行は、コメント文として認識される。例えば、

```
/* 株か別荘を持っているかどうか
compute prop=0.
if(q03_20=1 or q03_20=1)prop=1.
```

というぐあいに、コメントをつけるとわかりやすいかもしれない。

A.5　LEM の使い方

LEM は、

http://www.uvt.nl/faculteiten/fsw/organisatie/departementen/mto/software2.html

で入手できる。LEM には英語で書かれた詳細なマニュアルとバグやインストールの仕方に関する文書が添付しているので、詳しくはそれらを読めばよい。以下では、ごく簡単に LEM の使い方にふれておこう。

A.5.1　インストールと起動

インストールはスペースや日本語を含まない名前のフォルダに、ダウンロードした ZIP ファイルを解凍すればよい。逆に言えば "Program Files" や "My Documents"、"統計学"といった名前のフォルダにインストールしてはいけない。また LEM のプログラムのファイルもスペースや日本語を含まない名前のフォルダに置いておかなければならない。例えば、"C:\LEM" といったフォルダにインストールする。

"lemwin.exe" をダブルクリックして起動すると、図 A.19 のようなウィンドウが開く。LEM は、input、output、log の 3 つのウィンドウからなるが、input ウィンドウにプログラムを書く。うまく実行できれば計算結果が output ウィンドウに表示される。log ウィンドウには計算過程や時間などが表示される。

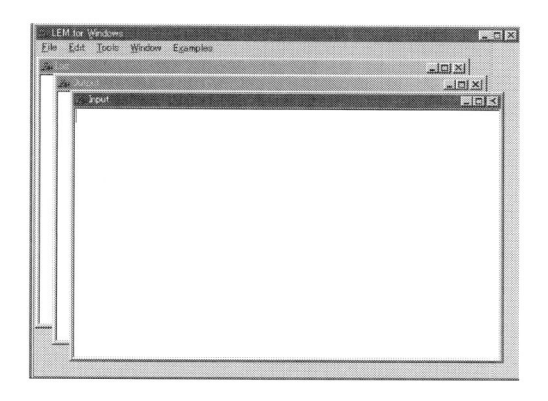

図 A.19　LEM の起動時の画面

A.5.2　階層的対数線形モデル

LEM で階層対数線形モデルの分析をする場合、

```
man  変数の数
dim  各変数のカテゴリの数
mod  {モデル}
dat[クロス表の度数]
```

というかたちのプログラムを input ウィンドウに入力し、ctrl+R またはメニューから [File] [Run] を選ぶと、output ウィンドウに分析結果が表示される。125 ページの表 9.4 を分析したプログラムの例を挙げよう。

```
man 3
dim 2 5 4
mod {AC BC}
dat[65  19  19  21
    122 38  53  40
    116 61  70  49
     79 62  85  34
     49 56 107  69
      9  1   2   4
     24  0   3   1
     31  3   2   1
     13  7   2   3
      4  2   1   1]
```

この場合は変数が 3 つで、それぞれカテゴリ数が 2、5、4 となっている。LEM は特に指定しなければ、勝手に変数の名前を最初から A、B、C、D… と名づけていく（LEM は大文字と小文字を区別しているので注意）。この場合、変数 A は 2 つ、B は 5 つ、C は 4 つのカテゴリを持つと指定している。モデルの指定は表 A.3 のようにする。

A が i 番目のカテゴリで、B は j 番目、C は k 番目のカテゴリに該当するセル度数を n_{ijk} とすると、セル度数の入力は n_{111}、n_{112}、n_{113}、n_{114}、n_{121}、… という順番で入力

表 A.3　LEM における階層モデルの指定

飽和モデル	mod {ABC}
均一連関モデル	mod {AB BC CA}
条件付き独立モデル	mod {AB CA}
1 変数独立モデル	mod {A BC}
独立モデル	mod {A B C}

していく。セル度数とセル度数の間は、半角スペース、タブ、または改行で区切る。プログラム全般に言えることだが、全角文字は使わないほうがよい。

うまくプログラムが走れば、output ウィンドウに計算結果が表示される。この本で使っている用語と、LEM が採用している用語が微妙に違っているので、対応関係を表 A.4 にまとめておく。

表 A.4　LEM の対数線形モデルの出力（空欄はこのテキストでは扱っていない統計量）

*** STATISTICS ***		*** FREQUENCIES ***	
X-squared	ピアソンの X^2	observed	セル度数
L-squared	尤度比統計量 G^2	estimated	期待度数
Cressie-Read		std. res	標準残差
Dissimilarity index			
Degrees of freedom	自由度 df	*** LOG-LINEAR PARAMETERS ***	
Log-likelihood	モデルの対数尤度	beta	パラメータ λ
Number of parameters	自由パラメータ数	std err	パラメータの標準誤差
Sample size	サンプル数 N	z-value	**beta/std err**
BIC(L-squared)	BIC	exp(beta)	exp(**beta**)
AIC(L-squared)	AIC	Wald	Wald 統計量
BIC(log-likelihood)		df	Wald 統計量の自由度
AIC(log-likelihood)		prob	Wald 統計量の有意確率

A.5.3　準独立モデルと一様連関モデル

163 ページの表 10.18 に準独立モデルをあてはめたときのプログラムは、

```
man 2
dim 4 4
mod {A,B,spe(AB,5a)}
dat [69  48  36  24
     31 190 105  37
     25 146 229  35
     87 243 337 304]
```

A.5 LEM の使い方

である。man と dim、dat は同じであるが、mod がちがう。これは準独立モデル用の指定で、呪文だと思って使えばよい。また、167 ページの表 10.24 に一様連関モデルをあてはめたプログラムは、

```
man 2
dim 4 4
mod {A B ass1(A,B,2a)}
dat [27 101 50 10
     14 102 106 18
      3  22  68 20
      2   3  16 22]
```

である。これも mod の内容が特殊だが、このとおり実行すればいい。また、任意のセルにパラメータを加えたい場合、des というオプションをつける必要がある。例えば、168 ページの (10.10) 式のモデルは、

```
man 2
dim 4 4
mod {A,B,fac(AB,6)}
des [1 0 5 0
     0 2 0 0
     5 0 3 0
     0 6 0 4]
dat [69  48  36  24
     31 190 105  37
     25 146 229  35
     87 243 337 304]
```

でパラメータを推定できる。des のあとの数値がクロス表の各セルに対応している。0 は、全体、行、列の効果以外にはパラメータを付加しないという意味である。パラメータを付加する場合は、1、2、3、... という順番で、パラメータに名前をつけ該当するセルの位置に加える。この例では、4 つの対角セルに 1 から 4 のパラメータを指定し、1 行 3 列目と 3 行 1 列目に 5 番目のパラメータを付加している。さらに 4 行 2 列目にも 6 番目のパラメータを付けている。付加したパラメータの数を mod {A,B,fac(AB,パラメータ数)} として指定する。この場合、6 になっているが、指定するパラメータの数に合わせて変更する。

A.5.4 ロジスティック回帰分析

LEM でロジスティック回帰分析を行うこともできるが、回帰係数がそのまま計算されるわけではなく、やや煩雑なので、ここでは割愛する。むしろ SPSS や SAS、R のような別のソフトウェアのほうが使いやすいだろう。

付録B　問題の解答例

答えは複数ありうる場合もある。また、答えは簡略に書いている。

■4 ページの問題　「度数」「相対度数」は「頻度」「相対頻度」または「人数」「割合(%)」など臨機応変にわかりやすく書けばよい。

	人数	割合 (%)
20 代	9	18%
30 代	7	14%
40 代	13	26%
50 代	7	14%
60 代	4	8%
70 代	10	20%
計	50	100%

■6 ページの練習問題

1. (a) 離散、順序づけ不可　(b) 連続　(c) 連続　(d) 離散、順序づけ不可　(e) 離散、順序づけ可能　(f) 連続、または離散で順序づけ可能（日本円は1円より細かいきざみがないので、厳密は離散変数だが、実際には連続変数とみなしてかまわない。）

2. ケータイでメール利用の度数分布表

	度数	相対度数 (%)
Yes	18	30%
No	42	70%
合計	60	100%

年代の度数分布表（10歳きざみにしてもよい。まれだがこのように横向きに配置してもよい。）

	20〜39歳	40〜59歳	60歳以上	合計
度数	15	19	26	60
相対度数	25%	32%	43%	100%

3. 年齢と自衛隊派遣賛否のクロス表

度数/行%/列%	賛成	どちらともいえない	反対	合計
20 歳代	5/56%/24%	1/11%/13%	3/33%/14%	9/100%/18%
30 歳代	3/43%/14%	2/29%/25%	2/29%/10%	7/100%/14%
40 歳代	5/38%/24%	1/8%/13%	7/54%/33%	13/100%/26%
50 歳代	5/71%/24%	1/14%/13%	1/14%/5%	7/100%/14%
60 歳代	1/25%/5%	1/25%/13%	2/50%/10%	4/100%/8%
70 歳以上	2/20%/10%	2/20%/25%	6/60%/29%	10/100%/20%
合計	21/42%/100%	8/16%/100%	21/42%/100%	50/100%/100%

4. 「性別」と「ケータイでのメール利用」のクロス表

度数/行%/列%	ケータイでメール利用 No	Yes	合計
男	18/69%/43%	8/31%/44%	26/100%/43%
女	24/71%/57%	10/29%/56%	34/100%/57%
合計	42/70%/100%	18/30%/100%	60/100%/100%

■14 ページの問題

20%	20%	20%
30%	30%	30%
50%	50%	50%

■21 ページの練習問題

1. 答えは例。他にもさまざまな仮説が考えられる。
   (a) 1 性別と満足度は独立。 2 男性のほうが満足度が高い人の割合が多い。 3 女性のほうが満足

度が高い人の割合が多い。　(b) 1 年齢とインターネット利用は独立。2 年齢が高くなるほど、インターネット利用率が下がる。3 20〜39 歳までは、インターネットの利用率にほとんど差はないが、40 歳以降は、年齢が高くなるほど、利用率が下がる。　(c) 1 収入と生活満足度は独立。2 収入が高いほど、生活満足度も上がる。3 年収 1000 万円までは収入が高くなるほど、満足度も上がるが、1000 万円をピークに、逆に減少し始める（放物線を描く）。　(d) 1 2 変数は独立。2 一方が高くなるほど、もう一方も高くなる。3 一方が高くなるほど、他方は低くなる。

2. (a) 想定可。性別が独立変数で満足度が従属変数。　(b) 想定可。年齢が独立変数でインターネット利用が従属変数。　(c) 想定可。収入が独立変数で生活満足度が従属変数。　(d) 想定できない。

3. 表側の性別が独立変数と想定できるので、行パーセントを計算

	生活満足度					合計
	満足	どちらかといえば満足	どちらともいえない	どちらかといえば不満	不満	
男性	12%	39%	28%	17%	4%	577
女性	17%	45%	20%	14%	3%	675
合計	15%	43%	24%	15%	4%	1252

「満足」、「どちらかといえば満足」の割合を男女で比較すると、女性のほうがいずれもやや多い。「満足」「どちらかといえば満足」を合わせると、男性が 51% にたいして女性は 62% である。「どちらともいえない」から「不満」までは、いずれもほんの少し男性のほうが割合が高い。以上から、女性のほうが、満足している人の割合がやや高いと言える。

4. どちらを独立変数とみなしてもよい。ここでは、宗派を独立変数とみなして行パーセントを計算

	分析哲学	大陸哲学	プラグマティズム	その他	計	計（度数）
プロテスタント	23%	36%	21%	21%	100%	39
カトリック	8%	52%	27%	13%	100%	52
ユダヤ	56%	25%	13%	6%	100%	16
無神論	43%	32%	14%	11%	100%	56
その他の宗教	28%	39%	14%	19%	100%	36

プラグマティズムについてのみ述べる。プラグマティズムを博士論文のテーマに選ぶ割合が最も高いのは、カトリックとプロテスタントで、その他の宗教よりも若干、その割合が高い。

5. 性別を独立変数と想定し、列パーセント計算

	男	女
病気・死亡	0%	14%
家庭の事情	2%	15%
転職その他	98%	71%
計（度数）	43	59

女性の社会学者のほうが、病気・死亡、家庭の事情で大学を辞める割合が高く、男性のほうが、転職その他の理由でやめる割合が高い。

6. 表 2.9 $X^2 = 17.69$、表 2.10 $X^2 = 26.95$、表 2.11 $X^2 = 12.19$。

7. 表 2.9 最小の $\hat{\mu}$ は 20.7 なので検定可。$X^2 = 17.69$、$df = 4$ の 1% 水準の限界値は 13.28 で、X^2 のほうが大きいので、1% 水準で帰無仮説を棄却できる。表 2.10 最小の $\hat{\mu}$ は 2.3、5 未満の $\hat{\mu}$ をとるセル数は 3 つで、全体の 15% なので検定可。$X^2 = 26.95$、$df = 12$ の 1% 水準の限界値は 26.22 で、X^2 のほうが大きいので、1% 水準で帰無仮説を棄却できる。表 2.11 最小の $\hat{\mu}$ は 3.37、5 未満の $\hat{\mu}$ をとるセル数は 3 つで、全体の 5 割なので検定できない。

8. 父学歴を独立変数とみなして列パーセントを計算。父が高学歴であるほど、15 歳時に持家に住んでいた割合が高まる傾向がある。

	父学歴		
	無し	初等	中等・高等
持家あり	43%	59%	74%
〃 なし	57%	41%	26%
計（度数）	42	34	19

最小の $\hat{\mu}$ は 8.6 なので検定可。$X^2 = 5.37$, $df = 2$ の 5% 水準の限界値は、5.99 で、X^2 のほうが小さいので、5% 水準でも帰無仮説は棄却できない。

9. 最小の $\hat{\mu}$ は 11.3 なので検定可。$X^2 = 10.26$, $df = 4$ の 5%, 1% 水準の限界値はそれぞれ 9.49, 13.28。 $9.49 < X^2 < 13.28$ なので、5% 水準で有意。

■26 ページの問題　A グループ、$\bar{x} = 700$、$S_x^2 = 13333$、$S_x = 115$、$z = (-1.73\ -0.87\ -0.87\ 0.00\ 0.00\ 0.00\ 0.00\ 0.87\ 0.87\ 1.73)$。B グループ、$\bar{x} = 700$、$S_x^2 = 57778$、$S_x = 240$、$z = (-1.25\ -0.83\ -0.83\ -0.83\ -0.42\ 0.00\ 0.42\ 0.83\ 1.25\ 1.66)$。C グループ、$\bar{x} = 700$、$S_x^2 = 2500000$、$S_x = 1581$、$z = (-0.32\ -0.32\ -0.32\ -0.32\ -0.32\ -0.32\ -0.32\ -0.32\ -0.32\ 2.85)$。D グループ、$\bar{x} = 700$、$S_x^2 = 1600000$、$S_x = 1265$、$z = (-0.47\ -0.47\ -0.47\ -0.47\ -0.47\ -0.47\ -0.47\ -0.47\ 1.90\ 1.90)$。

■30 ページの問題

	95% 下限	95% 上限	99% 下限	99% 上限
地理 A	31.0	89.0	21.8	98.2
地学 IA	27.7	88.1	18.1	97.6

■32 ページの問題　95% 信頼区間: 0.348〜0.392。99% 信頼区間: 0.341〜0.399。

■34 ページの問題　$\bar{x} = 0.136$、$\hat{\sigma} = 0.345$、$s_{\bar{x}} = 0.045$ であるから、95% 信頼区間は 0.04〜0.23、99% 信頼区間は 0.01〜0.26 である。

■38 ページの練習問題
1. $\bar{x} = 69.7$、$s_x = 22.2$、$z = (0.69, 0.64, 0.06, -0.98, -2.42, -0.26, 1.09, 0.19, -0.03, 1.00)$
2. $\hat{\sigma} = 0.470$、$s_{\bar{x}} = 0.010$ であるから、95% 信頼区間は 0.31〜0.35、99% 信頼区間は 0.30〜0.36 である。
3. 95% 信頼区間は 27.6〜30.8、99% 信頼区間は 27.1〜31.3 である。
4. $\hat{\sigma} = 0.398$、$s_{\bar{x}} = 0.0563$ であるから、95% 信頼区間は 0.078〜0.306、99% 信頼区間は 0.040〜0.344 である。

■43 ページの問題　無神論で分析哲学: $d_{41} = 2.89$、無神論でその他: $d_{44} = -0.97$。いずれも探索的分析なので、両側検定。両側 1%, 5% 水準の限界値はそれぞれ 2.58, 1.96 なので、無神論で分析哲学のセルは、1% 水準で有意。無神論でその他のセルは、有意ではない。

■43 ページの問題　$d_{女\cdot 反対} = 0.82$、女性のほうが反対が多いという仮説を持っているので、片側検定。片側 1%, 5% 水準の限界値はそれぞれ 2.33, 1.64 なので、有意ではない。

■46 ページの問題　$X^2 = 4.28$。ちなみに、カイ二乗検定すると 5% 水準で有意。

■47 ページの問題　$X_Y^2 = 3.40$。自由度は 1。5% 水準の限界値は 3.84 なので、帰無仮説は棄却できない。

■47 ページの練習問題
1. $d_{24} = 1.89$, $d_{23} = 2.38$。片側検定が適切である。対立仮説はいずれも 残差 > 0。したがって 2 万ドル以上のセルに関しては、5% 水準で有意。1.5〜2.5 万ドルのセルは、1% 水準で有意。
2. $d_{21} = -5.83, d_{23} = 2.68$。両側検定が適切。したがって、どちらも 1% 水準で有意。
3. $X_Y^2 = 13.44$。自由度は 1。1% 水準の限界値は 6.63 なので、帰無仮説は 1% 水準で棄却できる。

■52 ページの問題　$R = 0.18$

■53 ページの問題　$R = 0.21$

■54 ページの問題　$t = 1.25$、自由度 $50 - 2 = 48$ の片側 5% の限界値は、1.68 なので、片側でも両側でも有意ではない。

■54 ページの問題　95% 信頼区間は、-0.11〜0.46。99% 信頼区間は、-0.20〜0.56。

■57 ページの問題　(a) イェーツの連続性の修正を施したカイ二乗検定。(b) カイ二乗検定。

■61 ページの問題　$P = 1178$, $Q = 569$, $\gamma = 0.35$

■61 ページの問題　$P = 985236$, $Q = 156148$, $\gamma = -0.23$

■63 ページの練習問題

1. 表 4.12: $R = 0.17$, $s_R = 0.060$, $t = 2.79$, $df = 267$ なので、1％ 水準で有意。表 4.14: $R = 0.313$, $s_R = 0.078$, $t = 4.021$, $df = 149$ なので、1％ 水準で有意。
2. $R = 0.238$（持家あり=1、なし=0 として計算）。95％ 信頼区間は、0.04〜0.44。99％ 信頼区間は、-0.03〜0.50。
3. $R = 0.61$。95％ 信頼区間は、0.56〜0.65。99％ 信頼区間は、0.55〜0.67。
4. (a) $\gamma = -0.38$, (b) $\gamma = 1$, (c) $\gamma = 0.89$

■71 ページの問題
(a) 行パーセントを計算すると、

	正規雇用				非正規雇用			
	400 万未満	400 万以上	計 (%)	度数	400 万未満	400 万以上	計	計 (度数)
男	31%	69%	100%	208	92%	8%	100%	48
女	71%	29%	100%	90	99%	1%	100%	137

となる。(b) 0 次のクロス表と行パーセントを計算すると、

	400 万未満	400 万以上	計
男	108 (42%)	148 (58%)	256
女	200 (88%)	27 (12%)	227
計	308 (64%)	175 (36%)	483

となる。(c) 正規雇用 $\hat{\theta} = 0.18$、非正規雇用 $\hat{\theta} = 0.08$、0 次の表 $\hat{\theta} = 0.1$ である。0 次のクロス表と 1 次のクロス表を比較してみると、正規雇用では 0 次の表よりも連関がやや強く、非正規雇用では連関がやや弱い。やや交互作用があることがわかるが、1 次の表で連関が弱まったとは言えない。したがってこの場合、男女の収入の格差は、雇用形態を媒介としたものとは言えない。直接的な連関がある。

■73 ページの問題
正規雇用の場合、

	value	標準誤差	95% 下限	95% 上限	99% 下限	99% 上限
オッズ比	0.181		0.105	0.311	0.088	0.368
対数オッズ比	-1.712	0.277	-2.254	-1.169	-2.425	-0.999

非正規雇用の場合、

	value	標準誤差	95% 下限	95% 上限	99% 下限	99% 上限
オッズ比	0.081		0.009	0.743	0.004	1.491
対数オッズ比	-2.515	1.131	-4.732	-0.297	-5.429	0.400

0 次の表の場合、

	value	標準誤差	95% 下限	95% 上限	99% 下限	99% 上限
オッズ比	0.099		0.061	0.158	0.053	0.183
対数オッズ比	-2.318	0.241	-2.790	-1.845	-2.938	-1.697

■75 ページの問題
2×4 表なので、以下の 3 つのオッズ比を推定すれば必要じゅうぶん。

	家族親戚	親しい人	あまり親しくない人
	親しい人	あまり親しくない人	その他
1969 年／1970 年	2.75	0.98	1.01

■76 ページの問題
朝鮮日報 0.261、中央日報 0.266、ハンギョレ 0.228。質的分散がいちばん小さいのは、ハンギョレ。

■77 ページの問題
新聞社が独立変数。$\tau = 0.056$。

■79 ページの問題
正規雇用の場合、$X^2 = 40.09$、自由度 1 で、1％ 水準で有意。非正規雇用の場合、$X^2 = 5.19$、自由度 1 で、5％ 水準で有意。

■80 ページの練習問題

1. 行パーセントを計算すると、

出身	妻宗派	夫宗派 カトリック	プロテスタント	総数
都市	プロテスタント	33%	67%	90
	カトリック	60%	40%	50
農村	プロテスタント	11%	89%	90
	カトリック	80%	20%	25

である。いずれも同じ宗派の相手と夫婦である割合が高い。オッズ比を1次の表について計算すると、都市では $\hat{\theta} = 0.33$、農村では $\hat{\theta} = 0.03$ である。出身地でコントロールしても夫婦の宗派の連関は消えておらず、直接的な連関がある。またオッズ比の値を見ると農村のほうが、強い連関があるように思える。

2. (a) 列パーセントを計算すると、

職位	男性 白人	黒人	ラテン	女性 白人	黒人	ラテン
上級管理職	20 %	10 %	10 %	12 %	5 %	4 %
下級管理職	16 %	18 %	14 %	15 %	15 %	10 %
一般労働者	63 %	72 %	76 %	73 %	79 %	87 %
総数	513	454	527	566	885	535

である。(b) オッズ比は、それぞれ4つずつ計算すればよいから、

	白人/黒人	黒人/ラテン	白人/黒人	黒人/ラテン
上級管理職/下級管理職	2.21	0.78	2.37	0.88
下級管理職/一般労働者	1.03	1.33	1.03	1.76

となる。(c) 列パーセントをを見ても、オッズ比を見ても、白人は黒人やラテンよりも高い職位につく傾向がある。ただしその傾向は上級管理職において強く、下級管理職においては強くない。この傾向は男性にも女性にも見られる。つまり性別でコントロールしても、エスニシティと職位の間には連関が見られる。(d) ただし、黒人とラテンの間は、それほど大きな差は見られない。下級管理職/一般労働者のオッズで見れば、黒人のほうがやや高い地位についているが、上級管理職/下級管理職のオッズでは、ラテンのほうが高い。

3.

	白人/黒人	黒人/ラテン
上級管理職/下級管理職	1% 水準で有意	有意でない
下級管理職/一般労働者	有意でない	1% 水準で有意

4. 列側が独立変数になっている点に注意。男 $\tau = 0.011$、女 $\tau = 0.012$。

■85ページの問題

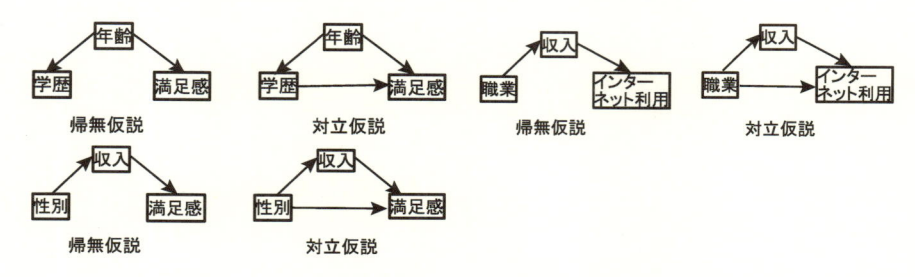

1. (a) (ア) 年齢 (イ) 図 B.1 を参照 (ウ) 疑似的な関係 (b) (ア) 収入 (イ) 図 B.1 を参照 (ウ) 媒介関係 (c) (ア) 収入 (イ) 図 B.1 を参照 (ウ) 媒介関係

図 B.1 (イ) の答え

2. (1) 働く女性は結婚する割合が相対的に低く、結婚せずに子供を作る人は少ない。つまり働く女性の増加が未婚女性の増加を引き起こし、未婚女性の増加が少子化を引き起こす。(2) 家庭での性別役割分業が強固な社会では、妻が外で働いていても夫は家事をほとんどしない。そのため、外で働く妻は、子供の数を少なくしようとする。つまり、働く女性の増加が、1夫婦あたりの子供の数を少なくし、そのことが少子化を引き起こす。(3) 夫婦共働きの場合、収入・貯蓄額が多くなるので、老後の面倒を子供に見てもらわなくても、自分たちだけで生活できる。そのため夫婦は子供を作る必要がなくなる。つまり、

働く女性の増加が、高収入・高貯蓄の夫婦の数を増やし、そのことが少子化を引き起こす。(いずれの仮説もデタラメなので信じないように。そもそも働く女性の増加が少子化を引き起こしているかどうか、私は知らない。)

3. 年齢が高いほど、学歴は低くなるし、政治的には保守主義になる。そのため、0 次の連関を見ると、学歴が低い人は政治的に保守主義である傾向が見られる。これを図示すると図のようになる。

■88 ページの問題

(a) 4, (b) 2, (c) 0, (d) −1, (e) −2, (f) −3, (g) 1/2, (h) −2.303, (i) −4.605, (j) 2.197, (k) 2.327, (l) 4.615, (m) 7.389, (n) 0.368, (o) 1/27 = 0.037, (p) $\sqrt{5} = 2.236$, (q) 2, (r) 4, (s) 8.166

■89 ページの問題
表 7.2 に書いてあるので省略。

■92 ページの問題

1. (ア) 年齢と性別 (イ) 図 B.2 を参照 (ウ) 性別も年齢も疑似的な関係
2. (ア) 性別と収入 (イ) 図 B.2 を参照 (ウ) 性別は疑似関係、収入は媒介関係
3. (ア) 余暇時間と収入 (イ) 図 B.2 を参照 (ウ) どちらも媒介関係

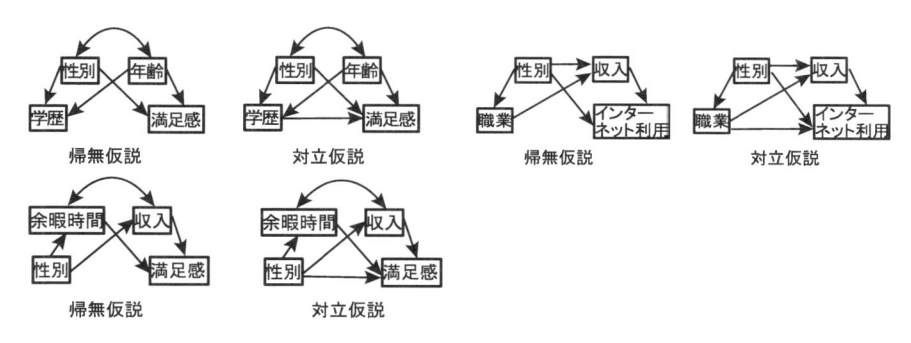

図 B.2 (イ) の答え

■94 ページの問題
表 7.2: $\sum G^2 = 34.0 + 116.8 + 28.5 = 179.3$ で、自由度 $2 \times 3 = 6$ の限界値は、16.81 だから、1% 水準で条件付き独立の仮説は棄却できる。表 7.3: $\sum G^2 = 26.0 + 89.4 + 83.6 = 199$ で、自由度 $2 \times 3 = 6$ の限界値は、16.81 だから、1% 水準で条件付き独立の仮説は棄却できる。

■94 ページの練習問題

1. 表 2.1: $G^2 = 14.83$、自由度 2 の 1% 水準の限界値は 9.21 だから、1% 水準で帰無仮説を棄却できる。表 4.12: $G^2 = 12.56$、自由度 3 の 1% 水準の限界値は 11.34 だから、1% 水準で帰無仮説を棄却できる。
2. 男性の 1 次の表は $G^2 = 31.78$、$df = 4$、女性の 1 次の表は $G^2 = 46.23$、$df = 4$ なので、$\sum G^2 = 78.01$。自由度 8 の 1% 水準の限界値は 20.09 だから、1% 水準で帰無仮説を棄却できる。帰無仮説と対立仮説を図示すると、 となる。
3. (a) 省略 (b) 自由度 24 の 1% 水準の限界値は 42.98 であるから、1% 水準で帰無仮説を棄却できる。

(c) 帰無仮説と対立仮説を図示すると、[帰無仮説／対立仮説の図] となる。

■**97 ページの問題**　散布図は、図 B.3 のとおり。この図を見ると、給付平等性が低いほど、貧窮扶助の支出の割合が高まる傾向が見られる。

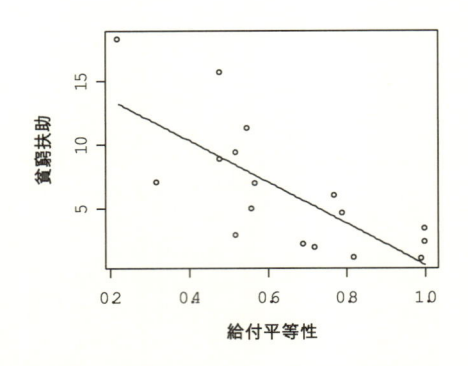

図 B.3　97 ページと 100 ページの問題の答え

■**100 ページの問題**　$b_0 = 16.77$,　$b_1 = -16.21$ で、回帰直線を描くと図 B.3 のようになる。また、給付平等性が 0.5 のときの貧困扶助の支出割合は $16.77 - 16.21 \times 0.5 = 8.67$ と予測される。

■**103 ページの問題**　$\hat{\sigma} = 3.486$, $N = 17$, $\bar{X} = 0.647$, $\sum(X_i - \bar{X})^2 = 0.840$ なので $s_{\hat{\beta}_0} = 3.486 \cdot \sqrt{\frac{1}{17} + \frac{0.647^2}{0.840}} = 2.60$. $s_{\hat{\beta}_1} = 3.486/\sqrt{0.840} = 3.80$ 。

■**104 ページの問題**　$N = 17$ だから $df = 17 - 2 = 15$。自由度 15 の両側 5% と片側 1% の限界値は、2.13 と 2.60 であるから、95% 信頼区間は、β_0: $16.77 \pm 2.13 \cdot 2.60 = 11.2 \sim 22.3$　β_1: $-16.21 \pm 2.13 \cdot 3.80 = -24.3 \sim -8.1$。両者の t 値を計算すると、β_0: $t = 16.77/2.60 = 6.45$, β_1: $t = -16.21/3.80 = -4.27$ いずれもその絶対値が片側 1% 水準の限界値を超えているので、片側 1% 水準で有意である。

■**105 ページの問題**　以下の表より、標準偏差の推定値の比は、$5.2/2.1 = 2.5$ で、やや大きいが許容範囲である。平均値の乖離もそれほど大きくないと思われる。

	標準偏差の推定値	平均値	予測値
$X < 0.57$	5.2	9.7	9.2
$X \geq 0.57$	2.1	3.2	3.0

■**106 ページの問題**　(a) $\hat{\beta}_0 = 0.96$, $\hat{\beta}_1 = 0.02$, $s_{\hat{\beta}_1} = 0.103$ である。自由度 9 の両側 5% 水準の限界値は 2.26 である。したがって傾きは 5% 水準では有意でない。(b) $\hat{\beta}_0 = 1.3$, $\hat{\beta}_1 = -0.08$, $s_{\hat{\beta}_1} = 0.269$ である。自由度 9 の両側 5% 水準の限界値は 2.26 である。したがって傾きは 5% 水準では有意でない。散布図と回帰直線は、図 B.4 を見よ。

■**109 ページの問題**　はずれ値はアメリカ。アメリカを除いて回帰直線を推定すると、$\hat{\beta}_0 = 14.1$, $\hat{\beta}_1 = -12.7$。傾きの標準誤差は $s_{\hat{\beta}_1} = 4.04$。自由度 $16 - 2 = 14$ の両側 1% 水準の t 分布の限界値は、2.98 である。$-12.7/4.04 = -3.1$ だから 1% 水準で有意。アメリカを含めた場合の傾きは、-16.2 だったから、アメリカを除くことで、傾きの絶対値が小さくなっている。しかし、アメリカを除いてもマイナスの有意な傾きがあるという結果には変わりがないので、給付平等性と貧窮扶助の間にマイナスの線形関係があるという結論に変わりはない。

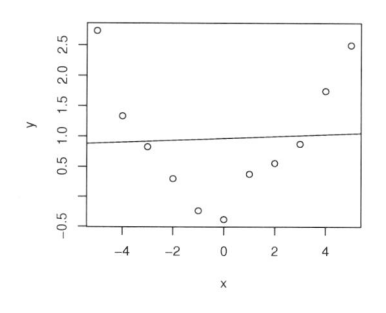

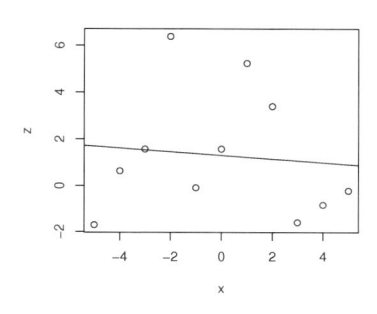

図 B.4　106 ページの問題の答（左が (a)。右が (b)）

■**110 ページの問題**　そのまま回帰直線を引いた場合、$b_0 = 5.15$, $b_1 = -0.71$。残差の二乗和は、58.2。7 から 8 の間に閾値を設定し、閾値より小さい場合は $x = 0$、大きい場合は $x = 1$ として計算すると、$b_0 = 3.26$, $b_1 = -6.86$。残差の二乗和は、8.0 で、閾値モデルのほうが残差の二乗和が小さい。

■**114 ページの問題**　(a) 図 B.5 を参照。(b) 給付平等性: $t = -13.1/4.33 = -3.0$。民間医療支出: $t = 0.10/0.07 = 1.4$。自由度は $17 - 3 = 14$。自由度 14 の t 分布の両側 5%、1% 水準の限界値はそれぞれ 2.14、2.98 だから、給付平等性の傾きは 1% 水準で有意だが、民間医療支出は有意ではない。これらの結果から、民間医療支出でコントロールしても、給付平等性が貧窮扶助に直接的な効果を持つと言える。

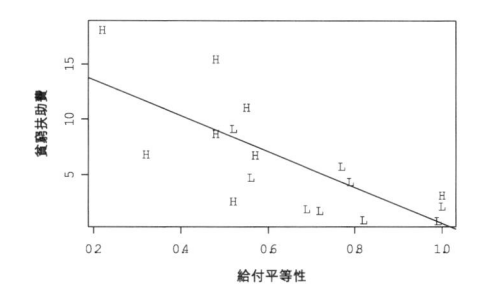

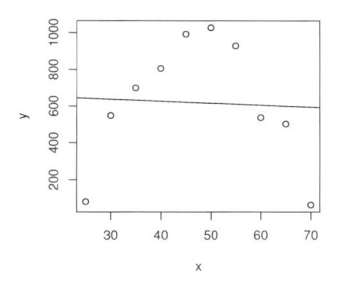

図 B.5　114 ページの問題 (a) の答え（左）と 116 ページの問題の答え（右）

■**116 ページの問題**　散布図は図 B.5 を参照。回帰係数はいずれも 1% 水準で有意。したがって 2 変数は曲線関係にある。

■**119 ページの問題**　(a) 散布図は図 B.6 を参照。(b) アジア: 12.6、ヨーロッパ: 1.6。アフリカ: 36.6。(c) 自由度 = $15 - 3 = 12$。自由度 12 の t 分布の両側 5%, 1% 水準の限界値はそれぞれ 2.18、3.05 である。切片、ヨーロッパ・ダミー、アフリカ・ダミーの回帰係数の t 値はそれぞれ $t = 12.6/4.6 = 2.7$, $t = -11.0/6.5 = -1.7$, $t = 24.0/6.5 = 3.7$ なので、それぞれ 5% 水準で有意、有意でない、1% 水準で有意。ヨーロッパ・ダミーが有意でないので、アジアとヨーロッパの間に識字率の有意な差は見られない。

■**120 ページの練習問題**
1. 図 B.6 を参照。
2. $Y = 51.0079 - 0.0018X$。回帰直線は図 B.6 を参照。GDP が 15000 ドルのときの自殺率の予測値は $51.0078782 - 0.0018135 * 15000 = 23.8$ である。

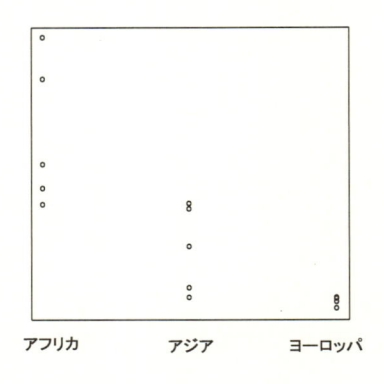

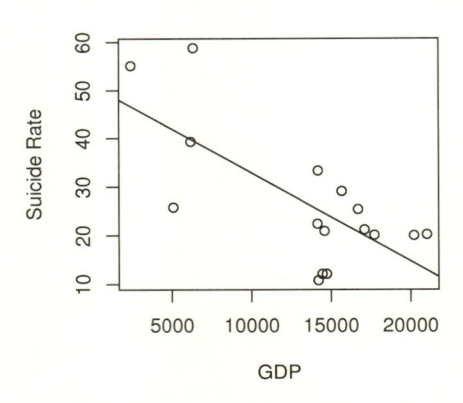

図 B.6　119 ページの問題 (a) の答え（左）と 120 ページの練習問題 8.12 の答え（右）

3. 表 B.1 を参照。自由度は 14 なので、1% 水準の限界値は、2.98 である。よっていずれの係数も両側 1% 水準で有意。

表 B.1　120 ページの練習問題 3 の答え

	標準誤差	95% 信頼区間下限	95% 信頼区間上限	t 値
切片	6.93228	37.4206	64.5952	7.4
傾き	0.00048	−0.0028	−0.0009	−3.8

4. スリランカとハンガリー。この 2 つを除いた場合の回帰式は、$Y = 33.7556 - 0.0008X$ で、傾きは有意ではない。
5. 重回帰分析の結果は表のとおり。GDP は離婚率でコントロールしても自殺率に有意な効果を持つ。離婚率は有意な効果を持たない。

	回帰係数の推定値	標準誤差	t 値
切片	48.371	7.375	6.559**
GDP	−0.002	0.0005	−3.841**
離婚率	2.770	2.687	1.031

** 1% 水準で有意

■131 ページの問題　[性別] [収入] [就業形態]: $X^2 = 344.2$, $df = 4$ なので、このモデルは棄却される。[性別] [収入・就業形態]: $X^2 = 129.5$, $df = 3$ なので、このモデルは棄却される。[性別・収入] [収入・就業形態]: $X^2 = 21.5$, $df = 2$ なので、このモデルも棄却される。

■133 ページの問題　表 B.2 より均一連関モデルを採択。

■134 ページの問題　表 B.2 より均一連関モデルを採択。

■137 ページの問題　(a) の答え

$$\log \hat{\mu}_{11} = \hat{\lambda} + \hat{\lambda}_{行 (1)} + \hat{\lambda}_{列 (1)} = 2.9068 + 0.1317 + 0.0007 = 3.0392$$
$$\log \hat{\mu}_{34} = \hat{\lambda} + \hat{\lambda}_{行 (3)} + \hat{\lambda}_{列 (4)} = 2.9068 - 0.8853 - 0.0002 = 2.0213$$
$$\log \hat{\mu}_{52} = \hat{\lambda} + \hat{\lambda}_{行 (5)} + \hat{\lambda}_{列 (2)} = 2.9068 + 0.0069 + 0.0007 = 2.9144$$

(b) $\hat{\mu}_{11} = e^{3.0392} = 20.9$,　$\hat{\mu}_{34} = e^{2.0213} = 7.5$,　$\hat{\mu}_{52} = e^{2.9144} = 18.4$ 。

表 B.2　133 ページと 134 ページの問題の答え

モデル		G^2	df	1% 水準	AIC	BIC
飽和モデル	[ABC]	0	0		0	0
均一連関モデル	[AB] [AC] [BC]	0.5	1	○	−1.5	−6
条件付き	[AB] [AC]	109.9	2	×	105.9	98
独立モデル	[AB] [BC]	21.5	2	×	17.5	9
	[AC] [BC]	48.8	2	×	44.8	36
1 変数独立	[AC] [B]	228.1	3	×	222.1	210
モデル	[AB] [C]	200.8	3	×	194.8	182
	[A] [B,C]	139.7	3	×	133.7	121
独立モデル	[A] [B] [C]	319.1	4	×	311.1	294

A=性別，B=収入，C=就業形態

■138 ページの問題 　(a)

$$\log \hat{\mu}_{12} = \hat{\lambda} + \hat{\lambda}_{行(1)} + \hat{\lambda}_{列(2)} + \hat{\lambda}_{行列(12)} = 2.14 - 0.18 - 0.18 - 0.17 = 1.61$$

$$\log \hat{\mu}_{13} = \hat{\lambda} + \hat{\lambda}_{行(1)} + \hat{\lambda}_{列(3)} + \hat{\lambda}_{行列(13)} = 2.14 - 0.18 - 0.75 - 0.52 = 0.69$$

$$\log \hat{\mu}_{22} = \hat{\lambda} + \hat{\lambda}_{行(2)} + \hat{\lambda}_{列(2)} + \hat{\lambda}_{行列(22)} = 2.14 + 0.18 - 0.18 + 0.17 = 2.31$$

(b) $\hat{\mu}_{12} = e^{1.61} = 5.0$, 　$\hat{\mu}_{13} = e^{0.69} = 2.0$, 　$\hat{\mu}_{22} = e^{2.31} = 10.1$ 。

■141 ページの問題

$$\log \hat{\mu}_{111} = \lambda + \lambda_{A(1)} + \lambda_{B(1)} + \lambda_{C(1)} + \lambda_{AB(11)} + \lambda_{AC(11)} + \lambda_{BC(11)}$$
$$= 3.370 + 0.159 + 0.887 + 0.761 - 0.441 + 0.271 - 0.859 = 4.148$$

$$\log \hat{\mu}_{121} = \lambda + \lambda_{A(1)} + \lambda_{B(2)} + \lambda_{C(1)} + \lambda_{AB(12)} + \lambda_{AC(11)} + \lambda_{BC(21)}$$
$$= 3.370 + 0.159 - 0.887 + 0.761 + 0.441 + 0.271 + 0.859 = 4.974$$

$$\log \hat{\mu}_{222} = \lambda + \lambda_{A(2)} + \lambda_{B(2)} + \lambda_{C(2)} + \lambda_{AB(22)} + \lambda_{AC(22)} + \lambda_{BC(22)}$$
$$= 3.370 - 0.159 - 0.887 - 0.761 - 0.441 + 0.271 - 0.859 = 0.534$$

$\hat{\mu}_{111} = e^{4.148} = 63.3$, 　$\hat{\mu}_{121} = e^{4.974} = 144.6$, 　$\hat{\mu}_{222} = e^{0.534} = 1.71$

■142 ページの問題　(a) $\Delta G^2 = 48.8 - 0.5 = 48.3$, $\Delta df = 2 - 1 = 1$。1% 水準で有意。(b) $\Delta G^2 = 139.7 - 0.5 = 139.2$, $\Delta df = 3 - 1 = 2$。1% 水準で有意。(c) $\Delta G^2 = 0.5 - 0 = 0.5$, $\Delta df = 1 - 0 = 1$。有意ではない。

■144 ページの問題　$z_{111} = -2.7$, 　$z_{121} = 2.3$, 　$z_{112} = -0.4$, 　$z_{122} = 2.4$ 。

■146 ページの練習問題

1. (a) 期待度数はそれぞれ下記のとおり。

	[A][B][C]	[BC][A]	[AC][BC]	[ABC]
1 行 1 列 1 層	35.7	51.1	60.7	67
1 行 1 列 2 層	28.6	26.9	29.5	38
2 行 2 列 3 層	30.6	61.7	75.4	81

    (b) 下記の表より、[AB][BC] を採択。[AB][BC] は AIC と BIC が最小である。均一連関モデルもあてはまりがよいが、両者の G^2 の差を計算すると、$\Delta G^2 = 2.7$ で有意差はない。したがってより単純な [AB][BC] を採択。

モデル			G^2	df	検定	AIC	BIC
飽和モデル	[ABC]		0	0			
均一連関モデル	[AB] [BC] [AC]		3.5	2	○	−0.5	−8.8
条件付き	[AB] [AC]		130.4	4	×	122.4	105.8
独立モデル	[AB] [BC]		6.2	4	○	−1.8	−18.4
	[AC] [BC]		28.7	3	×	22.7	10.3
1変数独立	[AB] [C]		147.3	6	×	135.3	110.4
モデル	[AC] [B]		169.9	5	×	159.9	139.2
	[BC] [A]		45.6	5	×	35.6	14.9
独立モデル	[A] [B] [C]		186.8	7	×	172.8	143.8

A=就業形態, B=育児休業の有無, C=企業規模

(c) (ア) $\Delta G^2 = 143.2$, $\Delta df = 2$ なので 1% 水準で有意。 (イ) $\Delta G^2 = 16.9$, $\Delta df = 2$ なので 1% 水準で有意。 (ウ) $\Delta G^2 = 2.7$, $\Delta df = 2$ なので, 有意でない。

2. (a) $\log \mu_{ijk} = \lambda + \lambda_{X(i)} + \lambda_{Y(j)} + \lambda_{Z(k)}$ (b) $\log \mu_{ijk} = \lambda + \lambda_{X(i)} + \lambda_{Y(j)} + \lambda_{Z(k)} + \lambda_{XY(ij)} + \lambda_{XZ(ik)}$ (c) $\log \mu_{ijk} = \lambda + \lambda_{X(i)} + \lambda_{Y(j)} + \lambda_{Z(k)} + \lambda_{XY(ij)} + \lambda_{XZ(ik)} + \lambda_{YZ(jk)} + \lambda_{XYZ(ijk)}$

3. (a) $\log \mu_{123} = \lambda + \lambda_{A(1)} + \lambda_{B(2)} + \lambda_{C(3)} + \lambda_{AB(12)} + \lambda_{AC(13)} + \lambda_{BC(23)}$ (b) $\log \mu_{214} = \lambda + \lambda_{A(2)} + \lambda_{B(1)} + \lambda_{C(4)} + \lambda_{AB(21)} + \lambda_{AC(24)} + \lambda_{BC(14)}$ (c) $\log \mu_{132} = \lambda + \lambda_{A(1)} + \lambda_{B(3)} + \lambda_{C(2)} + \lambda_{AB(13)} + \lambda_{AC(12)} + \lambda_{BC(32)}$

4. (a) と (d)

5. 1行2列1層 $\log \mu_{121} = \lambda + \lambda_{A(1)} + \lambda_{B(2)} + \lambda_{C(1)} + \lambda_{BC(21)} = 3.338 - 0.409 - 0.010 + 0.210 - 0.785 = 2.344$, $\mu_{121} = e^{2.344} = 10.4$, 1行2列2層 $\log \mu_{122} = \lambda + \lambda_{A(1)} + \lambda_{B(2)} + \lambda_{C(2)} + \lambda_{BC(22)} = 3.338 - 0.409 - 0.010 + 0.272 - 0.083 = 3.108$, $\mu_{122} = e^{3.108} = 22.4$, 2行1列3層 $\log \mu_{213} = \lambda + \lambda_{A(2)} + \lambda_{B(1)} + \lambda_{C(3)} + \lambda_{BC(13)} = 3.338 + 0.409 + 0.010 - 0.482 - 0.868 = 2.407$, $\mu_{213} = e^{2.407} = 11.1$。

6. 1行2列1層 $z_{121} = -1.37$、1行2列2層 $z_{122} = -1.34$、2行1列3層 $z_{213} = -0.93$。

■149 ページの問題

57.9	42.1
52.1	37.9

■152 ページの問題

	C=1		C=2	
	B=1	B=2	B=1	B=2
A=1	5.1	28.1	10.1	17.8
A=2	16.9	10.9	29.9	6.2

■156 ページの問題

(a) セル数 $= 3 \times 4 \times 5 = 60$。自由パラメータ数 $= 1 + (3-1) + (4-1) + (5-1) = 10$。 $df = 60 - 10 = 50$。 (b) セル数 $= 2 \times 3 \times 5 = 30$。自由パラメータ数 $= 1 + (2-1) + (3-1) + (5-1) + (2-1)(3-1) = 10$。 $df = 30 - 10 = 20$。 (c) セル数 $= 2 \times 3 \times 4 = 24$。自由パラメータ数 $= 1 + (2-1) + (3-1) + (4-1) + (2-1)(3-1) + (3-1)(4-1) = 15$。 $df = 24 - 15 = 9$。

■158 ページの問題

1. まず A, B 周辺度数と B, C 周辺度数を求めると下の表のようになる。[A][BC] を当てはめる場合, 期待度数が 0 になるセルは 3 つだから, 修正セル度数 $= 3 \cdot 2 \cdot 2 - 3 = 9$。修正パラメータ数 $= 6 - 1 = 5$。 $df = 9 - 5 = 4$。[AB][BC] を当てはめる場合, 期待度数が 0 になるセルは 5 つだから, 修正セル度数 $= 3 \cdot 2 \cdot 2 - 5 = 7$。修正パラメータ数 $= 8 - 1 = 6$。 $df = 7 - 6 = 1$。

	B=1	B=2
A=1	15	18
A=2	1	0
A=3	5	29

	C=1	C=2
B=1	21	0
B=2	23	24

2. まず A, B 周辺度数と B, C 周辺度数を求めると下の表のようになる。[A][BC] を当てはめる場合, 期待度数が 0 になるセルは 4 つだから, 修正セル度数 $= 4 \cdot 3 \cdot 2 - 4 = 20$。修正パラメータ数 $= 9 - 1 = 8$。 $df = 20 - 8 = 12$。[AB][BC] を当てはめる場合, 期待度数が 0 になるセルは 8 つだから, 修正セル度

数 $= 4 \cdot 3 \cdot 2 - 8 = 16$。修正パラメータ数 $= 15 - 4 = 11$。$df = 16 - 11 = 5$。

	$B=1$	$B=2$	$B=3$
$A=1$	27	0	24
$A=2$	0	5	6
$A=3$	17	0	13
$A=4$	2	1	2

	$C=1$	$C=2$
$B=1$	21	25
$B=2$	0	6
$B=3$	25	20

■**164 ページの問題**　期待度数は下記のとおり。$X^2 = 0.0$, $df = 1$ で、準独立モデルは棄却できない。

0.0	5.2	9.9
5.2	0.0	15.1
19.8	29.8	0.0

■**167 ページの問題**　下記の表より、一様連関モデルを採択。AIC は飽和モデルのほうがやや小さいが、1.1 ぐらいの差はほとんどないも同然なので、単純なほうを採択しておく。

モデル	G^2	df	有意確率	AIC	BIC
飽和モデル	0	0		0	0
準独立モデル	48.6	5	0.00	38.6	16.7
一様連関モデル	17.1	8	0.03	1.1	−33.8
独立モデル	123.0	9	0.00	105.0	65.7

■**170 ページの問題**

モデル	G^2	df	ΔG^2	Δdf	有意確率
準独立 + 結合モデル	2.4	4			
準独立モデル	13.9	5	$13.9 - 2.4 = 11.5$	$5 - 4 = 1$	0.00
独立モデル	285.3	9	$283.5 - 13.9 = 269.6$	$9 - 5 = 4$	0.00

■**171 ページの練習問題**

1.

	頼りにする	しない
男	28.4	11.6
女	42.6	17.4

2.

	正規雇用		非正規雇用	
	400 万未満	400 万以上	400 万未満	400 万以上
男	63.3	144.7	44.7	3.3
女	64.7	25.3	135.3	1.7

3. (a) 総セル数 $= 2 \times 3 \times 4 = 24$。自由パラメータ数 $= 1 + 1 + 2 + 3 = 7$。$df = 24 - 7 = 17$　(b) 総セル数 $= 2 \times 3 \times 5 = 30$。自由パラメータ数 $= 1 + 1 + 2 + 4 - 2 \cdot 4 = 16$。$df = 30 - 16 = 14$　(c) 総セル数 $= 2 \times 4 \times 5 = 40$。自由パラメータ数 $= 1 + 1 + 3 + 4 + 1 \cdot 3 + 1 \cdot 4 = 16$。$df = 40 - 16 = 24$

4. 1. [AB][C] の場合、AB 周辺度数で 0 のセルは 1 つだけだから、調整総セル数は $12 - 2 = 10$。調整自由パラメータ数は $1 + 2 + 1 + 1 + 2 - 1 = 6$。したがって自由度は 4。[AB][AC] の場合、AB, AC 周辺度数で 0 のセルはそれぞれ 1 つ、期待数が 0 のセルは 3 つだから、調整総セル数は $12 - 3 = 9$。調整自由パラメータ数は $1 + 2 + 1 + 1 + 2 + 2 - 2 = 7$。したがって自由度は 2。2. [AB][C] の場合、AB 周辺度数で 0 のセルは 3 つだから、調整総セル数は $24 - 6 = 18$。調整自由パラメータ数は $1 + 3 + 2 + 1 + 6 - 3 = 10$。したがって自由度は 8。[AB][AC] の場合、AB, AC 周辺度数で 0 のセルはそれぞれ 3 つと 1 つ、期待度数が 0 のセルは 8 つだから、調整総セル数は $24 - 8 = 16$。調整自由パラメータ数は $1 + 3 + 2 + 1 + 6 + 3 - 4 = 12$。したがって自由度は 4。

5. $\Delta G^2 = 45.1 - 4.4 = 40.7$, $\Delta df = 5 - 4 = 1$ なので、1% 水準で有意。準独立 + 結合モデルを採択。

モデル	G^2	df	有意確率	AIC	BIC
準独立 + 結合モデル	4.4	4	0.36	−3.6	−21.6
準独立モデル	45.1	5	0.00	35.1	12.6
独立モデル	161.4	9	0.00	143.4	102.9

6. 一様連関モデルのほうがあてはまりがよい。

モデル	G^2	df	有意確率	AIC	BIC
一様連関モデル	20.1	8	0.01	4.1	−30.9
独立モデル	81.7	9	0.00	63.7	24.4

■176 ページの問題　　(a) 11.513　　(b) 0.847　　(c) 0.000　　(d) −0.847　　(e) −4.595

■177 ページの問題　$\mathrm{logit}(p) = 4.487 - 0.146X$ で、いずれの係数も両側 1% 水準で有意。

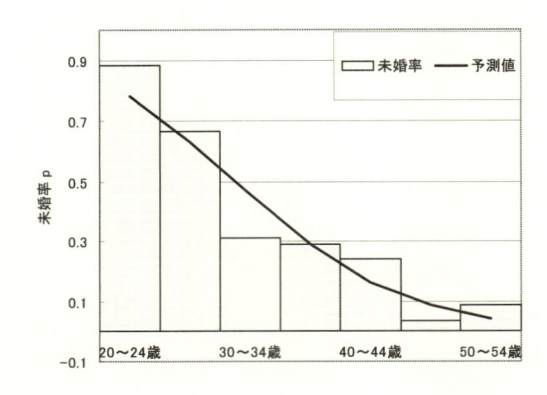

図 B.7　男性未婚率とその予測値

■178 ページの問題　$\log(p) = 5.134 - 0.982\,$女性ダミー$\, - 0.164\,$年齢。係数はすべて両側 1% 水準で有意。

■184 ページの問題　(a) $e^{-0.982} = 0.37$。(b) $e^{5 \cdot (-0.164)} = 0.44$。

■188 ページの問題　下の表より、$\Delta G^2 = 225.6$, $\Delta df = 2$ なので、1% 水準でモデルは有意に改善されている。

モデル	G^2	自由パラメータ数	AIC^*	BIC^*
独立変数含む	535.2	3	541.2	554.9
切片のみ	763.8	1	765.8	770.4

■190 ページの問題　$\hat{\beta}_0 = 4.5$, $\hat{\beta}_1 = -0.145$, $\hat{\beta}_2 = 0.60$, $\hat{\beta}_3 = -0.05$。$\Delta G^2 = 2.6$, $\Delta df = 1$ なので、モデルは有意には改善されていない。したがって女性ダミーと年齢の交互作用効果は認められない。

■191 ページの問題　一般労働者を基準値として多項ロジットモデルをたて、切片のみ、主効果含む、交互作用効果含む、の 3 つのモデルのパラメータと適合度をまとめたのが下の表である。

	切片のみ		主効果ふくむ		交互作用効果ふくむ	
	下級管理	上級管理	下級管理	上級管理	下級管理	上級管理
切片	−1.64**	−2.05**	−2.1**	−2.91**	−2.21**	−3.14**
男性ダミー			0.34**	0.8**	0.54**	1.15**
黒人ダミー			0.43**	0.18	0.57**	0.44
白人ダミー			0.45**	1.03**	0.6**	1.34**
男 × 黒人					−0.28	−0.4
男 × 白人					−0.28	−0.48
G^2	5012.6**		4883.8**		4880.2**	
df	16		10		6	
ΔG^2			128.8**		3.6	

** 両側 1% 水準で有意。

主効果は黒人ダミーの上級管理への効果を除いてすべて有意である。つまり女性よりは男性、ラテンよりも白人のほうが高い職位につきやすいということがわかる。下級管理職については、ラテンよりも黒人のほうが有意にその比率が高いと言える。しかし、上級管理職については有意な差がない。交互作用効果を含めても G^2 は有意に減少しないので、性別とエスニシティの交互作用効果は認められない。ただし、交互作用効果のパラメータの推定値を見ると、いずれもマイナスであり、サンプルにおいては、エスニシティの格差は女性よりも男性において小さい（逆に言えば、女性のほうがエスニシティの間の格差が大きい）傾向が見られる。しかし、いずれも母集団には一般化できない。

■**193 ページの問題** 一般労働者 1、下級管理職 2、上級管理職 3 と順番をつける。すると、順序ロジット・モデルのパラメータ推定値は、下の表のとおりである。$G^2 = 4910.5$, パラメータ数 $= 5, AIC^* = 4920.5, BIC^* = 4951.3$ である。一方、主効果を含む多項ロジット・モデルのあてはまりのよさは、$G^2 = 4883.8$, パラメータ数 $= 8, AIC^* = 4899.8, BIC^* = 4949.0$ であるから、多項ロジット・モデルのほうがあてはまりがよい。

	一般/(下級＋上級)	(一般＋下級)/上級
切片	1.75**	−2.05**
男性ダミー		0.54**
黒人ダミー		0.33**
白人ダミー		0.74**

** 両側 1% 水準で有意。

■**195 ページの練習問題**

1. AIC^* でみても BIC^* でみてもモデル 3 が一番あてはまりがよい。また、ΔG^2 をみても、モデル 3 はモデル 2 よりも 1% 水準で有意にあてはまりがよい。したがってモデル 3 を採択すべきである。それゆえコーホートと学力をコントロールしても、資産は大学進学に対して、有意な効果を持つと言える。

	G^2	パラメータ数	AIC^*	BIC^*	ΔG^2	Δdf
モデル 1	2562.7	1	2560.7	2555.0		
モデル 2	2108.8	9	2090.8	2039.7	453.90**	8
モデル 3	2014.8	11	1992.8	1930.3	94.04**	2

** 両側 1% 水準で有意。

2. 5 つのモデルの適合度をまとめたのが下の表である。AIC^* で見ると、多項ロジットで交互作用を含むモデルが 1 番あてはまりがよい。BIC^* で見ると、順序ロジットで主効果のみのモデルがあてはまりがよい。ここでは、多項で交互作用を含むモデルを採用しておく。パラメータの推定値は下の表のとおりである。この表を見ると、男性は女性に比べると、18〜19 歳で初交を経験している人が少なく、17 歳以下、20 歳以上で初交を経験している人が多い。また 1993 年に比べると、1999 年の調査では、20 歳以上で初交を経験している人が増えている。交互作用効果を見ると、1999 年には男性で 19 歳のときに初交を経験する人が増えているのがわかる。

モデル	G^2	パラメータ数	AIC^*	BIC^*
切片のみ	2957.2	3	2963.2	2978.2
多項・主効果のみ	2905.8	9	2923.8	2968.7
多項・交互作用含む	2895.7	12	2919.7	2979.6
順序・主効果のみ	2921.7	5	2931.7	2956.7
順序交互作用含む	2919.6	6	2931.6	2961.5

基準値: 17 歳以下	18 歳	19 歳	20 歳以上
切片	0.23	−0.08	−0.83**
男ダミー	−0.76**	−1.20**	−0.38
99 年ダミー	0.06	0.18	0.82**
男 ×99 年	0.04	0.95**	−0.15

付録C　カイ二乗分布表とt分布表

カイ二乗分布表

自由度	有意水準（上側確率）			
	0.100	0.050	0.010	0.001
1	2.71	3.84	6.63	10.83
2	4.61	5.99	9.21	13.82
3	6.25	7.81	11.34	16.27
4	7.78	9.49	13.28	18.47
5	9.24	11.07	15.09	20.52
6	10.64	12.59	16.81	22.46
7	12.02	14.07	18.48	24.32
8	13.36	15.51	20.09	26.12
9	14.68	16.92	21.67	27.88
10	15.99	18.31	23.21	29.59
11	17.28	19.68	24.72	31.26
12	18.55	21.03	26.22	32.91
13	19.81	22.36	27.69	34.53
14	21.06	23.68	29.14	36.12
15	22.31	25.00	30.58	37.70
16	23.54	26.30	32.00	39.25
17	24.77	27.59	33.41	40.79
18	25.99	28.87	34.81	42.31
19	27.20	30.14	36.19	43.82
20	28.41	31.41	37.57	45.31
21	29.62	32.67	38.93	46.80
22	30.81	33.92	40.29	48.27
23	32.01	35.17	41.64	49.73
24	33.20	36.42	42.98	51.18
25	34.38	37.65	44.31	52.62
26	35.56	38.89	45.64	54.05
27	36.74	40.11	46.96	55.48
28	37.92	41.34	48.28	56.89
29	39.09	42.56	49.59	58.30
30	40.26	43.77	50.89	59.70
31	41.42	44.99	52.19	61.10
32	42.58	46.19	53.49	62.49
33	43.75	47.40	54.78	63.87
34	44.90	48.60	56.06	65.25
35	46.06	49.80	57.34	66.62
36	47.21	51.00	58.62	67.99
37	48.36	52.19	59.89	69.35
38	49.51	53.38	61.16	70.70
39	50.66	54.57	62.43	72.05
40	51.81	55.76	63.69	73.40

スチューデントのt分布表

自由度	有意水準				
	両側	0.1	0.05	0.02	0.01
	片側	0.05	0.25	0.01	0.005
1		6.31	12.71	31.82	63.66
2		2.92	4.30	6.96	9.92
3		2.35	3.18	4.54	5.84
4		2.13	2.78	3.75	4.60
5		2.02	2.57	3.36	4.03
6		1.94	2.45	3.14	3.71
7		1.89	2.36	3.00	3.50
8		1.86	2.31	2.90	3.36
9		1.83	2.26	2.82	3.25
10		1.81	2.23	2.76	3.17
11		1.80	2.20	2.72	3.11
12		1.78	2.18	2.68	3.05
13		1.77	2.16	2.65	3.01
14		1.76	2.14	2.62	2.98
15		1.75	2.13	2.60	2.95
16		1.75	2.12	2.58	2.92
17		1.74	2.11	2.57	2.90
18		1.73	2.10	2.55	2.88
19		1.73	2.09	2.54	2.86
20		1.72	2.09	2.53	2.85
21		1.72	2.08	2.52	2.83
22		1.72	2.07	2.51	2.82
23		1.71	2.07	2.50	2.81
24		1.71	2.06	2.49	2.80
25		1.71	2.06	2.49	2.79
26		1.71	2.06	2.48	2.78
27		1.70	2.05	2.47	2.77
28		1.70	2.05	2.47	2.76
29		1.70	2.05	2.46	2.76
30		1.70	2.04	2.46	2.75
40		1.68	2.02	2.42	2.70
60		1.67	2.00	2.39	2.66
120		1.66	1.98	2.36	2.62
240		1.65	1.97	2.34	2.60
∞		1.64	1.96	2.33	2.58

パーセント点は、Microsoft Excel 2003 SP1を使って計算した。

付録 D 記号の大雑把な意味の一覧

一時的に違う意味で使うこともあるので、本文をよく読むこと。

A, B, C, D, X, Y 変数名。
AIC 赤池情報量基準。$AIC = G^2 - 2df$。
AIC^* 赤池情報量基準。$AIC^* = G^2 + 2$ パラメータ数。
α 有意確率。
b 回帰係数。
β 母集団の回帰係数。
BIC ベイズ情報量基準。$BIC = G^2 - \log(N)df$。
BIC^* ベイズ情報量基準。$BIC^* = G^2 + \log(N)$ パラメータ数。
d_{ij} i 行 j 列の調整残差。
Δdf 自由度の差。
ΔG^2 G^2 の差。
df 自由度。
$density(x)$ 確率変数 x の密度関数。
E 残差。
e 自然対数の底。$2.718282\dots$。
ϵ 一様連関モデルにおける対数オッズ比のパラメータ。
$\exp(x)$ e^x。
G^2 尤度比統計量。
γ グッドマンとクラスカルのガンマ。
i, j, k それぞれクロス表のある行、列、層を示す。
λ 階層的対数線形モデルのパラメータ。
$\log x$ x の自然対数。
$\text{logit}(p)$ p の対数オッズ。
μ 期待度数。
N 全ケースの数。
$n_{\bullet j}$ j 列目の周辺度数。
$n_{i \bullet}$ i 行目の周辺度数。
n_{ij} i 行 j 列目のセルの度数。
p 変数がある値をとる確率。
$p_{\bullet j}$ j 列目の周辺度数の比率。$p_{\bullet j} = n_{\bullet j}/N$

$p_{i\bullet}$	i 行目の周辺度数の比率。$p_{i\bullet} = n_{i\bullet}/N$
p_{ij}	i 行 j 列目のセルの比率。$p_{ij} = n_{ij}/N$
π	母集団における比率。
PRE	誤差減少率。
R	ピアソンの積率相関係数。
r, c, l	それぞれ、クロス表の行、列、層の数。
$s_{\hat{\beta}_0}$	$\hat{\beta}_0$ の標準誤差。
S_x	変数 x の標準偏差。
S_x^2	変数 x の分散。
t	t 分布に従う統計量。
τ	グッドマンとクラスカルのタウ。
θ	オッズ比。
$V(y)$	変数 y の質的分散。
X^2	ピアソンの適合度統計量。
X_Y^2	イェーツの連続性の修正を施した X^2。
z	z 得点。または標準正規分布する統計量を z で表記。例えば標準残差。

付録E　ギリシア文字の読み方

英語での読み方	日本語での読み方	小文字	大文字
Alpha	アルファ	α	A
Beta	ベータ	β	B
Gamma	ガンマ	γ	Γ
Delta	デルタ	δ	Δ
Epsilon	イプシロン	ϵ	E
Zeta	ゼータ	ζ	Z
Eta	エータ、イータ	η	H
Theta	シータ	θ	Θ
Iota	イオタ	ι	I
Kappa	カッパ	κ	K
Lambda	ラムダ	λ	Λ
Mu	ミュー	μ	M
Nu	ニュー	ν	N
Xi	クサイ、クシー、グザイ	ξ	Ξ
Omicron	オミクロン	o	O
Pi	パイ	π	Π
Rho	ロー	ρ	P
Sigma	シグマ	σ	Σ
Tau	タウ	τ	T
Upsilon	ウプシロン	υ	Υ
Phi	ファイ	ϕ	Φ
Chi	カイ	χ	X
Psi	プサイ	ψ	Ψ
Omega	オメガ	ω	Ω

参考文献

[1] Alan Agresti（渡邉裕之・菅波秀規・吉田光宏・角野修司・寒水孝司・松永信人訳），2003,『カテゴリカルデータ解析入門』サイエンティスト社.

[2] 秋庭裕・川端亮, 2004,『霊能のリアリティへ　社会学、真如苑に入る』新曜社.

[3] ボーンシュテット, ノーキ（海野道郎・中村隆監訳），1990,『社会統計学』ハーベスト社.

[4] Richard Breen, 1996, *Regression Models: Censored, Sample Selected, or Truncated Data*, Sage.

[5] S. チャタジー, B. プライス（佐和隆光, 加納悟訳），1981,『回帰分析の実際』新曜社.

[6] James. R. Elliott and Ryan. A. Smith ,2004, "Race Gender and Workplace Power," *American Sociological Review* 69(June): 365-386.

[7] G. エスピン・アンデルセン（岡沢憲芙・宮本太郎監訳），2001,『福祉資本主義の三つの世界　比較福祉国家の理論と動態』ミネルヴァ書房.

[8] B. S. エヴェリット（山内光哉監訳），1980,『質的データの解析』新曜社.

[9] Freedom House http://www.freedomhouse.org/　（2003年6月18日現在）

[10] 福岡安則・金明秀, 1997,『在日韓国人青年の生活と意識』東京大学出版会.

[11] M. グラノヴェター（渡辺深訳），1998,『転職　ネットワークとキャリアの研究』ミネルヴァ書房.

[12] Neil Gross, 2002, "Becoming a Pragmatist Philosopher: Status, Self-Concept, and Intellectual Choice," *American Sociological Review* 67(February): 52-76.

[13] Shelby J. Haberman, 1974, *The Analysis of Frequency Data*, The University of Chicago Press.

[14] 芳賀敏郎, 野澤昌弘, 岸本淳司, 1996,『SASで学ぶ統計的データ解析6: SASによる回帰分析』東京大学出版会.

[15] 原純輔,「非定型データの処理・分析」海野道郎・原純輔・和田修一編『数理社会学の展開』数理社会学研究会, pp.461-471.

[16] 原純輔・海野道郎, 1984,『社会調査演習』東京大学出版会.

[17] 原田謙・杉澤秀博・小林江里香・Jersey Liang, 2001,「高齢者の所得変動に関連す

る要因」『社会学評論』52(3): 382-397.

[18] 橋本健二, 1998,「戦後日本の階級構造: 基本構造と変動過程石田浩編『社会階層移動の基礎分析と国際比較』1995年 SSM 調査研究会, pp. 43-75.

[19] 稲月正, 2002,「在日韓国・朝鮮人の社会移動 移動パターンの析出と解釈」, 谷富夫編『民族関係における結合と分離』ミネルヴァ書房, pp.562-598.

[20] 石村貞夫, 2003,『統計ソフト SPSS Student Version 11.0』東京図書.

[21] 片瀬一男, 2004,「親密圏のポリティクスの中の性的被害 女子大学生の性的被害の現状を中心に」『東北学院大学論集（人間言語情報）』138: 1-17.

[22] 金相集, 2003,「間メディア性とメディア公共圏の変化 韓国の「落選運動」の新聞報道と BBS 書き込みの比較分析を中心に」『社会学評論』54(2): 175-191.

[23] 北川源四郎・石黒真木夫・坂元慶行, 1983,『情報量統計学』共立出版.

[24] 国際連合統計局, 1995,『国際連合 世界統計年鑑 1992』原書房.

[25] 高坂健次, 2000,『社会学におけるフォーマル・セオリー 階層イメージに関する FK モデル』ハーベスト社.

[26] 厚生省大臣官房統計情報部編, 1994,『人口動態統計の国際比較』（財）厚生統計協会.

[27] Yaojun Li, Mike Savage and Andrew Pickles, 2003, "Social Capital and Social Exclusion in England and Wales (1972-1999)," *British Journal of Sociology* 54(4): 497-526.

[28] Jay Magidson, 1981, "Qualitative Variance, Entropy, and Correlation Ratios for nominal Dependent Variables," *Social Science Research* 10(2): 177-194.

[29] 直井優編, 1983,『社会調査の基礎』サイエンス社.

[30] 直井優・太郎丸博編, 2004,『情報化社会に関する全国調査中間報告書』大阪大学大学院人間科学研究科. なお下記 URL にても全文公開 http://srdq.hus.osaka-u.ac.jp/ (2004年12月28日現在).

[31] 新村秀一, 2002,『SPSS for Windows 入門』丸善.

[32] マリア・ノルシス（山本嘉一郎・森際孝司・藤本和子訳）, 1994,『SPSS による統計学入門』東洋経済新報社.

[33] 尾嶋史章編, 2005,『現代日本におけるジェンダーと社会階層に関する総合的研究』平成15〜平成16年度科学研究費補助金基盤研究 (B)(1) 研究成果報告書.

[34] Jennifer Platt, 2004, "Women's and Men's Careers in British Sociology," *British Journal of Sociology* 55(2): 187-210.

[35] R Development Core Team, 2004, *R: A language and environment for statistical computing*, R Foundation for Statistical Computing, URL http://www.R-project.org.

[36] Tamas Rudas, 1998, *Odds Ratios in the Analysis of Contingency Tables*, Sage University Papers Series 119.

[37] 佐藤裕, 1995, 「クロス表とログリニアモデル」『理論と方法』10(1): 77-90.

[38] 盛山和夫, 2004, 『統計学入門』日本放送出版教会.

[39] 盛山和夫・近藤博之・岩永雅也, 1992, 『社会調査法』日本放送出版協会.

[40] 盛山和夫・原純輔・今田高俊・海野道郎・高坂健次・近藤博之・白倉幸男編, 2000, 『日本の階層システム 全6巻』東京大学出版会.

[41] 総務省統計局『世界の統計 2004』http://www.stat.go.jp/data/sekai/index.htm (2005年2月13日現在)

[42] 鈴木義一郎, 1995, 『情報量規準による統計解析入門』講談社.

[43] 太郎丸博, 2004, 「大学進学率の階級間格差に関する合理的選択理論の検討 相対的リスク回避仮説の 1995 年 SSM 調査データによる分析」『第 38 回 数理社会学会大会研究報告要旨集』, 18-19.

[44] 太郎丸博編, 2005, 『フリーター調査報告書』大阪大学人間科学研究科 (http://risya.hus.osaka-u.ac.jp/research/) 2005年2月23日現在.

[45] 東京大学教養学部統計学教室編, 1991, 『統計学入門』東京大学出版会.

[46] 渡辺秀樹, 1998, 「結婚と階層の趨勢分析」渡辺秀樹・志田基与師編『1995 年 SSM 調査シリーズ 15 階層と結婚・家族』1995 年 SSM 調査研究会, 113-130.

[47] Jeroen K. Vermunt, 1997, *LEM: A General Program for the Analysis of Categorical Data*, Tilburg University (http://spitswww.uvt.nl/%7Evermunt/) 2005年2月23日現在.

[48] Thomas, D. Wickens, 1989, *Multiway Contingency Tables Analysis for the Social Sciences*, Lawrence Erlbaum Associations.

[49] T.H. ウォナコット, R.J. ウォナコット（国府田恒夫ほか訳）, 1978, 『統計学序説』培風館.

[50] T.H. ウォナコット, R.J. ウォナコット（田畑吉雄・太田拓男訳）, 1998, 『回帰分析とその応用』現代数学社.

[51] 大和礼子, 2004, 「介護ネットワーク・ジェンダー・社会階層」渡辺秀樹・稲葉昭英・嶋﨑尚子編『現代家族の構造と変容 全国家族調査 [NFRJ98] による計量分析』東京大学出版会, pp.367-385.

[52] 保田時男, 2004, 「一般化 χ^2 適合度検定の可能性 大規模サンプルの共有公開データが引き起こす問題への対処」『第 37 回数理社会学会大会研究報告要旨集』, 14-17.

索　引

BIC(Baysian Information Criterion), 134, 144, 146, 162–164, 167–169, 171, 187, 188, 216

DK NA, 199, 200, 204, 213

OLS, 99–102, 104, 107, 108, 110, 117, 119, 120, 173, 186, 194

赤池情報量基準 (AIC, Akaike Information Criterion), 131–134, 144, 146, 162, 163, 167–169, 171, 187, 188
値 (value), 2

イェーツの連続性の修正 (Yates' correction for continuity), 43, 46–48, 55, 56
1次の表 (firstorder table), 66, 69, 70, 73, 78–80, 85, 93, 124, 125, 130, 170
1変数周辺度数 (single variable marginals), 125, 154
一様連関モデル (uniform association model), 165–167, 170, 171, 216, 217
因果関係 (causal relation), 10–12, 21, 64–66, 70, 81, 83, 84, 86, 92–95, 113, 194
因子 (factor), 124

エラボレーション (elaboration), 66

オッズ (odds), 69, 70
オッズ比 (odds ratio), 69–75, 80, 124, 125, 165, 166, 170, 179–184

回帰係数 (regression coefficient), 98, 112–114, 116, 119, 120, 177–180, 182, 183, 188, 192–194, 217
回帰直線 (regression line), 97–111, 120, 176
回帰分析 (regression analysis), 56, 96, 106, 107, 110, 111, 113, 114, 117, 118, 134, 173–175, 178, 186, 188, 194
階級, 4, 94, 95, 117–119, 163, 167–170, 174
カイ二乗検定 (chisquare test), 18, 43, 50, 55–57, 79, 82–84, 86, 90, 94, 121, 123, 125, 128, 153, 160, 164, 208
カイ二乗分布 (chisquare distribution), 15, 18–20, 34–36, 44, 46, 86, 93, 94, 127–129, 132, 158, 177
階層的関係, 138, 139, 141, 142, 169
確率分布 (probability distribution), 18, 26, 28, 29, 34, 36, 41, 46

確率変数 (random variable), 26–29, 34–37, 101, 127, 187
仮説 (hypothesis), 8
片側検定 (one-tailed test), 40–43, 48, 56, 63, 104
傾き (slope), 98, 100, 103, 104, 106–110, 113, 117, 120, 177, 188
カテゴリカル・データ (categorical data), i, 3
カテゴリカル変数, 2

棄却域 (rejection region), 42
危険率, 18, 79
疑似関係, 64
疑似関係 (spuriousness), 64, 81–85, 92
期待度数 (expected frequency), 15, 16, 19, 20, 35–37, 39, 40, 43, 45, 47, 89, 90, 94, 99, 126–132, 134–138, 140, 143, 144, 146–150, 152–163, 166, 171, 184–186, 208, 216
帰無仮説 (null hypothesis), 17–21, 36, 39–44, 53, 54, 56, 72, 78–80, 82, 84, 85, 89, 90, 92–95, 99, 104, 108, 113, 114, 123, 134, 140, 142, 160, 177, 208
行パーセント (row percent), 5, 6, 9, 11, 12, 14, 21, 22, 55, 56, 80, 85, 144, 208, 209
共分散 (covariance), i, 49, 50, 99

区間推定 (interval estimation), 29, 32, 33, 35, 36, 54, 72, 73, 100, 103, 104
グッドマンとクラスカルのガンマ (Goodman & Kruskal's γ), 59–61, 63, 123
グッドマンとクラスカルのタウ (Goodman & Kruskal's τ), 77
グッドマンとクラスカルのタウ (Goodman & Kruskal's τ), 75, 77, 80
クラス (class), 4
繰り返し比例当てはめ法 (method of iterative proportional fitting), 148–150, 152, 161, 166, 168, 171
クロス集計表, 4
クロス表, 4

ケース (case), 2
限界値 (critical value), 19, 20, 32, 33, 40, 44, 45, 47, 54, 78, 93, 103, 112, 115, 128, 129, 132, 143, 154, 162, 169, 184, 209

交互作用効果 (interaction effect), 67, 69, 138, 188–191, 195
構造的ゼロ (structural zero), 159, 160

誤差減少率 (proportional reduction in error), 76, 77
コントロール変数 (control variable), 66, 85, 92, 94, 125, 145, 207, 209
最小二乗法 (least square method), 99, 100, 104, 108, 111, 115
最尤推定 (maximum likelihood estimate), 37, 38, 70, 166, 177, 178, 180
残差 (residual), 39–43, 48, 55, 56, 77, 97–99, 101–105, 110, 112, 127, 143, 163, 164, 167–169, 177, 184, 186
3重クロス表 (triple cross tabulation), 66, 67, 73, 83, 85, 121, 123, 124, 126, 134, 139, 146, 147, 150, 154, 178, 190, 207
散布図 (scatter plot), 96, 97, 100, 106, 110, 111, 114–116, 119, 120
サンプル (sample), 16, 18, 30–33, 35–38, 44, 53, 54, 56, 65, 70, 94, 100, 102–104, 126, 127, 134, 136, 153, 155, 185, 216

閾値 (threshold value), 109, 110
自然対数 (natural logarithm), 29, 72, 86–88, 135, 175
質的分散 (qualitative variance), 75–77
重回帰分析 (multiple regression analysis), 105, 110–115, 120, 121, 135
従属変数 (dependent variable), ii, 10–12, 21, 58, 75–77, 89, 96–100, 102, 106, 109, 110, 113, 114, 116, 119–121, 134, 145, 173–178, 180, 186, 188, 190–195
自由度 (degree of freedom), 18–20, 32–37, 41, 44–47, 54, 78, 89, 93, 94, 103, 112, 115, 119, 124, 127–133, 143, 144, 146, 153–160, 162, 163, 165, 166, 171, 177, 184, 185, 187, 208, 216
自由パラメータ (free parameter), 139, 140, 155–159, 162, 171, 184, 187, 216
周辺度数 (marginal frequency / count), 5, 10, 13, 21, 37, 57–59 , 61, 62, 65, 70, 72, 88, 89, 94, 126, 130, 134–136, 139, 149–154, 156–159, 161, 162, 164, 166, 171, 184
周辺分布 (marginal distribution), 5, 10, 14, 123
主効果 (main effect), 189–191, 193
順位相関係数 (rank correlation coefficient), 57, 59, 123, 144
順序変数, 2, 164, 192
順序ロジット・モデル (rank logit model), 192–195
準独立モデル (quasi-independence model), 162–164, 167, 168, 170, 171, 194, 216, 217
条件付き独立 (conditional independence), 93, 95, 130, 140, 143, 145, 159, 216
事例 (case), 2, 16
シンプソンのパラドックス (Simpson's Paradox), 68
信頼区間 (confidence interval), 32–34, 38, 54, 63, 72, 103, 104, 113, 120

正規分布 (normal distribution), 29, 30, 32, 35, 38, 40–42, 53, 54, 57, 70, 72, 100, 102, 106, 107, 111, 126, 140, 177
切片 (intercept), 98, 100, 103, 104, 106–108, 110, 118–120, 177, 179, 185, 188, 190, 191, 193, 195
説明変数 (explanatory variable), 10
セル, 5
0次の表 (zeroorder table), 66, 69, 70, 73, 124, 128
線形の関係, 49–51, 55, 56, 58, 63, 98, 108, 176
先験的ゼロ (a priori zero), 159–162, 164
全数調査, 16, 29, 74

相関, 49
相関係数 (correlation coefficient), 49–59, 62, 63, 69, 70, 72, 73, 75, 77, 94, 103, 104, 107, 114, 116, 117, 123, 207

第1種の過誤 (type I error), 20, 42, 47, 78, 79
第3変数 (third variable), 64, 66–68, 82, 84–86, 89, 92, 93, 130, 170, 188
対数線形モデル (log linear model), ii, iii, 38, 77, 79, 86, 87, 92, 93, 96, 121, 124, 127, 128, 132–135, 137, 139–141 , 144, 146–148, 155, 164–166, 170, 173, 184, 187, 194, 196, 215, 216
第2種の過誤 (type II error), 19, 20, 47
対立仮説 (alternative hypothesis), 17–20, 41–43, 82–85, 89, 90, 92, 94, 95
多項ロジット・モデル (multi-nominal logit model), 191–195
多重共線性 (multicollinearity), 116–118, 188
多重クロス表 (multiple cross tabulation), 64, 66, 67, 77, 81, 83, 114, 121, 123, 128, 144, 154, 169, 170, 183, 209
ダミー変数 (dummy variable), 109, 110, 117, 118, 178, 182, 190, 191, 193
単回帰分析 (simple regression analysis), 111–113
探索的 (exploratory), 10, 43, 48, 55, 57, 78, 84, 145, 169

中心仮説, 81, 83, 145, 195
中心極限定理 (central limit theorem), 30, 35
調整残差 (adjusted residual), 39, 40, 42, 43, 48, 143, 163, 164, 167–169, 208

t 分布 (t distribution), 30, 32–34, 36, 38, 53, 54, 103, 112
定型データ, 1, 3, 6
定数項 (constant term), 98
デリベーション (derivation), 79, 169, 170

統計的独立 (statistical independence), 9, 13, 16
統計量 (statistic), 34
独立状態, 15
独立変数 (independent variable), ii, 10–12, 21, 58, 75–77, 97, 98, 100–106, 109–112, 114, 116–120, 145, 178, 180, 181, 183, 185–195

独立モデル (model of independence), 124, 134, 135, 137–139, 141, 148–150, 154, 160–164, 166–168, 170, 171
度数分布表 (frequency distribution table), 1, 3, 4, 6, 8, 200, 201, 203–206

2 値変数 (dichotomous variable), 24, 25, 31, 55, 57, 89, 109, 110, 117, 122, 164, 173, 175–177, 194
2 変数周辺度数 (two variable marginals), 128, 150–152, 154, 156, 157

媒介関係 (intervening), 64, 70, 84, 85, 183
はずれ値 (outlier), 107–110, 120, 188
パラメータ (parameter), 15, 34, 36–38, 102, 111–115, 117, 129, 131, 132, 135–142, 144, 147, 155–159, 162, 166–171, 180, 184, 185, 187–194, 216, 217

ピアソンの適合度統計量 (Pearson's goodness of fit statistics), 15–20, 22, 34, 36, 43–46, 55, 78, 86, 89, 94, 127, 128, 130, 131, 160, 165
ヒストグラム (histogram), 4, 5, 26
被説明変数, 10
非線形 (non linear), 55, 56, 106, 114, 188
標準誤差 (standard error), 31–33, 53, 54, 72, 102, 103, 111, 112, 114, 115, 117, 120, 140, 177, 186–188, 191, 192, 216
標準残差 (standardized residual), 35, 40, 127, 143, 144, 147, 216
標準正規分布 (standard normal distribution), 30, 32–36, 40, 127, 143, 177
標準得点 (standard score), 25, 26, 38
標準偏差 (standard deviation), 23–26, 29–34, 38, 40, 50, 53, 99, 102–106, 112
表側, 5, 11, 12, 77
表頭, 5, 11, 77
標本 (sample), 16
標本抽出 (sampling), 16
標本調査 (sampling survey), 29
頻度 (frequency), 3, 167

分割表 (joint contingency table), 4
分布 (distribution), 3

偏差, 50
変数 (variable), 1, 2

飽和モデル (satuated model), 124, 125, 131–134, 137–139, 141, 145, 146, 156, 162–164, 166–168, 216
母集団 (population), 16–18, 30, 31, 33–40, 44, 53, 54, 56, 57, 65, 70, 72, 74, 78, 79, 93, 100–104, 108, 112, 114, 121, 123–126, 129, 131–133, 136, 143, 153, 155, 165, 166, 169
母数, 15, 34

密度関数 (density function), 27–29, 34

無作為標本抽出 (random sampling), 16, 17

有意確率, 18–20, 130–132, 144, 163, 167, 168, 171, 208, 209, 216
有意水準 (level of significance), 18–20, 44, 54, 78, 208
有意な (significant), 21
尤度比統計量 (likelihood ratio statistic), 86–89, 93–95, 127, 128, 132, 142, 144, 159, 184, 187
ユールの Q(Yule's Q), 61

ランダム・サンプリング (random sampling), 7, 8, 16–18, 27, 34, 38, 74, 79, 100, 101, 103, 135, 169, 181

離散変数 (discrete variable), i, 2–4, 6, 23, 51, 55, 75, 96, 114, 117, 118, 121, 164, 178, 185, 192, 194
両側検定 (two-tailed test), 40–43, 48, 54–56, 72, 109, 119, 120

列パーセント (column percent), 5, 6, 9–12, 14, 21, 22, 43, 55, 56, 80, 94
連続変数 (continuous variable), i, ii, 2, 4, 6, 23, 51, 73, 96, 97, 105, 121, 173, 182, 185, 194

ロジスティック回帰分析 (logistic regression analysis), 38, 77, 79, 87, 96, 145, 173, 177–179, 181, 183, 184, 187, 188, 191–196, 217
ロジット (logit), 175, 176, 185, 190–192

執筆者紹介
太郎丸 博（たろうまる ひろし）
1995年 大阪大学大学院人間科学研究科博士後期課程退学
京都大学大学院文学研究科教授
主著に『Amosによる共分散構造分析と解析事例』（共著 ナカニシヤ出版）
『数理社会学シリーズ5 シンボリック・デバイス 意味世界へのフォーマル・アプローチ』（共著 勁草書房）
『社会学の古典理論 数理で蘇る巨匠たち』（共著 勁草書房）他がある。

**人文・社会科学のための
カテゴリカル・データ解析入門**

2005年 7月20日 初版第1刷発行	定価はカヴァーに
2023年12月25日 初版第7刷発行	表示してあります

著 者 太郎丸 博
発行者 中西 良
発行所 株式会社ナカニシヤ出版
〒606-8161 京都市左京区一乗寺木ノ本町15番地
Telephone 075-723-0111
Facsimile 075-723-0095
Website http://www.nakanishiya.co.jp/
Email iihon-ippai@nakanishiya.co.jp
郵便振替 01030-0-13128

装幀=白沢 正／印刷・製本=ファインワークス
Copyright © 2005 by H. Taromaru
Printed in Japan.
ISBN978-4-88848-964-5

◎本書のコピー，スキャン，デジタル化等の無断複製は著作権法上での例外を除き禁じられています．本書を代行業者等の第三者に依頼してスキャンやデジタル化することは，たとえ個人や家庭内での利用であっても著作権法上認められておりません．